Flash
基础与制作

武郑艳　主编

中国出版集团

东方出版中心

图书在版编目（CIP）数据

Flash基础与制作/武郑艳主编.--2版.--上海：东方出版中心，2018.7
ISBN 978-7-5473-0779-3

Ⅰ.①F…Ⅱ.①武…Ⅲ.①动画制作软件　Ⅳ.①TPI91.41

中国版本图书馆CIP数据核字(2015)第070800号

总 策 划　海上图志　HAISHANG TUZHI
策划编辑　宗凌娅
责任编辑　唐丽芳　符　琼
设计总监　赵志勇
美术编辑　杨晓雯

Flash基础与制作

出版发行 ：	东方出版中心	
地　　址 ：	上海市仙霞路345号	
订购电话 ：	021-52718399	
邮政编码 ：	200336	
经　　销 ：	新华书店	
印　　刷 ：	江阴市华力印务有限公司	
开　　本 ：	787毫米×1092毫米　　1/16	
印　　张 ：	15.75	
印　　次 ：	2018年7月第2版第2次印刷	
ISBN　978-7-5473-0779-3		
定　　价 ：	68.00元	

告读者：如发现本书有印装质量问题请与印刷厂质量科联系
联系电话：021-52711066

Flash基础与制作

编写委员会

主　编　武郑艳

副主编　杜兆芳　武郑芳

编　委　刘　媛　蒋东祥　王　欢　管宏强
　　　　　　李国强　张　春　李　波　张　蕊
　　　　　　孙马莉　刘江静

学术委员会

成员名单：（按姓氏笔画排序）

于晓芸	于振丹	丰明高	从云飞	区茵	尹传荣
尹春洁	文红	毛根廷	王石礅	王希鸿	王英海
王东辉	王建良	王明道	王德聚	邓军	冯凯
卢国新	史志锴	叶苗	叶国丰	任明	刘畅
刘彦	刘永福	刘岌杉	刘晓东	吕美立	孙超红
成勇	江广城	余克敏	余思慧	吴天麟	吴金
应志红	张跃	张斌	张跃华	李克	李俭
李涵	李超	李斌	李纪斌	李茂虎	李桂付
杨晚丽	沈勇	肖利才	邵辉	邵永红	陆天奕
陈正俊	陈石萍	陈华钢	陈伯群	陈国清	陈晓莉
易林	林勇	欧阳刚	罗雄	金德山	段林杰
胡巍	胡亚雄	胡明宝	胡美香	赵方欣	赵永军
赵志君	赵家富	赵德全	唐琦斯	徐南	徐慧卿
翁志承	崔午阳	康强	曹莉	曹永智	曹学莉
脱忠伟	黄涛	黄春波	龚东庆	曾祥远	程宇红
蒋文亮	雄风	鲁力	漆杰峰	蔡炳芸	蔡恭亦
颜克勇	薛福平	戴茌	戴丕昌	戴学映	

前言

中国经济的快速发展在很大程度上引发了社会对职业教育的迫切需求。近几年高等职业类院校如雨后春笋般出现，创办有职业特色的高等职业院校成为大多数职业院校的办学宗旨。而艺术设计专业这几年以其生源好、市场需求量大、就业形势好等特点成为多所高职院校的专业"新宠"。

Flash是一门应用广泛的二维动画软件，学习该软件是职业院校艺术设计与制作等专业的必修课程。Flash软件不但可以制作出优秀的动画作品，更可以作为一种文化的载体，广泛应用到文化传播过程中。本教材从职业教育培养"应用型"人才的办学宗旨入手，采用理论逐渐深入，实例带动教学的方法介绍了该软件的使用方法，主要包括Flash软件操作界面、绘画工具、对象操作、元件、导入素材、动画制作、动画优化和发布、动作脚本等内容，并在讲解过程中穿插实例，使读者能够更加容易地读懂、消化相关知识内容。

在编写分工上，武郑艳负责编写第四章、第八章、第九章、第十一章、第十二章，杜兆芳负责编写第二章、第七章、第十章、第十三章，武郑芳负责编写第一章、第三章、第五章、第六章。

本书内容丰富，语言浅显易懂，是一本非常实用的Flash软件学习用书，适合作为高等院校教授Flash软件的教学用书。

武郑艳
2014年9月

内容介绍
CONTENT DESCRIPTION

  本书详细介绍了Flash软件的基本功能和制作动画的方法，并对脚本语言进行了深入阐述。本书以"动"的理念贯穿全文，让读者在一开始就接触到动画，掌握Flash的精髓。本书图文并茂、条理清晰、通俗易懂、内容翔实，并加入许多优秀实例和练习，以使读者能够用专业的眼光审视动画作品中的技术和思路。

作者介绍
AUTHOR INTRODUCTION

武郑艳

  河南工业贸易职业学院讲师，现从事动画教学研究工作，从2005年至今在学院教授"Flash"、"3ds Max"、"动画技法"、"动画造型"等多门课程，所授课程深受学生欢迎。其曾获第四届"正保教育杯"大赛"优秀指导老师"奖，并参与多篇课题研究，发表多篇学术论文。

目录
CONTENTS

第一章
Flash基础知识

第一节　Flash动画常识

一、简介

Flash是一款交互式动画设计软件，用它可以将音乐、声效、动画以及富有新意的界面融合在一起，从而制作出高品质的动画效果。这款软件拥有强大的矢量动画编辑功能、设计功能以及灵活的操作界面，开放式的结构决定其应用领域越来越广泛。Flash CS6是由Adobe公司研发的新版本，这个版本增加了很多实用功能，并能与当下一些流行软件，例如3ds Max、CorelDRAW、Photoshop等良好地交互使用，使Flash功能更强大、制作更精良。

Flash的主要特点如下：

（1）Flash动画有别于以前的网络动画，它采用的是矢量绘图技术，可以将图片任意放大而图片质量不受影响。

（2）Flash最终压缩生成的SWF动画文件体积小，恰好符合网络传输的需要。

（3）Flash采用流式播放技术，可以边下载边播放，降低了对网络带宽的要求，减少了网页浏览的等待时间。

（4）Flash通过脚本语言可以实现交互性动画，使使用者拥有更大的设计自由度。并且通过插件可使文件直接嵌入网页的任一位置，非常方便。

（5）Flash的制作过程相对比较简单，普通用户很容易掌握其操作方法，可随心所欲地发挥想象力制作出有趣的动画。

（6）借助于网络传播，Flash动画制作与发行所需的成本费用低廉，而收益大，前景广阔。

利用Flash软件可以制作出精彩的图形，创建风趣的动画影像，因此它广泛应用于互联网中。如广告、影视、动画短片、交互游戏、网页、课件，甚至电子商务中都应用了Flash技术，如图1-1所示。

图1-1① 图片展示

图1-1② 图片展示

二、Flash动画制作原理

Flash是如何工作的？它是通过一幅幅静止的、内容不同的画面快速播放使人们在视觉上产生运动的感觉。这是利用了人类眼睛的视觉滞留效应。人们在观看画面时，画面会在大脑视觉神经中停留大约1/24秒的时间，如果每秒更替24个画面或更多，那么前一个画面还没在人脑中消失之前，下一个画面进入人脑，人们就会觉得画面动起来了，如图1-2所示。绘制出每个不同的画面并快速播放从而形成动画，这就是

Flash动画的工作原理。Flash逐帧动画还可以完成许多复杂的高难度动作，制作出风格多样的画面效果。

三、Flash动画制作步骤

一个好的动画作品要经过周密的策划设计，其制作过程可分为以下几个步骤：

（一）前期策划

在制作动画之前，首先要明确制作目的，知道动画的最终效果、风格、表现形式和主要内容，确定上述内容后我们可以制订初步的计划。如人物造型设计、场景设计、音乐设计、动画分镜头设计等。

（二）收集素材

完成前期策划后，应根据前期制订的风格，有目的、有针对性地收集所需要的素材，如音乐、材料等，切忌盲目地收集。

（三）绘制、制作动画

前面的准备工作做好之后，就按照先前的想法把它表现出来。这是动画制作的关键环节。这个环节包括绘制线稿、上色和制作动画。

（四）后期调试与优化

动画制作完毕后，为了使整个动画看起来流畅、紧凑、下载时间更快，我们必须对动画进行调试和优化，以保证作品质量。调试主要是针对动画细节，例如镜头的衔接、声音与动画是否一致等。优化是尽量减小文件，例如可以少用位图，多用元件等。

（五）发布动画

最后根据动画的环境和要求发布动画。

四、Flash动画关键词

流 这是一种下载方式，所谓流式下载也就是边

图1-2 逐帧动画图片

下载边观看。这种下载方式使Flash在那个网速有限的年代迅速火起来。流式下载的缺点是当播放的速度大于下载的速度时，文件会暂停播放，所以现在网上的Flash文件都会在开始处放一个Loading（加载条），这样可以等文件下载完了再开始播放。

矢量图和位图 矢量图与分辨率无关，也就是说可以将图片任意放大而图片质量不受影响，并且所占空间不大。位图是由像素点组成的图像，也就是当图像放大时会看到许多单个方块，如图1-3所示。常见矢量格式为AI、SWF、CDR。Flash是矢量文件，发布后文件扩展名为"*.swf"，保存源文件扩展名为"*.fla"。

原图　　矢量图放大后的效果　　位图放大后的效果

图1-3　矢量与位图

库 库是用来存放资源的地方，相当于舞台后台。除了可以放置元件外还可以放置位图、声音、视频等文件。快捷键为【Ctrl】+【L】。

元件与实例 元件是指可以重复使用的对象，相当于演员。根据在影片中的作用，元件可分为3种类型：图形元件、影片剪辑元件、按钮元件。应用元件时只需把它从库中拖到舞台上即可。一个元件可重复使用。当元件从库中拖到舞台时，就为这个元件创建了实例，如图1-4所示。

帧 通俗地讲，帧就是一个时间单位，Flash中的动画就是按每帧计算的，在Flash的时间轴上每一个小方格就代表一帧，一帧即为一个画面，如图1-5所示。

帧频 指动画播放速度，即每秒播放多少帧。Flash默认的帧频为12帧/秒，即每秒播放12张画面。Flash在电视上播放速度为25帧/秒，电影为24帧/秒，

人眼最低的帧频为8帧/秒，即每秒播放的图片少于8张，人们就觉得动画不连贯，很卡。

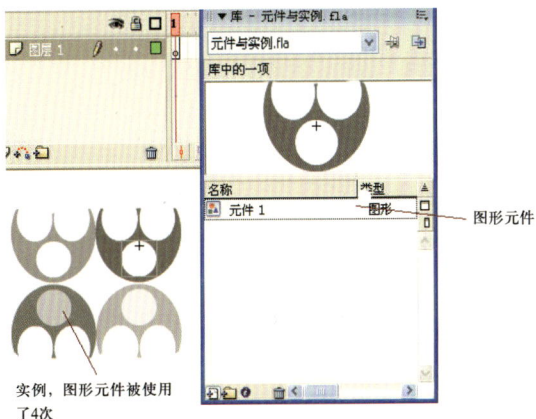

图1-4　元件与实例

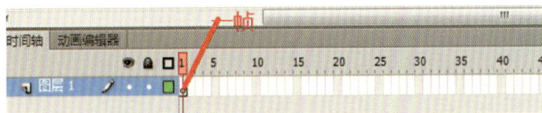

图1-5　帧

图层 图层就像透明的玻璃一样，每块玻璃上都可以绘制不同的内容，将这些内容一层层叠加在一起就是一幅完整的图像，如图1-6所示。如果在一个图层上绘制和编辑对象，那么不会影响其他图层上的对象。如果一个图层上没有内容，那么就可以透过它看到下面的图层。在时间轴上，每一条动画轨道就是一个层。每一层都有一系列的帧。编辑时不同层中的对象彼此独立。

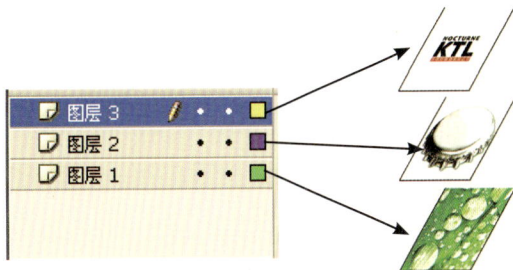

图1-6　图层

第二节　Flash的启动与退出

通过前面的介绍，我们对Flash有了初步的认识，现在我们来学习该软件的启动与退出方法。

（2）双击桌面的快捷方式 Fl，然后在弹出的界面中单击【ActionScript3.0】按钮即可启动Flash。

一、启动

启动Flash有两种方法：

（1）执行【开始】→【所有程序】→【Adobe】→【Flash Professional CS6】→【ActionScript3.0】命令，如图1-7所示。

二、退出

退出Flash文档有如下3种方法：

（1）在菜单栏中执行【文件】→【退出】命令。

（2）单击Flash工作界面右上角的 ✕ 按钮。

（3）按快捷键【Ctrl】+【Q】。

图1-7　启动Flash文档

第三节　Flash工作界面简介

Flash工作界面由菜单栏、基本功能、搜索栏、文档窗口、编辑栏、工作区、【时间轴】面板、工具箱、浮动面板等组成，如图1-8所示。

一、菜单栏

菜单栏包括Flash所有的命令，几乎所有可执行的命令都可以在这里找到。它共有11个菜单，每个菜单下又有若干个子菜单。

二、基本功能

Flash提供了多种工作区预设，在该列表中选择相应的工作区预设可以很方便地更改工作区布局（见图1-9），还可以选择传统的工作模式与以前的Flash版本界面一致。下拉列表的最后3个命令的作用分别如下：

重置基本功能　恢复工作区的默认状态。

新建工作区　根据个人喜好创建工作区。

管理工作区　管理个人创建的工作区。

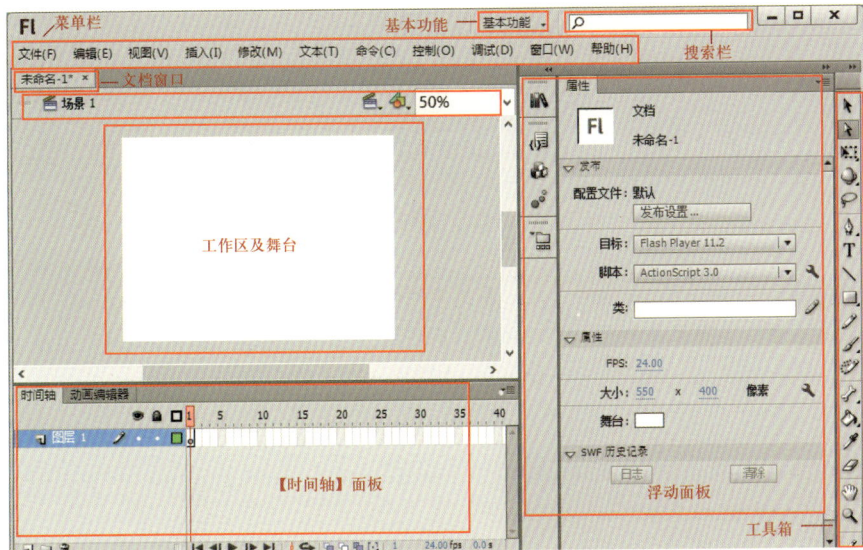
图1-8 Flash工作界面

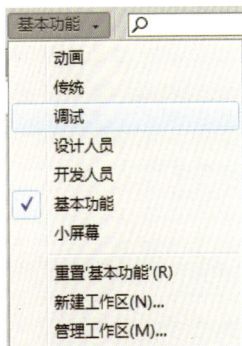
图1-9 基本功能

三、搜索栏

搜索栏对Flash提供了搜索功能，只要在该栏中输入需要搜索的内容，再按【Enter】键即可。

四、文档窗口

文档窗口可显示文档的名称，如果在Flash软件中同时打开多个文档，可以单击相应的文档窗口进行切换。

五、编辑栏

编辑栏用于场景或元件的切换，其下拉菜单中共有4个选项，含义分别如下：

场景 3　　显示当前工作的场景。

　　在弹出的菜单中可以选择要制作的场景。

　　在弹出的菜单中可以选择要制作的元件。

100%　　　用于调整工作区尺寸大小。

六、工作区

我们可以看到工作区有两种颜色：一种是灰色，另一种是白色。我们把白色区域称为舞台，它是绘制

图形和创作动画的地方。舞台周围区域也可以使用，但是在最后输出时图像显示不出来，只有舞台内的图像才可以显示，如图1-10所示。我们一般利用舞台周围区域储存、修改图像。

图1-10 导出时只能看到舞台内的内容

工作区的面积本来就不大，又被很多面板覆盖，在制作动画时会带来很大不便，接下来就介绍几种增大工作区面积的方法。

（1）展开、收起面板。用鼠标单击面板右边 ◄◄ 按钮，可以打开面板，再次单击就可以收起面板。

（2）关闭打开的面板。用鼠标拖曳面板右边将会出现 ✕ 按钮，单击该按钮将会关闭面板。如果想调出已关闭的面板，可以从【窗口】菜单中找到所需要的命令。

（3）隐藏面板。执行【窗口】→【隐藏面板】的命令或按【F4】快捷键可隐藏面板。

（4）如果想恢复到默认布局，可以执行【窗口】→【工作区】→【重置基本功能】命令。

七、【时间轴】面板

通过【时间轴】面板可以控制Flash动画的制作与播放，它由图层控制区和帧控制区两部分组成，如图1-11所示。

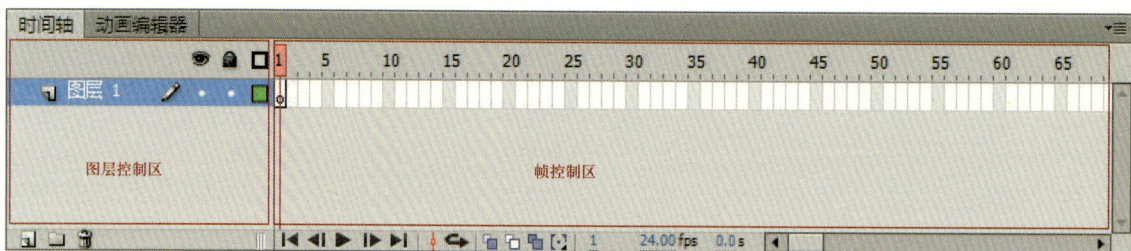

图1-11 【时间轴】面板

八、工具箱

工具箱提供了用于绘制和编辑图形的各种工具，默认情况下它处于界面的右侧，只要单击某个工具按钮就可使用该工具。工具箱从上到下可以划分成选择变换工具、绘图工具、绘图调整工具、视图工具、颜色工具和选项区6个组成部分，如图1-12所示。由于工具太多，一些工具被隐藏起来，在工具箱中工具右下角含有黑色三角，则表示该工具中还有其他隐藏工具。

（1）选择变换工具。选择变换工具有7种，这些工具可以对工作区中的图形进行选择、变换、旋转等操作。

（2）绘图工具。绘图工具有12种，这些工具的组合可以让设计者更方便、更理想地绘制出各种图形。

（3）绘图调整工具。利用该工具可以对所绘制的图形、元件的颜色进行调整。

（4）视图工具。视图工具用于查看图形，主要包括【缩放工具】和【手形工具】。【缩放工具】使用方法是单击 🔍 按钮即可放大图形，按【Alt】键配合【缩放工具】即可缩小图形。【手形工具】的使用方法是单击拖曳 ✋ 图标即可查看图形的任意部分，或使用快捷键空格。

（5）颜色工具。颜色工具主要用于设置颜色，它包括笔触颜色 ✏ 和填充颜色 🖌 两部分。默认情况下笔触颜色为黑色，填充颜色为白色。如果想设置其他的颜色只要单击它们即可弹出调色板，在调色板中可以选择任何一种颜色。如果不想使用颜色，单击 ▨ 按钮即可，如果想交换笔触颜色与填充色可单击 ⇄ 按钮；把颜色恢复到默认的状态可以单击 ▣ 按钮。

（6）选项区。选项区用于显示当前所选工具的相关参数和选项，这些选项随着所选工具的改变而改变，选择 ▶，该区域显示如图1-13所示；选择 ✎，该区域显示如图1-14所示。

注意： 将鼠标停留在工具上片刻，即可显示出该工具的名称和快捷键的提示。

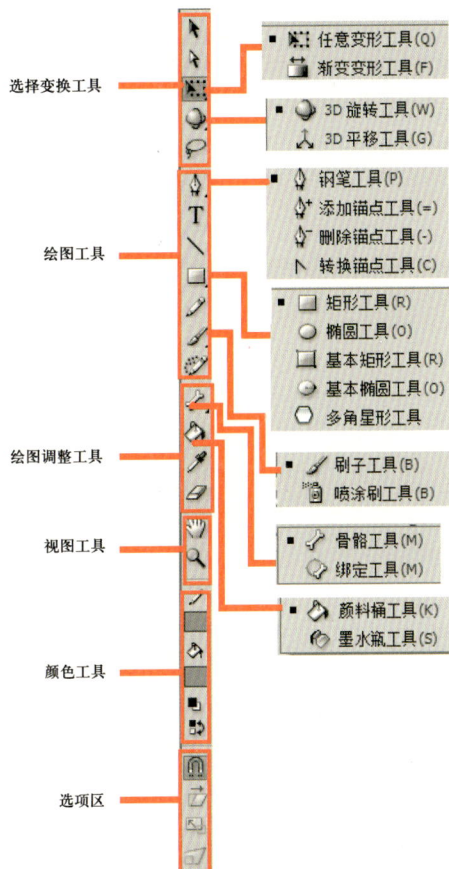

选择变换工具

- ■ 任意变形工具(Q)
- ■ 渐变变形工具(F)
- ■ 3D 旋转工具(W)
- ■ 3D 平移工具(G)

绘图工具

- ■ 钢笔工具(P)
- ■ 添加锚点工具(=)
- ■ 删除锚点工具(-)
- ■ 转换锚点工具(C)
- ■ 矩形工具(R)
- ■ 椭圆工具(O)
- ■ 基本矩形工具(R)
- ■ 基本椭圆工具(O)
- ■ 多角星形工具

绘图调整工具

- ■ 刷子工具(B)
- ■ 喷涂刷工具(B)
- ■ 骨骼工具(M)
- ■ 绑定工具(M)

视图工具

颜色工具

- ■ 颜料桶工具(K)
- ■ 墨水瓶工具(S)

选项区

图1-12 工具箱

图1-13 选项区显示①

图1-14 选项区显示②

九、浮动面板

在Flash中有很多面板，有的专门针对动画制作，有的专门针对程序设计。下面进行详细的介绍。

（一）【颜色】面板和【样本】面板

【颜色】面板和【样本】面板是用来设置颜色

的，如图1-15所示。这样我们就可以给图形设置笔触以及填充的颜色，还可以设置填充的不同类型和Alpha值，如图1-16所示。【颜色】面板和【样本】面板可以满足制作者对颜色的各种要求，使其制作出优秀的作品。

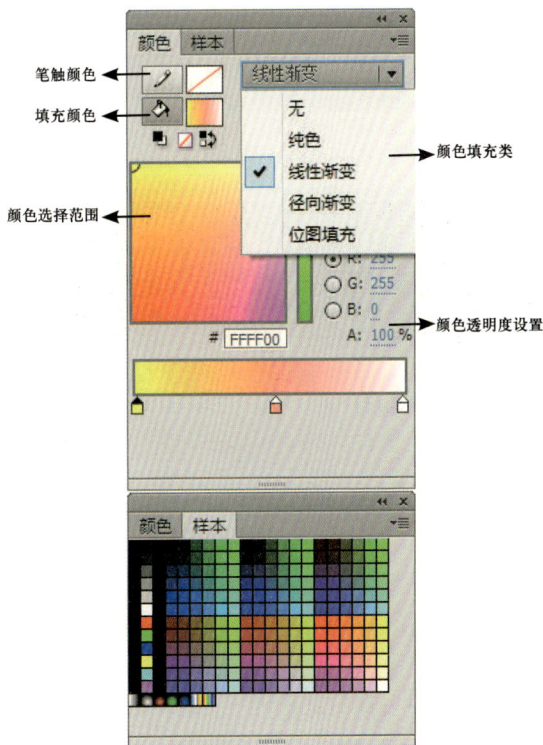

笔触颜色
填充颜色
颜色选择范围
颜色填充类
颜色透明度设置

线性渐变
无
纯色
线性渐变
径向渐变
位图填充

图1-15 【颜色】面板和【样本】面板

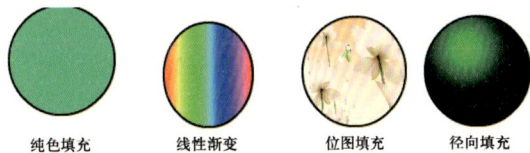

纯色填充　　线性渐变　　位图填充　　径向渐变

图1-16 不同类型的填充

（二）【对齐】面板

利用【对齐】面板可以快速地对齐杂乱的对象。我们可以从【窗口】菜单中找到【对齐】命令或按【Ctrl】+【K】键打开【对齐】面板，如图1-17、图1-18所示。使用方法是选中两个以上的对象，再单击【对齐】面板上的按钮即可。

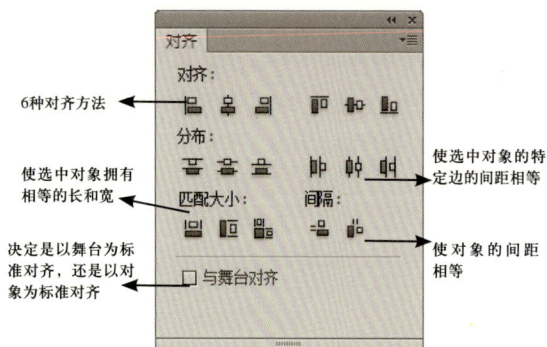

6种对齐方法

使选中对象拥有相等的长和宽

决定是以舞台为标准对齐，还是以对象为标准对齐

使选中对象的特定边的间距相等

使对象的间距相等

图1-17 【对齐】面板

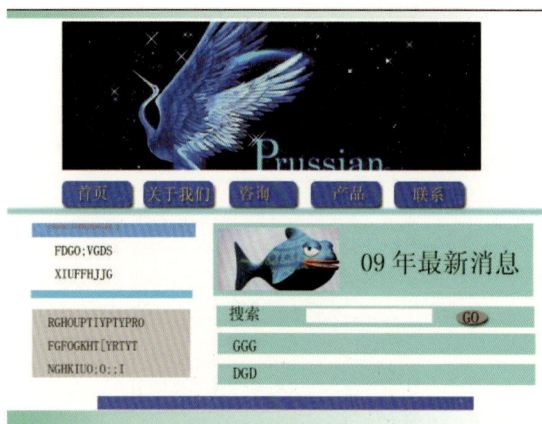

图1-18 用【对齐】面板制作的网页界面

（三）【信息】面板

【信息】面板是用来精确调整对象的大小与位置，获取颜色的有关数据和鼠标的坐标值，如图1-19所示。例如下面的紫方块的大小为50×50，它处于舞台x=200和y=100的位置，如图1-20所示。

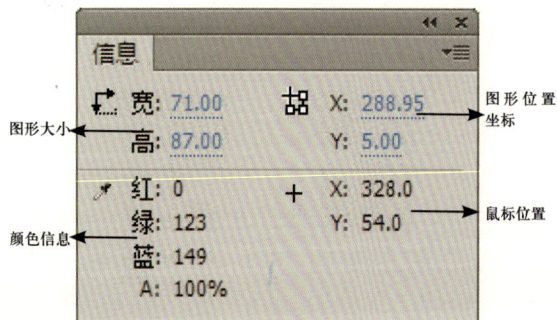

图形大小

颜色信息

图形位置坐标

鼠标位置

图1-19 【信息】面板

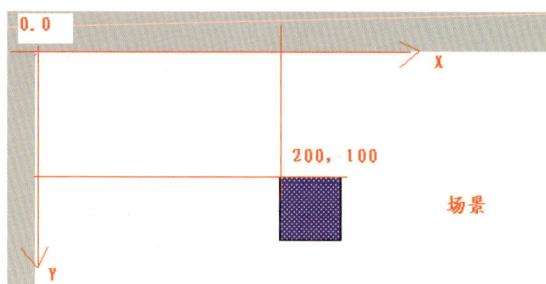

图1-20 方块的坐标

（四）【变形】面板

【变形】面板可以对选定对象执行精确的缩放、旋转、倾斜和创建副本命令。它的快捷键是【Ctrl】+【T】，如图1-21、图1-22所示。其中【3D旋转】只适用于影片剪辑元件。

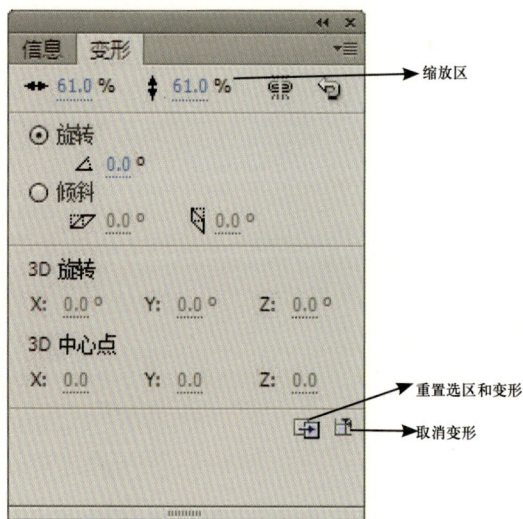

缩放区

重置选区和变形

取消变形

图1-21 【变形】面板

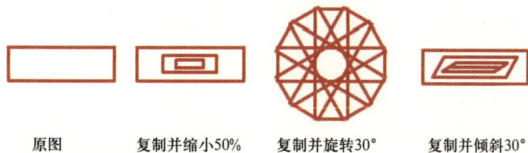

原图　复制并缩小50%　复制并旋转30°　复制并倾斜30°

图1-22 矩形应用【变形】命令后的效果

（五）【属性】面板

【属性】面板是一个很有用的面板，它可以根据

用户当前所选工具进行操作，并随着所选对象的不同而发生改变，如图1-23所示。

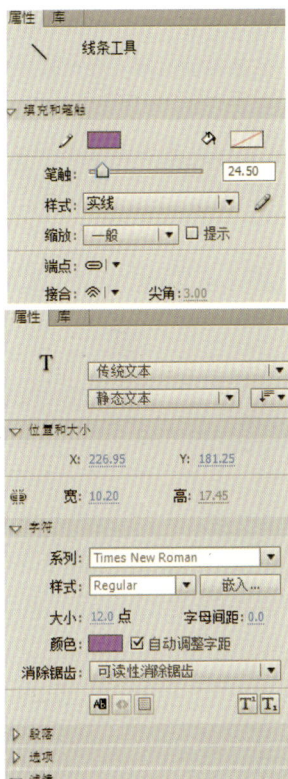

图1-23 不同工具的【属性】面板

（六）【库】面板

【库】面板是用来存放资源的地方，相当于舞台后台。除了可以放置各种元件外，还可以放置位图、声音、视频等文件，快捷键为【Ctrl】+【L】，如图1-24所示。

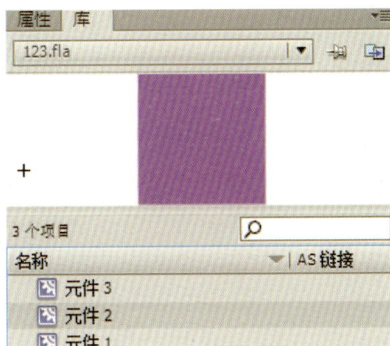

图1-24 【库】面板

（七）【代码片断】面板

Flash为用户提供了许多常用事件，选择一个元件后，在【代码片断】面板中双击一个需要的代码片段，Flash就会将该代码插入到动画中，用户根据个人需要手动修改少数代码就可使用，如图1-25、图1-26所示。

图1-25 代码片段

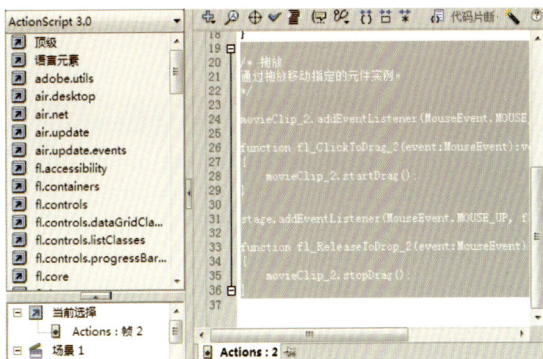

图1-26 插入代码片段

（八）【组件】面板

Flash为用户提供了多款可重复使用的预设组件，用户可以向文档中添加组件，并在【属性】面板中设置它的参数，如图1-27、图1-28所示。

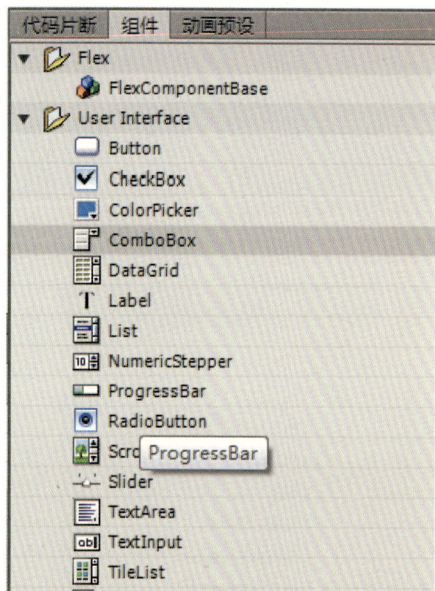

图1-27　组件

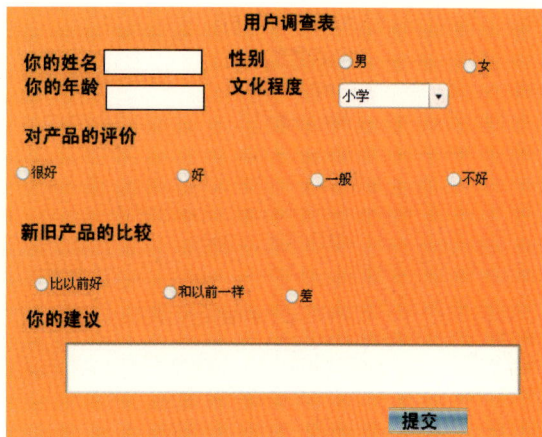

图1-28　由组件组成的页面

我们可以实现鼠标跟随、按钮控制、动态网页等特殊动画效果，快捷键为【F9】，如图1-30所示。

（十一）【动画编辑】面板

【动画编辑】面板就是对补间动画进行控制。例如可以控制补间动画的快慢、添加滤镜效果、控制图像的颜色透明度变化等，如图1-31所示。

注意： 所有浮动面板在【窗口】菜单下均可找到。

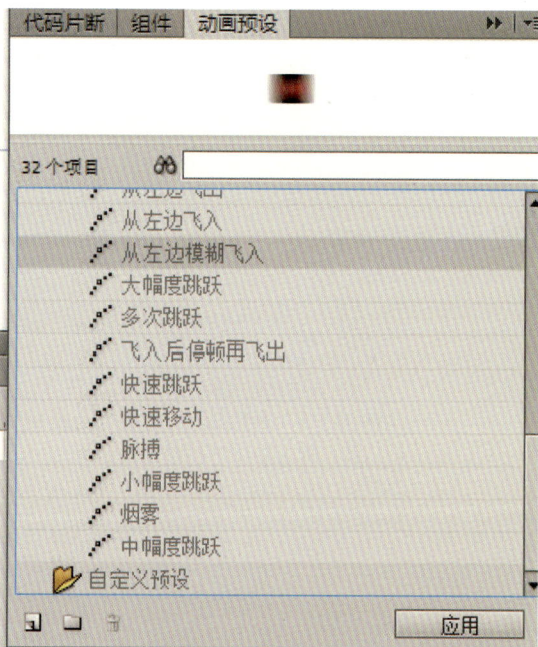

图1-29　【动画预设】面板

（九）【动画预设】面板

动画预设就是将设计好的动画作为样式应用在其他元件上。只需要选中元件，然后打开【动画预设】面板，在列表中选择一款喜欢的动画单击【应用】按钮即可。在【动画预设】面板中除了系统提供的预设外，还可以创建个人的动画预设，以减少重复性的工作，如图1-29所示。

（十）【动作】面板

【动作】面板是Flash用来编写程序用的，配合它

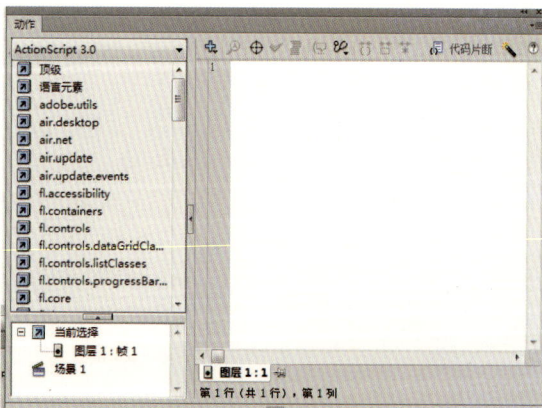

图1-30　【动作】面板

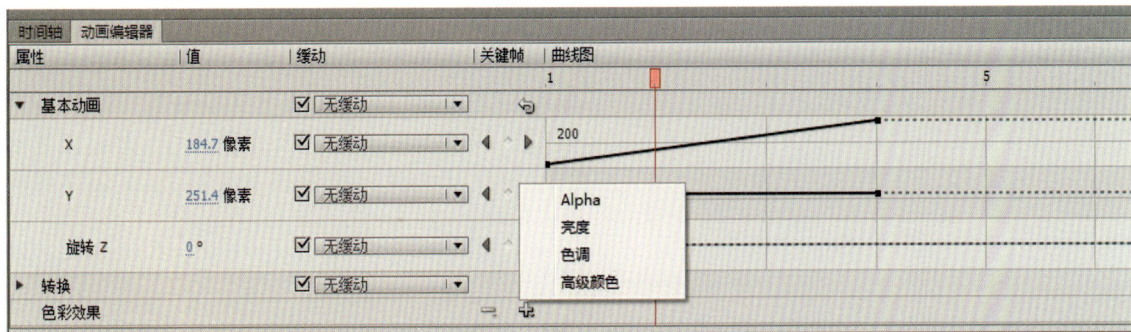

图1-31　【动画编辑】面板

第四节　自定义快捷键

使用快捷键可以大大提高工作效率，Flash本身已经设置了许多快捷键，用户可以执行【编辑】→【快捷键】命令，在打开的【快捷键】对话框中查找。

一、快捷键输出

执行【编辑】→【快捷键】命令，在弹出的对话框中选择【Adobe标准】命令，然后单击【设置导出为HTML】按钮，并命名保存，如图1-32所示。这样就可以在浏览器中打开快捷键了。

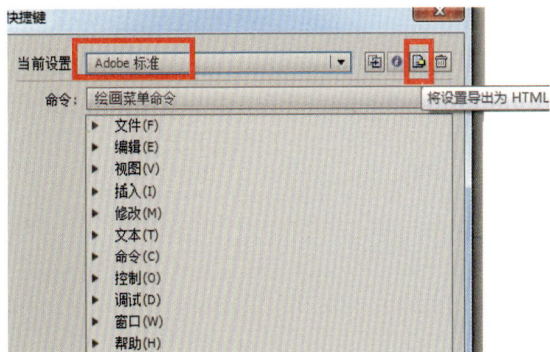

图1-32　单击【设置导出为HTML】按钮

二、自定义快捷键

（1）执行【编辑】→【快捷键】命令，在弹出的对话框中选择【Adobe标准】命令，然后单击【直接复制设置】按钮，如图1-33所示。

图1-33　单击【直接复制设置】按钮

（2）在复制出的命令列表中，选择任意一个命令，然后单击【添加快捷键】按钮，然后在【按键】中输入自定义的快捷键组合，最后单击【更改】按钮，如图1-34所示。

图1-34 自定义快捷键

注意：常用的快捷键命令：新建是【Ctrl】+【N】，打开文件是【Ctrl】+【O】，保存文件是【Ctrl】+【S】，打印文件是【Ctrl】+【P】，剪切是【Ctrl】+【X】，复制是【Ctrl】+【C】，粘贴是【Ctrl】+【V】，撤销是【Ctrl】+【Z】，重做是【Ctrl】+【Y】，对齐是【Ctrl】+【K】，关闭文档是【Ctrl】+【W】，记住这些快捷键可以帮助我们提高工作效率。

第五节　文档基本操作

在Flash创作中创建图形固然重要，但文件的管理也是不可缺少的。必要的文件管理不但能够使用户安全地保存绘制的图像，还可以提高工作效率，使用户更有效地组织工作。接下来就介绍文档的操作方法。

一、新建文档

（一）新建文档的方法

新建文档有3种方法：

（1）在开始页面中单击【创建新项目】→【Flash文档】。

（2）在菜单栏中执行【文件】→【新建】命令。

（3）按快捷键【Ctrl】+【N】创建文档。

（二）文档属性设置

文档创建好了如果想更改它的尺寸、颜色，我们可以通过【属性】面板调节。用【选择工具】 单击

舞台，然后单击鼠标右键，在弹出的菜单中选择【文档属性】选项，即可调出【文档设置】对话框或按快捷键【Ctrl】+【J】，设置完成后单击【确定】按钮。【文档设置】对话框的各种参数如图1-35所示。

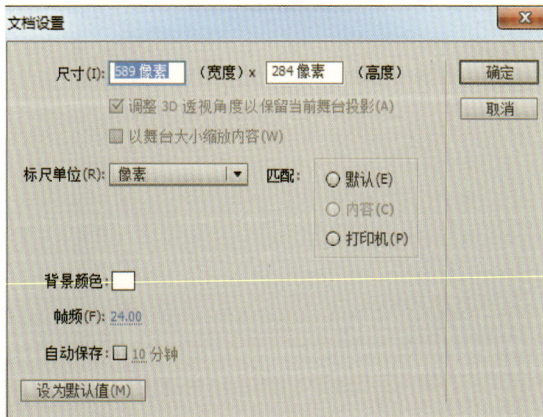

图1-35 【文档设置】对话框

尺寸 可以设置文档的大小，默认单位是像素。

标尺单位 设置动画单位，如图1-36所示。

背景颜色 设置背景颜色。

帧频 影片的播放速度，默认为24帧/秒。

自动保存 设置自动保存动画的时间。

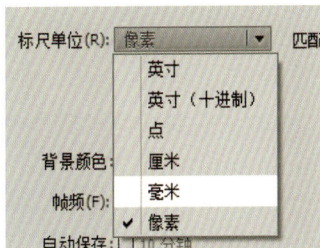

图1-36　标尺单位

二、保存文档

编辑完Flash后要将其保存起来便于以后的使用。保存的命令主要是【保存】（快捷键为【Ctrl】+【S】命令和【另存为】（快捷键为【Ctrl】+【Shift】+【S】)为两种方式。如果是新文件第一次保存用任何一个命令都可以。如果是编辑后的文件再次保存就要注意，【保存】是编辑后的文件覆盖源文件，【另存为】是编辑后的文件重新命名保存，源文件仍在，并没有发生变化。

三、关闭与打开文档

当不需要使用当前文件时可以执行【文件】→【关闭】命令或按【Ctrl】+【W】快捷键关闭或单击场景右上方的 ✖ 按钮将其关闭。

如果想要查看已有的Flash文档，可以执行【文件】→【打开】命令或按【Ctrl】+【O】快捷键调出【打开】对话框，然后找到文件，选中文件单击 打开⑩ 按钮即可，如图1-37所示。

图1-37　【打开】对话框

第六节　实训练习

本章主要介绍了Flash的工作界面和文档操作方法，下面通过五环的制作来掌握本章所学内容。

本次上机练习是创建一个奥运五环，在这次练习中将应用到填充颜色、【对齐】面板、【属性】面板。

操作步骤如下：

（1）启动电脑，单击桌面上Flash的快捷方式图标 **Fl** 打开Flash软件。

（2）进入主界面，选择【ActionScript3.0】创

建新文档，如图1-38所示。

（3）按【Ctrl】+【J】键打开【文档设置】对话框，设置文档的大小为600像素×500像素，背景色为紫色，如图1-39所示。

（4）单击 使填充色不可用，设置笔触颜色为蓝色 ，选择【椭圆工具】，在【属性】面板中设置椭圆笔触大小为5，如图1-40所示，按住【Shift】键画正圆，如图1-41所示。

图1-38 新建文档

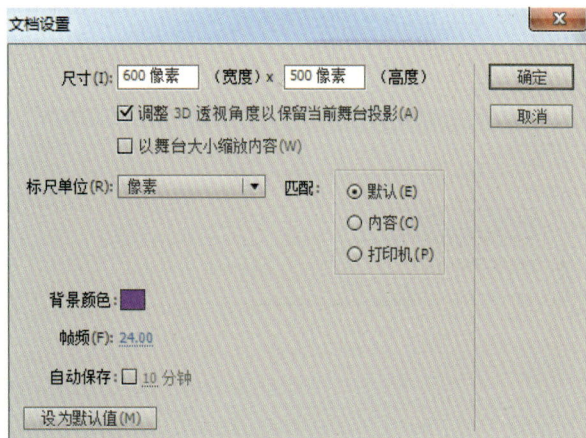
图1-39 【文档设置】对话框

图1-42 复制圆

图1-40 绘制圆

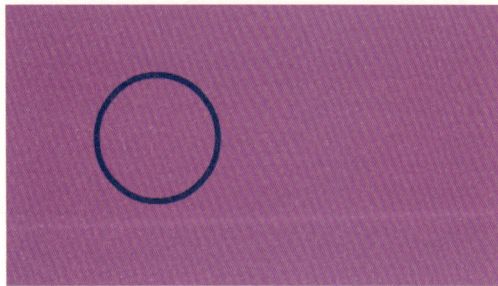
图1-41 绘制正圆

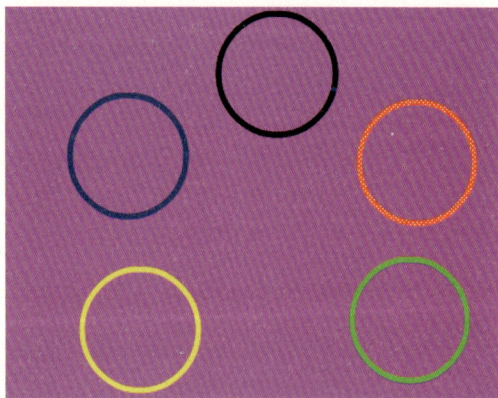
图1-43 更改圆的颜色

（5）用【选择工具】选中圆，按【Ctrl】+【C】和【Ctrl】+【V】键复制、粘贴4个圆，如图1-42所示。

（6）用【选择工具】选中圆后，更改圆的颜色，设置4个圆分别为黑色、红色、黄色、绿色，如图1-43所示。

（7）用【选择工具】配合【Shift】键加选蓝色、黑色、红色3个圆环后，用【对齐】命令将其水平对齐，如图1-44、图1-45所示。

（8）最后，用【选择工具】把黄色和绿色的圆环分别放在合适的位置，完成制作，如图1-46所示。

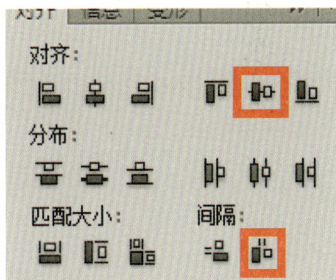

图1-44 【对齐】面板的参数

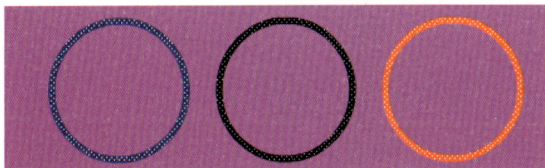

图1-45 对齐后的效果

图1-46 最终效果

（9）按【Ctrl】+【S】键保存一个名为"奥运五环"的文件，如图1-47所示。

（10）单击Flash工作界面上的 **✕** 退出软件。

图1-47 保存文件

课后习题

一、选择题

（1）（ 　　 ）是Adobe公司开发的一款可以将音乐、声效、动画以及富有新意的界面融合在一起的优秀软件。

A．Flash 　　　　　　B．Dreamweaver

C．Fireworks 　　　　D．FrontPage

（2）Flash源文件的扩展名为（ 　　 ），发布后文件扩展名为（ 　　 ）。

A．*.avi 　　　　　　B．*.swf

C．*.fla 　　　　　　D．*.ssf

（3）选择【缩放工具】后，按住键盘上的（ 　　 ）键，单击舞台，可快速缩小视图。

A．Shift 　　　　　　B．Ctrl

C．Alt 　　　　　　　D．Esc

二、填空题

（1）Flash采用了＿＿＿播放技术可以边下载边播放。

（2）Flash是＿＿＿图形软件，放大图片后图片质量不变。

（3）Flash最小的时间单位是＿＿＿＿，它默认的帧频是＿＿＿＿，电视播放的帧频是＿＿＿＿，电影播放的帧频是＿＿＿＿＿。

（4）元件的类型可分为＿＿＿＿、＿＿＿＿、＿＿＿＿。

（5）＿＿＿＿面板可以对选定对象执行缩放、旋转、倾斜和创建副本的操作，它的快捷键是＿＿＿＿＿。

三、连线题

把命令和它所对应的快捷键用线连起来。

新建	【Ctrl】+【V】
打开	【Ctrl】+【C】
保存	【Ctrl】+【X】
打印	【Ctrl】+【P】
剪切	【Ctrl】+【N】
复制	【Ctrl】+【S】
粘贴	【Ctrl】+【O】
关闭	【Ctrl】+【W】
撤销	【F4】
重做	【Ctrl】+【Q】
对齐	【Ctrl】+【J】
库	空格键
退出	【Ctrl】+【Z】
手形工具	【Ctrl】+【L】
文档设置	【Ctrl】+【K】
隐藏面板	【Ctrl】+【Y】

四、问答题

（1）Flash动画原理是什么？为什么有这种现象？

（2）Flash的制作步骤有哪些？

第二章
动画基础知识

第一节　时间轴介绍

时间轴是制作动画最主要的工具之一，默认状态下位于编辑区的下方、工具箱的左侧。时间轴由图层控制区和帧控制区两部分组成。对于动画的制作来说，时间轴是至关重要的，从场景的切换到演员的出场、表演的时间等都是在时间轴上设定和完成的，所以说时间轴是Flash动画的灵魂。要制作动画，首先要了解并掌握时间轴的基本操作和使用方法。

时间轴的组成

时间轴被用于管理、控制图层和帧，其中最重要的组成部分就是图层和帧。【时间轴】面板的左边是图层控制区，用于对图层的操作；右边是帧控制区，用于对帧的操作。默认状态下时间轴显示效果如图2-1所示。当【帧】面板上帧的长度超出了时间轴窗口所能显示的范围时，用户可以拖动【时间轴】面板下方的水平滚动条来改变时间轴的位置。同样，当图层的数目过多而无法全部显示在图层控制区时，也可以拖动【时间轴】面板右边框的滚动条来调整。

把鼠标光标放在面板上，当其变成 时通过拖曳可以改变时间轴的大小。【帧】面板上的每一个小方格均代表动画中的一帧，不同帧代表不同的时间和内容。

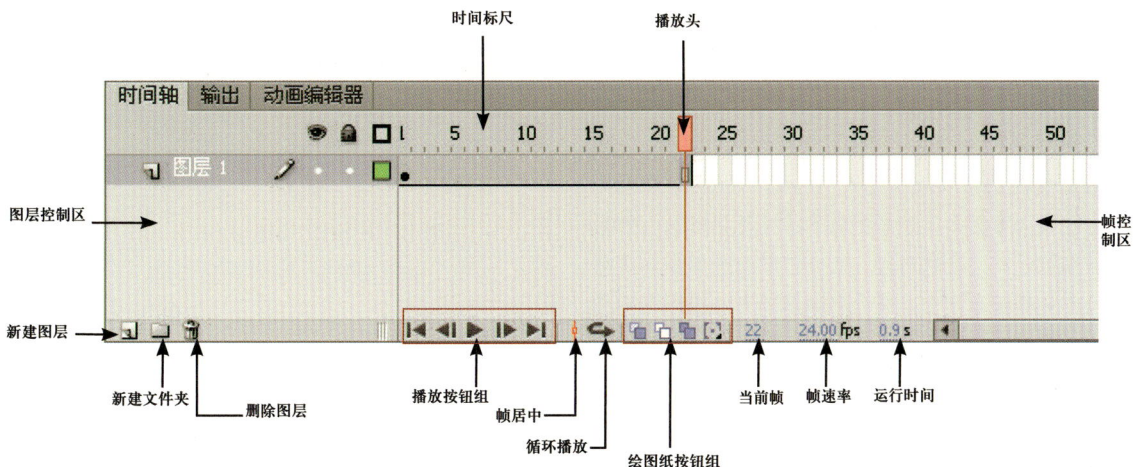

图2-1　【时间轴】面板

第二节　图层介绍

我们可以把图层想象成堆叠在一起的很多张透明的纸张，每一张纸上可以制作不同的图形，将这些纸张重叠在一起就组成了一幅完整的画面。在同一个位置，前面的对象会遮挡住后面的对象。而当图层上没有任何东西的时候，便可以透过上面的图层看到下面图层上的图像。用户可以用图层组合成各种复杂的动画。

Flash每个图层都是彼此独立的，所以在一个图层上任意修改绘画不会影响到其他图层中的内容。

一、图层编辑

（一）新增图层

默认状态下，新创建的Flash只有一个图层，这是远远不能满足创作、编辑需要的。用户可以通过增加图层的方法来编辑影片中的图像、文字、声音和动画。为图像添加图层有以下3种方式：

（1）单击时间轴图层控制区面板左下角的【新建图层】按钮 。

（2）执行菜单栏中的【插入】→【时间轴】→【图层】命令。

（3）在时间轴图层控制区的图层上单击鼠标右键，在随后弹出的菜单中选择【插入图层】选项。

（二）重命名图层

新创建的Flash文档，图层名称默认为图层1，随后新建的图层依次为图层2、图层3。进行动画创作时，由于内容繁多，这样的命名往往不易辨认，也为操作增加了不必要的难度，因此给新建图层命名能够使操作变得清晰方便。重命名图层的方法有以下两种方式：

（1）在图层控制区双击要重命名的图层，在字符框内输入新图层的名称。

（2）在要重命名的图层上单击鼠标右键，在弹出的菜单中选择【属性】选项，然后在弹出的【图层属性】对话框的【名称】一栏中输入新图层的名称，如图2-2所示。

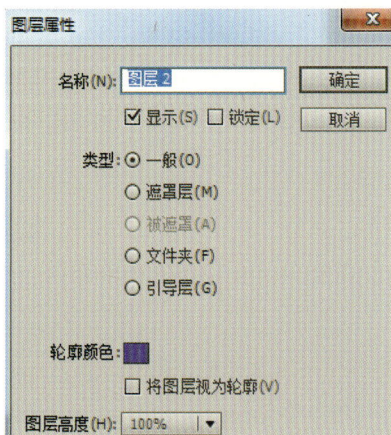

图2-2　【图层属性】对话框

（三）改变图层顺序

图层排列顺序决定了一个图层上的图像显示于其他图层之前还是之后。因此在制作动画时，往往会改变图层之间的排列顺序，方法如下：在时间轴图层控制区中选择要移动的图层，然后用鼠标将图层向上或向下拖动。当高亮线在你想要放置的位置出现时，就释放鼠标，图层即被成功地放到新的位置，如图2-3所示。

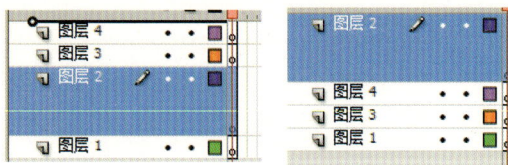

把"图层2"放到"图层4"上
图2-3　更改图层顺序

（四）指定图层

在制作动画时，往往会有很多图层，并且需要在不同的图层之间来回选取，这里要提醒的是，只有当图层处于被选中的状态时才能进行编辑。当图层的名称旁出现一个铅笔图标 时，并以蓝底色显示，表示该图层是当前工作层，处于被选中状态。每次只能编辑一个图层。选择图层的方法有以下3种：

（1）单击时间轴上图层的名称。

（2）单击时间轴上该图层对应的帧。

（3）选取工作区中的对象，该对象所在的图层即被选中。

注意： 按【Shift】键可以选择多个连续的图层。按【Ctrl】键可以选择不连续的多个图层。

（五）复制图层

利用该功能可以将图层中的所有对象复制下来，并粘贴到不同的图层中，操作步骤如下：

（1）单击要复制的图层。

（2）执行【编辑】→【时间轴】→【复制图层】命令，或在图层区域单击鼠标右键，在弹出的菜单中选择【复制图层】选项。

（六）删除图层

删除图层的方法有以下3种方式：

（1）选择要删除的图层，单击时间轴图层控制区右下角的【删除】按钮 。

（2）在时间轴上单击要删除的图层，将其拖到【删除】按钮 上。

（3）选择要删除的图层，单击鼠标右键，在弹出的菜单中选择【删除图层】选项。

（七）图层文件夹

在动画的制作过程中，有时会新建很多图层，这就不便于管理和制作，我们可以用图层文件夹来分门别类地管理，添加方法有以下两种：

（1）单击图层控制区下方的【新建文件夹】按钮 ，然后用鼠标将图层拖到该按钮上处，即可将图层放入该文件夹中。

（2）在选定的图层上单击鼠标右键，在弹出的菜单中选择【插入文件夹】选项。

二、设置图层状态

在时间轴的图层控制区中有3个图标分别表示图层的不同状态（见图2-4）。它们可以隐藏某个图层以便操作；可以将某个图层锁定防止被意外修改；可以将任何图层上的图像以轮廓线的方式表现。

（一）隐藏图层

在动画制作过程中，内容繁多，有时为了方便操

作，需要将某些图像暂时隐藏起来，从而减少不同图层之间的干扰，使整个工作区保持清晰整洁。当图层隐藏时，就不能对该图层上的对象进行各种编辑了。隐藏图层的方法有以下两种方式：

（1）用鼠标在图层的隐藏栏中上下拖动，出现 时即可隐藏单个或多个图层。再次单击拖动鼠标即可取消隐藏。

（2）单击隐藏图标 可以将所有图层隐藏，再次单击隐藏图标则会取消所有隐藏图层。

（二）锁定图层

在动画制作过程中，有时候需要将某个图层锁定，以便防止一些已经编辑好的图层被意外修改。当图层处于锁定状态时，就暂时不能对该层进行各种编辑了，与隐藏图层不同的是，锁定图层上的图像依然可以显示。锁定图层的基本方法同上，只不过是通过锁图标来完成，再次单击锁图标 即可解锁，如图2-5所示。

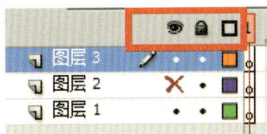

图2-4 图层状态　　　　图2-5 锁定图层

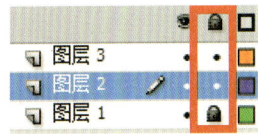

（三）显示轮廓模式

在制作过程中，某些时候也需要以轮廓的方式来查看对象，这时就可以通过显示轮廓模式去除填充区以线框的方式显示对象。在轮廓模式下，该层的所有对象都以同一种颜色显示，不同的图层颜色是不一样的。以轮廓显示图层的基本方法同上，只不过是通过 图标来完成，如图2-6所示。以轮廓模式显示图层的方法有以下两种：

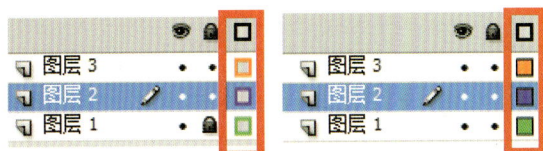

图层轮廓显示　　　　图形正常显示

图2-6 线框显示图层

（1）单击显示轮廓模式图标 ，可以将所有图

层都以轮廓模式显示，再次单击该按钮即可取消轮廓显示模式。

（2）单击图层名称右侧的显示模式栏 ■（不同图层显示栏的颜色也不同），当显示模式栏变成空心的正方形时，即可将该图层转换为轮廓显示模式，再次单击可取消轮廓显示模式。

三、设置图层属性

图层属性可以设置图层的名称、显示、锁定、图层类型等。选取任意一个图层，单击鼠标右键，在弹出菜单中选择【属性】选项，打开【图层属性】对话框，如图2-7所示。

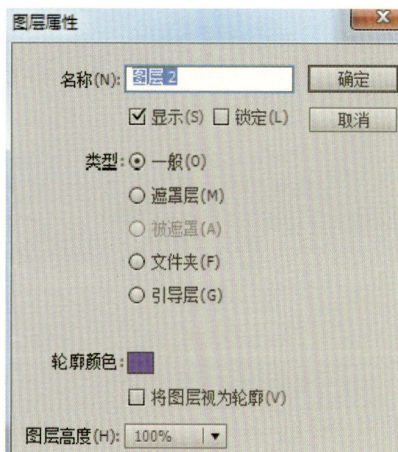

图2-7 【图层属性】对话框

名称 修改图层的名称。

显示 用于显示或隐藏图层。

锁定 用于锁定或解锁图层。

类型 可以设置图层的类型。其中，【一般图层】表示普通图层，是Flash的默认图层；【遮罩层】指将当前图层设定为遮罩层，可以遮盖住下面图层中的图形；【被遮罩】指被遮盖住的图层；【文件夹】可以将普通图层转换为文件夹，用于管理图层；【引导层】可以引导下面图层中的对象运动。

轮廓颜色 设置轮廓颜色。

将图层视为轮廓 可以将图层中的所有内容以线框方式显示。

图层高度 通过下拉列表中选择缩放百分比，可以放大或缩小图层区域的显示比例。如图2-8所示为图层2高度改为300%后的效果。

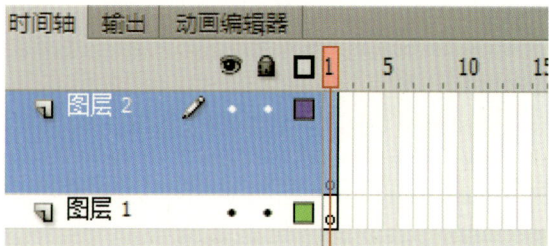

图2-8 修改图层高度

第三节 帧控制区

帧控制区在【时间轴】面板的右侧。时间轴面板内有许多单元格，简称帧，每一行表示一个图层，每一格表示一帧，如图2-9所示。Flash动画就是由不同的帧组成的。在播放动画时，系统会依次显示每一帧中的内容，将这些帧连续播放可以实现整体动画效果。

【时间轴】面板下方的条状区域，是时间轴窗口的状态显示区，通过这一区域的各个按钮和窗口，我们可以查看正在播放的动画的相关信息，比如，播放的帧数、帧速率、已经播放时间等，如图2-9所示。

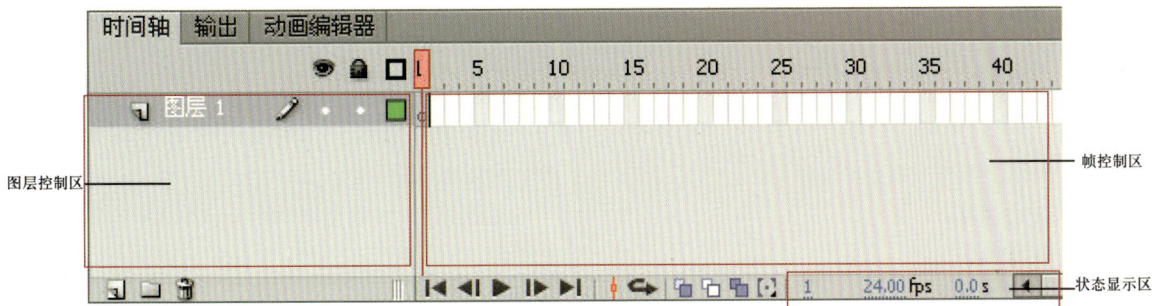

图2-9 帧控制区和状态显示区

一、帧控制区的组成

（一）播放头

时间轴上红色的播放头用来表示动画当前所在的帧。在舞台中按下【Enter】键，可运行影片，播放头会随着影片的播放而向前移动，始终与动画同步。拖动播放头可以轻易地定位到目标帧。

【帧居中】按钮是用来改变帧控制区的显示范围。在动画所用的帧比较繁多的时候，单击该按钮，即可将播放头所在的帧（当前帧）显示到帧控制区窗口的中间位置。

（二）绘图纸工具组

在制作动画的过程中，前后两帧上的对象是不能同时被看到的，这样不便于动画制作，而且如果前后两帧的画面内容需要对齐而没有对齐，就会出现画面抖动的现象。而绘图纸工具不仅可以用半透明的方式显示指定画面内容，还可以提供同时编辑多个画面的功能，因此是制作动画时必须要掌握的工具。

（1）绘图纸外观。单击该按钮，播放头周围会出现方括号形状的标记，并将该区域内帧所对应的对象同时显示在舞台上。这有利于观察不同帧之间的图形变化过程，如图2-10所示。

（2）绘图纸外观轮廓。如果仅仅希望以图形轮廓线的方式来显示各帧上的内容，则可单击此按钮，如图2-11所示。

（3）编辑多个帧。单击该按钮，播放头周围会出现方括号形状的标记，这表示在该区域内的关键帧都可以被选择和编辑。

图2-10 绘图纸外观

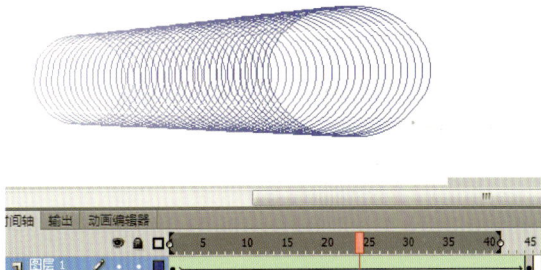

图2-11 绘图纸外观轮廓

（4）修改标记。该按钮用于修改当前绘图纸的标记，实现"多帧显示"。单击该按钮，在弹出的菜单中选择相应的选项可以定义多帧区域范围，如图2-12所示。

始终显示标记 不论绘图纸功能是否开启，时间轴上都会显示绘图纸标记范围。

锚定标记 将绘图纸标记锁定在当前的位置，其位置和范围都将不再改变。否则，绘图纸标记的范围会跟着播放头移动，如图2-13所示。

标记范围2 显示当前帧两边各两帧的内容。

标记范围5 显示当前帧两边各五帧的内容。

标记整个范围　显示当前帧两边所有的内容。

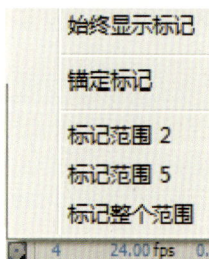

图2-12　修改绘图纸标记

图2-13　锚定标记

（5）更改绘图纸的范围。分别拖动绘图纸两端的方括号形状标记即可改变其位置。

（三）时间轴的显示

在动画的制作过程中，由于时间轴的面积有限，制作比较复杂的动画时就只能显示动画中一部分帧。此时，为了便于制作和管理，我们可以通过【时间轴】面板上帧控制区右上角的弹出菜单来调整单元格的宽窄和大小，如图2-14所示。共有5种显示比例供选择，分别为很小、小、标准、中、大，可以根据需要进行修改。

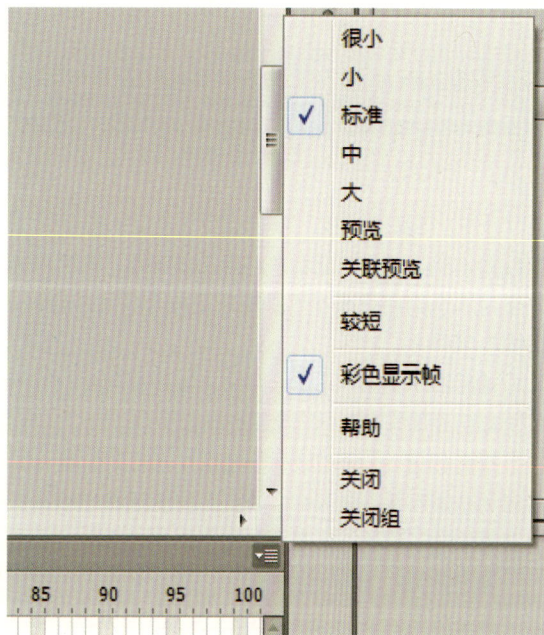

图2-14　调整帧的显示比例

当动画中的图层较多的时候，可以选择【较短】命令，它通过降低帧单元格的高度来显示更多的图层。

【**彩色显示帧**】　以灰底显示帧，取消此项选择，会以白底显示帧。

【**预览**】　主要是以缩略图的形式把内容显示在时间轴上，选择它的同时，也会扩大帧的面积，减少帧的显示数量，如图2-15所示。

【**关联预览**】　不仅仅是以缩略图的形式显示内容，还把内容的比例和位置都显示出来，如图2-16所示。

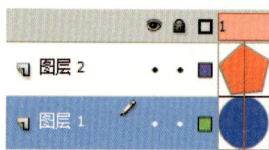

图2-15　预览

图2-16　关联预览

二、帧类型

帧在动画中可以表现动画画面的内容，不同类型的帧承载着不同种类的实例，帧主要有以下几种：

（一）空白帧

空白帧▯也叫帧。空白帧内没有任何内容和对象，同时也不可以在空白帧内创建对象。

（二）空白关键帧

空白关键帧▯也叫白色关键帧，帧单元格内有一个空心的圆圈，表示它是一个没有内容的关键帧，可以在其中创建各种对象，当创建完对象，这个空心的圆圈就变成实心的圆圈。创建方法：选中一个空白帧按【F7】键即可。

（三）关键帧

关键帧▯的帧单元格内有个实心的圆圈，表示该帧内有对象，可以进行编辑。创建方法：选中一个空白帧按【F6】键即可。

（四）普通帧

关键帧右边的浅灰色单元格都是普通帧▯，表示它的内容与关键帧内容一致。创建方法：选中关键帧右边的任意一个空白帧，再按【F5】键即可。

（五）动作帧

动作帧本身就是一个关键帧，关键是帧本身有一个字母"a"，表示这一帧是写有动作脚本的。当播放动画时，会自动执行相应的脚本程序。

（六）过渡帧

过渡帧指的是在两个关键帧之间创建补间动画之后由软件自动生成的帧，它的底色为淡蓝色或浅绿色。如图2-17所示。

图2-17 过渡帧

三、帧的操作

（一）帧速率

帧速率主要用于设置动画的快慢和节奏，标准动态图像的帧频率为24帧/秒。由于网络发布的需要，默认状态下，动画的帧频率为12帧/秒。如果帧频过慢，动画播放的时候会出现明显的停顿现象；相反，如果帧频过高，动画播放时由于速度太快，则会出现一闪而过的现象。因此，合理设置帧速率，才能保证动画播放的稳定和顺畅。

需要注意的是，一部动画只能设定一个帧频。也就是说，在动手制作动画之前应当先设置好帧的频率。修改方法有两种。

（1）执行【修改】→【文档】命令，打开【文档属性】对话框，然后在【帧频】文本框中输入数值，再单击【确定】按钮，如图2-18所示。

图2-18 设置帧频率①

（2）单击【时间轴】面板下的帧速率，输入数值即可，如图2-19所示。

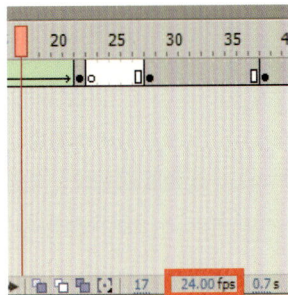

图2-19 设置帧频率②

（二）帧的选择、插入、复制和删除

1. 选择帧

单击即可选择帧，如果想要选择多个连续的帧，选中一个帧的同时按【Shift】键，再单击其他帧即可。如果选择不连续的帧，选中一个帧的同时按【Ctrl】键，再单击所要选择的帧即可。

2. 插入关键帧

插入关键帧的方法有以下几种：

（1）在需要插入关键帧的位置按下【F6】键。

（2）选中需要插入关键帧的位置，单击鼠标右键，在弹出的菜单中选择【插入关键帧】选项。

（3）选中需要插入关键帧的位置，然后执行【插入】→【时间轴】→【关键帧】命令。

注意：添加新的关键帧以后，会把前面关键帧的内容自动复制到本关键帧上，如图2-20所示。

3. 插入空白关键帧

若想创建一个空白关键帧而不复制前面关键帧中

的内容，有以下3种方法：

（1）在需要插入空白关键帧的位置按【F7】键。

（2）选中需要插入空白关键帧的位置单击鼠标右键，在弹出的快捷菜单中选择【插入空白关键帧】选项。

（3）选中需要插入空白关键帧的位置，然后执行【插入】→【时间轴】→【空白关键帧】命令。

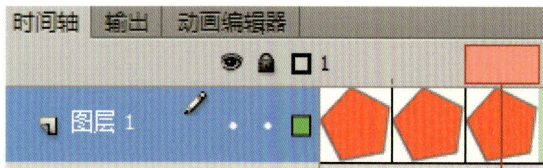
图2-20　关键帧

4. 插入普通帧

在制作动画时，比如动画的背景往往是静态图像并跨越许多帧，此时就需要延长帧，使图像能够在所需要的时间上都能显示。创建普通帧的方法有以下3种，首先在第1帧上制作一幅图像：

（1）选中该图像所在的【帧】面板上想要延长的位置，执行【插入】→【时间轴】→【帧】命令。

（2）选中该图像所在的【帧】面板上想要延长的位置，单击鼠标右键，在弹出的菜单中选择【插入帧】选项。

（3）选中【帧】面板上要延长的位置，然后按【F5】键。

5. 复制帧

想要复制帧以及帧上的内容，首先要选中想要复制的单个帧或多个帧，然后单击鼠标右键，在弹出的菜单中选择【复制帧】选项，在选定的位置上再次单击鼠标右键，在弹出的菜单中选择【粘贴帧】选项即可，或从菜单中执行【编辑】→【复制】命令和【编辑】→【粘贴到当前位置】命令。

6. 移动帧

如果要移动某个帧，只需选定要移动的帧，按住鼠标左键拖动到指定的位置即可。

7. 删除帧

如果要删除某个帧，只需选定要删除的帧，单击鼠标右键，在弹出的菜单中选择【删除帧】选项

即可。

8. 清除关键帧

选中要删除的关键帧，单击鼠标右键，在弹出的菜单中选择【清除关键帧】选项即可。

9. 清除帧

选中要清除的帧，单击鼠标右键，在弹出的菜单中选择【清除帧】选项即可，并使该帧成为空白关键帧。

10. 转换为关键帧

选中要转换的普通帧，单击鼠标右键，在弹出的菜单中选择【转换为关键帧】或【转换为空白关键帧】选项，即可将普通帧转换为关键帧或空白关键帧。

11. 翻转帧

选中一段动画，单击鼠标右键，在弹出的菜单中选择【翻转帧】选项，即可把动画的播放顺序翻转。需要注意的是，选择动画的开始位置与结束位置必须为关键帧。

（三）帧标签、帧注释和命令锚记

1. 帧标签

帧标签有助于在时间轴上确认关键帧的名称，在动作脚本中定位关键帧时，要使用关键帧的名称。例如做动画跳转，如果给帧命名为"停止"，那么就可以使用gotoAndStop（"停止"），从Flash中的任何位置跳转到"停止"这一帧。创建帧标签的方法如下：

（1）选择要添加标签的帧。

（2）在帧【属性】面板上的【名称】文本框中输入名称，即可创建帧标签，如图2-21所示；随后在【时间轴】面板上可以看到帧标签显示的状态，如图2-22所示。

图2-21　输入帧标签

图2-22 帧标签

这里要强调的是，帧标签会和影片数据同时输出，因此为了获得最小的文件体积，帧标签越短越好。

2. 帧注释

帧注释是对选中的关键帧加以注释和说明，它没有实际功能，文件发布时也不会包含帧注释的信息，不会增大文件大小。帧注释有助于影片的后期操作，创建帧注释的方法如下：

（1）选择要添加注释的帧。

（2）在帧【属性】面板中的【名称】文本框中输入"//"，或者在【标签类型】下拉列表中选择【注释】选项，则该文本将变成帧注释，如图2-23、图2-24所示。

图2-23 帧注释【属性】面板

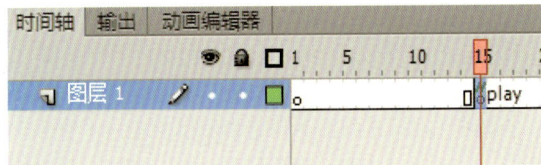

图2-24 帧注释

3. 锚记

锚记可以使观看者使用浏览器中的【前进】和【后退】按钮从一个帧跳到另一个帧，或从一个场景跳到另一个场景，使动画的导航变得轻松简单。

发布SWF文件时，文件内部会包括锚记内容，文件体积会增大。

如果要在最终的动画影片中使用锚记关键帧，需要在【文件】→【发布设置】→【HTML】→【模板】下选择【带有锚记的Flash】选项，如图2-25所示。

图2-25 发布设置

选定关键帧成为锚记的具体操作步骤如下：

（1）选择要使用锚记的关键帧。

（2）在【属性】面板上的【标签】下方的【名称】文本框中输入锚记的名称。

（3）在【标签类型】下拉列表中选择【锚记】选项，如图2-26、图2-27所示。

图2-26 选择【锚记】选项

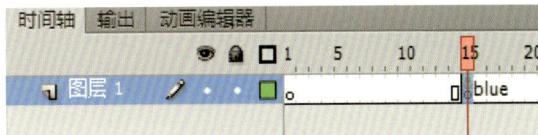

图2-27 命名锚记

第四节　动画播放

一、动画播放方法

动画制作完成后，可以播放或测试影片，方法有以下几种：

（1）执行【窗口】→【工具栏】→【控制器】命令，调出【控制器】面板，如图2-28所示。面板上从左到右，按钮依次为"停止"、"后退"、"后退一帧"、"播放"、"前进一帧"、"前进"。

图2-28　【控制器】面板

（2）执行【控制】→【播放】命令或按下【Enter】键，即可在舞台内播放动画。但需要注意的是，对于有影片剪辑实例的动画，这种方式则不支持影片剪辑的播放。同样，要停止动画的播放，只需再次按下【Enter】键或者执行【控制】→【停止】命令。

（3）执行【控制】→【测试影片】命令或按【Ctrl】+【Enter】键，可以在播放窗口内播放动画。单击播放窗口右上角的 ▇▇ 按钮，可以关闭播放窗口。对于有多个场景的动画，这种方法可以依次播放各个场景。

（4）执行【控制】→【测试场景】命令，可循环播放当前场景的动画。

二、动画播放设置

（1）在舞台工作区循环播放：执行【控制】→【循环播放】命令。

（2）在舞台工作区播放所有场景的动画：执行【控制】→【播放所有场景】命令，需要注意的是，使用该菜单时命令左边会出现对钩，以后舞台工作区内播放的动画都是所有场景的动画。

三、改变预览模式

在动画内容繁多庞大、需要加速动画显示时，可以执行【视图】→【预览模式】命令。图像质量越好，显示速度越慢。如果想让显示的速度快一点，就需要降低显示质量。

以轮廓显示对象　执行【视图】→【预览模式】→【轮廓】命令，则动画播放时，只显示场景中所有对象的轮廓，而不显示填充时的内容，可加速显示速度。

高速显示　执行【视图】→【预览模式】→【高速显示】命令，则动画播放时，关闭消除锯齿功能，显示场景中所有对象的轮廓和填充内容，显示速度较快，这也是软件的默认状态。

消除锯齿　执行【视图】→【预览模式】→【消除锯齿】命令，可以使场景中对象看起来平滑一些，当然要比高速显示的速度慢，但显示的质量会更好。

消除文字锯齿　执行【视图】→【预览模式】→【消除文字锯齿】命令，可以使显示的文字边缘平滑，显示的质量会更好，这也是比较常用的模式。

整个　执行【视图】→【预览模式】→【整个】命令，可完全显示舞台上的所有内容，同时也将降低显示速度。

第五节　动画输出设置

一、测试动画

为了保证动画播放的顺畅，在发布之前需要对动画进行测试。测试方法：打开需要测试的动画，按下【Ctrl】+【Enter】键或者执行【控制】→【测试影片】命令，即可进入影片测试模式。

二、导出动画

Flash能够导出多种格式的动画，下面就介绍几种最常用的输出格式：

（一）SWF动画

此格式是在浏览网页时最常见的具有交互功能的动画，文件后缀为".swf"，能保存源程序中的动画、声音等全部内容，但需要安装Flash播放器才能看到。执行【文件】→【导出】→【导出影片】命令，在弹出的【导出影片】对话框中的【保存类型】下拉列表中选择"（*.swf）"格式，单击【保存】按钮即可。

（二）GIF动画

目前我们在网页中见到的大部分动态图标都是GIF动画，GIF动画是由连续的GIF图形组成的动画。由Flash影片生成的GIF动画不支持声音和交互，并且远比不包含声音的SWF动画大。

导出方法：执行【文件】→【导出】→【导出影片】命令，在打开的【导出影片】对话框中的【保存类型】下拉列表中选择"GIF动画（*.gif）"格式，随后会弹出【导出GIF】对话框，如图2-29所示。

该对话框的参数介绍如下：

宽/高　设置动画的宽和高。

分辨率　显示与动画相对应的屏幕分辨率。

匹配屏幕　恢复影片中设置的尺寸。

颜色　在下拉列表框中可根据需要选择某种颜色数量。

交错　以从模糊到清晰的方式显示动画。

透明　去除背景颜色。

平滑　输出消除了锯齿的位图，可以产生高质量的图像。

抖动纯色　将颜色进行抖动处理。

动画　设置循环次数。

图2-29　【导出GIF】对话框

三、发布设置与预览

Flash动画可以导出多种模式，为了避免每次输出时都进行设置，可以执行【文件】→【发布设置】命令，在【发布设置】对话框中对需要发布的格式进行设置，然后就可以简单的通过执行【文件】→【发布】命令，一次性输出所选定的文件格式。

（一）指定输出类型

执行【文件】→【发布设置】命令，打开【发布设置】对话框，如图2-30所示。

勾选要输出的格式，对话框右边会出现相应的参数。单击【发布】按钮，就会生成相关的文件。常发布的格式为SWF、HTML、GIF、JPG。

（二）发布预览

预览动画效果。在使用此功能之前，要先使用【发布设置】来定义输出的选项，再执行【文件】→【发布预览】命令，然后在子菜单中选择要预览的文

件格式，这样就可以创建一个指定类型的文件，并保
存在默认的文件夹中。或按下【F12】键能够快速地

对动画进行预览。

图2-30 【发布设置】对话框

第六节　实训练习

一、导入序列图

本章的主要学习内容在于对时间轴、图层、帧
以及动画的播放和输出的掌握。下面通过一个"导
入序列图"实例，来了解Flash动画的基本制作和播
放方法。

（1）新建一个Flash ActionScript3.0文档。

（2）选择填充色为黑色■，用【矩形工具】□
在场景中绘制一个矩形，然后选中矩形图形，在其
【属性】面板中修改其大小为550×400。修改填充色
为灰色■，用【矩形工具】□在场景中再绘制一个略
小的矩形，这样一个播放窗口就做好了，如图2-31
所示。

（3）按【Ctrl】+【A】键全选图形，按【Ctrl】
+【K】键打开【对齐】面板，单击【水平中齐】和
【垂直中齐】按钮使窗口和场景对齐，并勾选【与舞
台对齐】，如图2-32所示。单击【锁定】按钮■锁定
图层1。

图2-31 绘制播放窗口

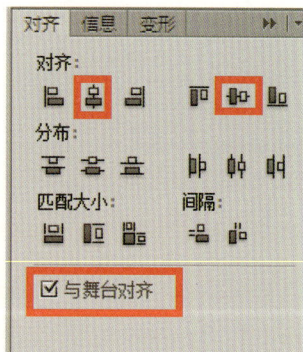

图2-32 设置【对齐】面板

（4）单击【新建图层】按钮□新建图层2，选
中【文本工具】，在其【属性】面板中调整字符大小
为"90"，设置颜色为"紫色"，在场景中央用【文
本工具】□输入"10"，然后按【F6】键创建关键
帧，将播放头移到第2帧，用【文本工具】□双击文
字将"10"改为"9"，注意位置不要改动。用同样
的方法在第3帧～第10帧插入关键帧，分别修改文字

为"8"、"7"、"6"、"5"、"4"、"3"、"2"、"1"。文字播放速度有点快，选择每个关键帧按两下【F5】键，选择图层1的第155帧，按【F5】键使动画延长，如图2-33所示。

（5）在图层2的第31帧按【F7】键插入一个空白关键帧，选择空白关键帧，执行【文件】→【导入】→【导入到舞台】命令，在打开的对话框中，找到"序列图"文件夹，选择一个序列图片，这时会弹出一个对话框，如图2-34所示，单击【是】按钮。这样就导入了一个动画，如图2-35所示。

（6）导入的图片太大了，把播放头移到第31帧，单击【编辑多个帧】按钮，然后拖动调整编辑范围，如图2-36所示。

（7）按【Ctrl】+【A】键，范围内的图片都可以被选中，用【任意变形工具】调整图片大小，把图片放到舞台中间，如图2-37所示，调整好图片后关闭【编辑多个帧】按钮。选择第135帧按【F5】键延长动画。

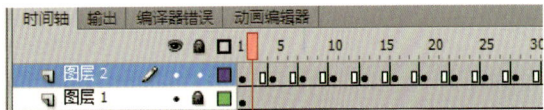

图2-33　修改帧

图2-34　导入序列图

图2-35　导入到舞台效果

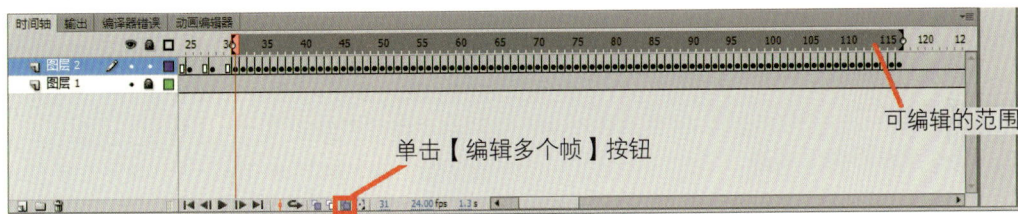

图2-36　编辑多个帧

图2-37　调整图片大小

（8）选择第136帧按【F7】键插入空白关键帧，用【文本工具】输入"谢"字，在第140帧按【F6】键建立关键帧，用【文本工具】输入"谢"字，用同样的方法在第145帧建立关键帧并输入"欣"字，在第150帧输入"赏"字。在第155帧按【F6】键添加一个关键帧，如图2-38所示。选择155帧的关键帧按【F9】键在【动作】面板中输入"stop();"命令，如图2-39所示。

（9）执行【导出】→【导出影片】命令，在弹出的对话框中为文件命名，并选择需要的格式，例如"GIF动画（*.gif）"格式，单击【保存】按钮，如图2-40所示。

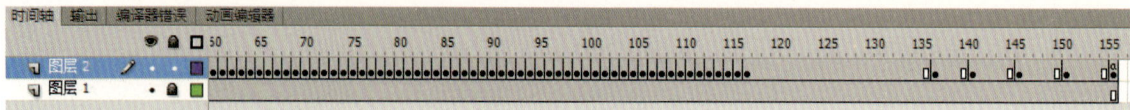

图2-38 【时间轴】面板

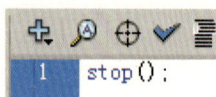

图2-39 【动作】面板

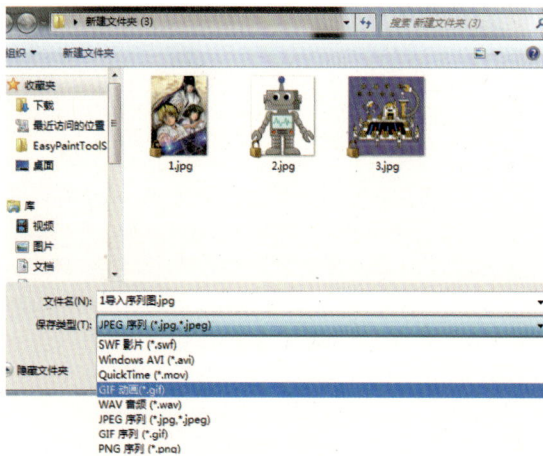

图2-40 导出影片

图2-41 【属性】面板

图2-42 锁定图层

二、制作"好心情"动画

（1）打开Flash软件，执行【文件】→【新建】命令，打开【新建文档】对话框，单击【确定】按钮创建一个新文档。然后按【Ctrl】+【F3】键打开文档的【属性】面板，设置文档尺寸为400×296。

（2）导入图片。执行【文件】→【导入】→【导入到库】命令，在弹出的【导入】对话框中选择两幅图片，单击【确定】按钮，将图片导入【库】面板中。

（3）创建元件1。按【Ctrl】+【F8】键创建一个图形元件，命名为"元件1"。在该元件的编辑区中，用【选择工具】把"图片"拖到元件中，在【属性】面板中设置图片的大小为"400×296"，如图2-41所示。图片放好后单击锁按钮，锁定图层，在第10帧按【F5】键延长动画，如图2-42所示。

（4）制作元件1动画。单击按钮新建一个图层2，在第1帧用【线条工具】绘制眼睛和嘴巴，当【选择工具】为时，可以把直线变成曲线，如图2-43所示。在第5帧按【F6】键建立关键帧，用【任意变形工具】把嘴巴缩小点，然后在第10帧处按【F5】键使动画延续，如图2-44所示。

（5）用同样的方法制作元件2。图层1为图片，大小为400×296，在图层2上绘制的表情，表情如图2-45所示，在第5帧按【F6】键插入关键帧，用【选择工具】把表情往中间移动一些，在第10帧处按【F5】键使动画延续，如图2-46所示。

图2-43 元件1的表情

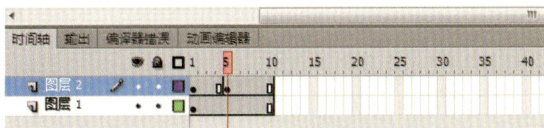
图2-44 【时间轴】面板

图2-45 元件2的表情

图2-46 元件2时间轴

（6）单击【返回场景】按钮 场景1，选择图层1，把"元件1"拖到场景中，在第60帧处按【F7】键插入空白关键帧，把元件2拖到场景中。

（7）绘制对话框。单击 按钮新建图层2，设置

填充色为白色，用【椭圆工具】绘制一个圆形，然后用【选择工具】配合【Ctrl】键单击拖动鼠标给图形增加8个点，然后用【选择工具】调整形状，绘制出一个对话框，如图2-47所示。

图2-47 绘制对话框

（8）制作文字动画。单击 按钮新建图层3，将该图层作为文字层，在第15帧处按【F7】键插入空白关键帧，选择第15帧，选择【文本工具】**T**设置大小和颜色后在场景中输入文字"生活"；在第25帧处按【F6】键插入关键帧，在接着输入文字"就像阴晴不定的天气"；在第40帧处按【F6】键插入关键帧，接着输入文字"难免会遇到烦恼"；在第60帧处按【F7】键插入空白关键帧；在第75帧处按【F7】键插入空白关键帧并输入文字"保持快乐心情"；在第85帧处按【F6】键插入关键帧，接着输入文字"一切都会变好的！"，如图2-48所示。

（9）在3个图层的第110帧处按【F5】键插入帧。

（10）按【Ctrl】+【Enter】键发布动画。

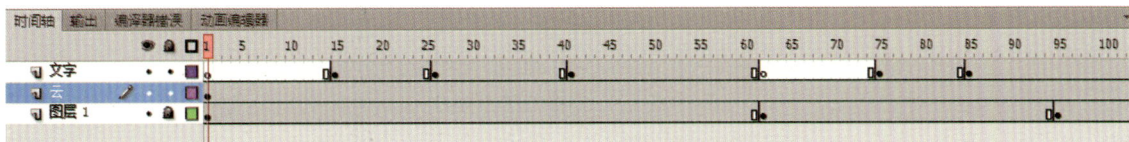
图2-48 文字动画时间轴上的帧

课后习题

一、填空题

（1）对于在网络上播放的动画来说，最合适的帧频率是_____。

（2）单击【编辑多个帧】按钮，播放头周围会出现方括号形状的标记，这表示在该区域内的关键帧_____。

二、选择题

帧的类型有哪些（　　）

A. 动作帧　　B. 空白关键帧

C. 过渡帧　　D. 普通帧

三、问答题及上机练习

（1）Flash可以输出的文件格式有哪些？

（2）制作贺卡。

要求制作简单的帧动画，给元宵制作上下移动动画，给文字制作放大缩小动画，最终效果如图2-49所示，并把动画导出为不同格式。

图2-49　贺卡最终效果

第三章
动画类型

第一节　动画类型介绍

在Flash中不依靠脚本语言可以让动画动起来的方式有3种：帧动画、补间动画、形状补间动画。帧动画就是由许多连续的关键帧组成的动画。帧动画的优点是制作效果好，但缺点也很明显：费时费力，对制作者要求高。而补间动画就容易些，用户只需设置好动画的第一个关键帧和最后一个关键帧的内容即可，两个关键帧之间的内容Flash会自动生成。

由于动画生成的原理和制作方式不同，因此动画的表现方法也不相同，显示方式如图3-1所示。

| 帧动画 | 补间动画 | 传统补间动画 | 形状补间动画 | 错误的动画 |

图3-1　动画的不同显示

第二节　帧动画

逐帧动画通常用于制作一些比较复杂、精细的动画，例如人的行走等。在Flash中可以将逐帧动画和动画补间配合使用，以创建较好的动画效果。在创建逐帧动画时需要将每个帧都定义为关键帧，并为每个帧创建不同的内容，如图3-2所示。

应用举例——摔碎的杯子

（1）新建文档，大小为550×500（像素），背景为白色。

（2）绘制杯子。设置好笔触，然后用【椭圆工具】和【线条工具】在图层1上绘制一个桌面，在图层2上再绘制一个杯子，如图3-3所示。

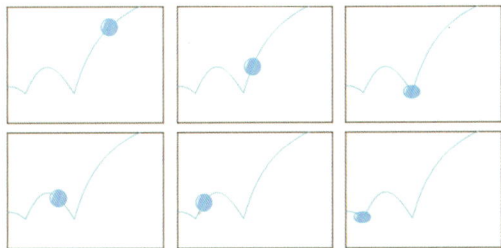

图3-2　帧动画

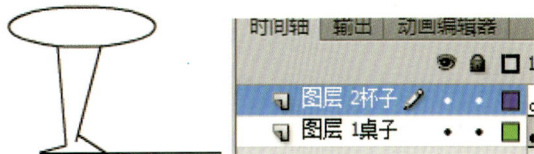

图3-3　杯子和图层

（3）添加关键帧。选择图层2，按【F6】键在第5帧、第10帧、第12帧、第15帧、第18帧、第21帧处创建关键帧。

（4）选择图层1，在第30帧按【F5】键延长动画。

（5）制作杯子动画。在第5帧用【选择工具】把杯子移动到桌边，在第10帧使用【任意变形工具】把杯子弄歪，在第12帧将杯子弄倒，如图3-4所示。

（6）制作杯子碎了的动画。在第15帧画两条直线，然后用【移动工具】把杯子移开，删掉绘制的两条直线。在第18帧使用【移动工具】把碎杯子往中

间移动一些距离，在第21帧删掉原有的图形，然后用直线绘制一些长短不一的线条，如图3-5所示。

（7）按【Ctrl】+【Enter】键发布动画。

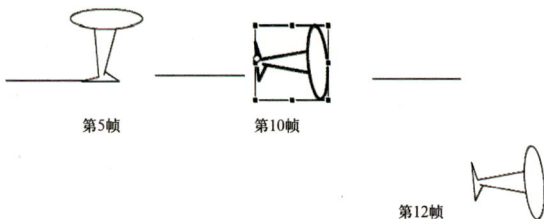

第5帧　　　　第10帧

第12帧

图3-4　杯子动画

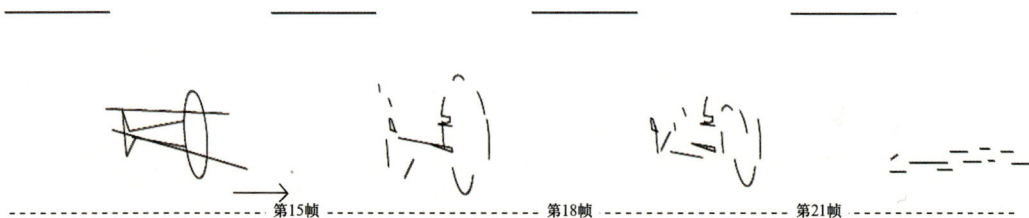

第15帧　　　　　第18帧　　　　　第21帧

图3-5　杯子碎了的动画

第三节　创建补间动画

要使动画中的对象出现移动、旋转、缩放和颜色渐变等效果，可以使用【创建补间动画】命令来实现。补间动画是决定起始帧与结束帧中间自动生成的动画，并能够最大程度地减小文件。补间动画只能够在元件实例和文本上应用。

一、创建补间动画的方法

（1）按【Ctrl】+【F8】键创建一个圆形元件。然后把它拖到场景中。

（2）选择第1帧，单击鼠标右键，在弹出的菜单中选择【创建补间动画】选项。

（3）增加补间动画的帧数，可以把光标移至结束帧，当鼠标变成双向箭头时，单击并拖到需要的帧处即可。

（4）把播放头移到合适的时间处，按住【Ctrl】

键的同时移动圆形元件到合适位置，如图3-6所示。

（5）如果想要更改路径，将【选择工具】移到路径上，当鼠标光标变成时，拖动鼠标光标即可调整路径。单击路径，当路径变成实线后，单击拖动鼠标即可改变路径的位置，如图3-7所示。

图3-6　创建补间动画　　　图3-7　调整路径的位置

二、补间动画【属性】面板

创建完补间动画后，在时间轴上选择补间动画的任意一帧，即可在其【属性】面板上出现其相关参数，如图3-8所示。

缓动　用于设置动画播放时的速率，单击输入数

值即可。0代表正常播放；负值代表先慢后快；正值
代表先快后慢。

图3-8　补间动画【属性】面板

　　旋转次数/角度　决定元件旋转的次数与角度。
　　方向　该选项包括3个选项，分别是无、顺时针方向、逆时针方向。

　　调整到路径　元件随着路径调整自身的方向，如图3-9所示。

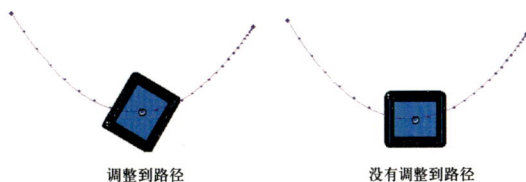

图3-9　调整路径选项

　　X/Y　决定路径的位置。
　　宽/高　决定路径的宽度值与高度值，如图3-10所示。

图3-10　更改宽与高的值

　　同步图形元件　重新计算补间帧数。

第四节　创建传统补间动画

　　相对于补间动画来说，传统补间动画的操作方法有些复杂。但其独特的动画功能也是不可替代的。这种动画只适合于文字和元件，如果不把被打散的对象转换为元件或组的话，就不能产生动作渐变。如果选择对象的外部有蓝色边框，说明它是成组的对象或是实例，可以应用补间动画，如图3-11所示。

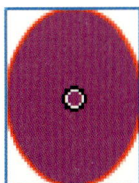

图3-11　成组的对象

一、制作传统补间动画

（一）创建传统补间动画的方法

　　（1）在时间轴上创建一个空白关键帧。按【Ctrl】+【F8】键创建一个新元件，用【椭圆工具】绘制一个圆形，制成一个圆形元件，然后把它拖到场景中。
　　（2）在动作结束处按【F6】键再创建一个关键帧。例如在第20帧处建立关键帧。
　　（3）改变图形的位置。
　　（4）选择时间轴上的任意一帧，单击鼠标右键，在弹出的菜单中选择【创建传统补间】选项，如图3-12所示。

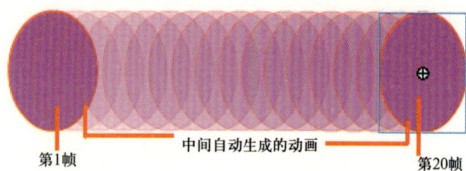

第1帧　　　　　中间自动生成的动画　　　　　第20帧

图3-12　动作补间动画

（5）按【Ctrl】+【Enter】键测试动画。

（二）传统补间动画【属性】面板

如果想做缩放、加减速运动、旋转等效果，可以在【属性】面板中做调整。它的各项参数如图3-13所示。

图3-13　传统补间动画【属性】面板

（1）名称。输入名称后，会在时间轴上显示该名称，如图3-14所示。

图3-14　【时间轴】面板

（2）类型。有3种类型标签，分别是名称、注释、锚记。

（3）缓动。我们制作的补间动画一般都是匀速运动，如果想做加速或减速运动，就可以调整这里的数值。当值为0时，我们的运动是匀速运动；当值大于0时，我们的运动是减速运动；当值小于0时，我们的运动是加速运动，值越大效果越明显。我们也可以通过后面的【编辑缓动】面板来观察这个运动是加速还是减速运动。

可以根据运动轨迹画一条直线，这条直线和水平线形成一个夹角，如果时间越往后夹角越小就是减速运动，如图3-15所示；如果夹角越大就是加速运动，如图3-16所示；如果夹角不变就是匀速运动，如图3-17所示。

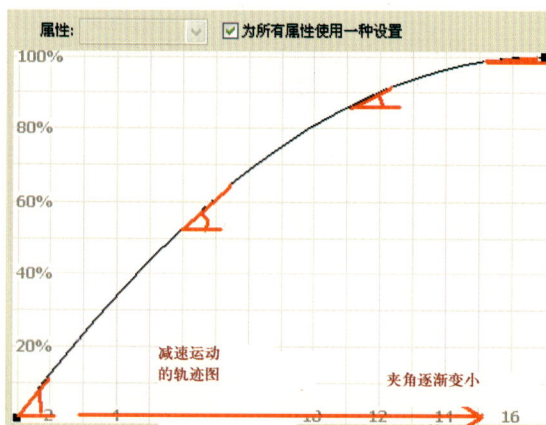

图3-15　减速运动

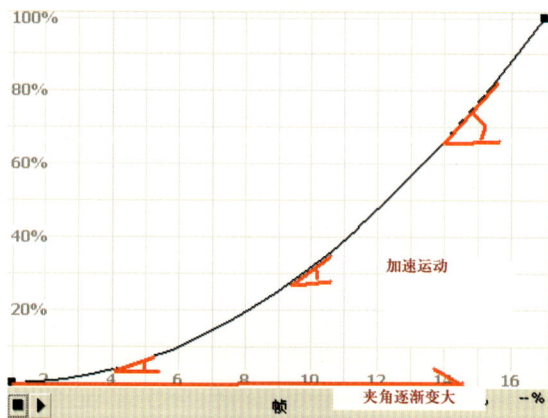

图3-16　加速运动

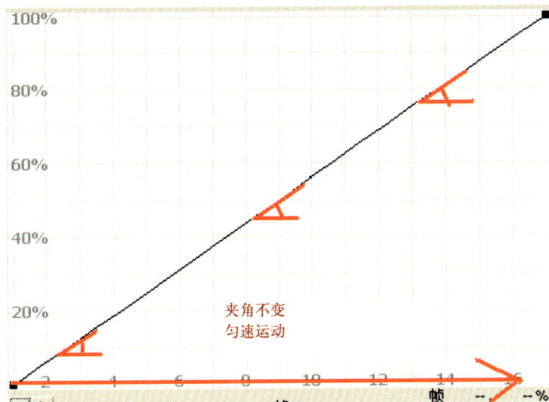

图3-17 匀速运动

（4）旋转。该选项用于设定物体的旋转运动。

自动 对象在进行旋转时以最小的角度运动为原则。

无 对象不旋转。

顺时针 指定对象按顺时针方向进行。

逆时针 指定对象按逆时针方向进行。

旋转后面有一个文本框，是用来设置旋转次数的。

（5）贴紧。当使用辅助线对对象进行定位时，能够使对象紧贴辅助线，从而更加精确的绘制和安排对象。

（6）调整到路径。使对象沿设定的路径运动，并随着路径的改变而相应的改变角度。

（7）同步。使动画在场景中首尾连续循环播放。

（8）缩放。勾选此选框，在制作动画时，会随着帧的移动逐渐变大变小，若取消，则没有缩放的渐变过程。

（三）应用举例——制作文字片头

（1）创建一个文档，大小为550×400（像素），背景为白色。

（2）创建直线图形元件。先画一条直线，用【选择工具】选中直线，再按【F8】键，在弹出的对话框中设置类型为【图形】，把直线转换化为图形元件，选中直线图形元件，在【属性】面板里把线长设定为300像素。

（3）创建文字图形元件。用【文本工具】输

入"welcome"，然后按【F8】键把文字转化为图形元件。

（4）在1～10帧设置线条由短变长的动画效果。选择图层1，把线图形元件拖到场景中，然后在第10帧创建关键帧，创建传统补间动画。回到第1帧，用【选择工具】选择线条，在【属性】面板中更改线条长度为10像素 宽: 10.00，第10帧线条的长度变为300像素 宽: 300.00。

（5）在10～20帧设置文字动画。新建一个图层2，在第10帧处建立空白关键帧，把文字拖入场景中，文字放到线的下面，如图3-18所示。然后在第20帧处建立关键帧，改变文字位置，把文字移到线的上面，创建传统补间动画，如图3-19所示。

图3-18 第10帧文字位置

图3-19 第20帧文字位置

（6）新建一个图层3，创建白色方块盖住线下的文字，如图3-20所示。按【Ctrl】+【Enter】键测试动画，效果如图3-21所示

图3-20 绘制白色方块

图3-21 动画效果显示

二、制作有Alpha值变化的补间动画

（一）制作Alpha补间动画的方法

当成功创建补间动画以后，选中关键帧，然后在场景中选择此对象，如图3-22所示，这时【属性】面板会出现 样式: Alpha ▼ 下拉列表，从中选择

【Alpha】，然后设置下边的数值或拉动调节滑块即可调整对象的透明度，如图3-23所示。

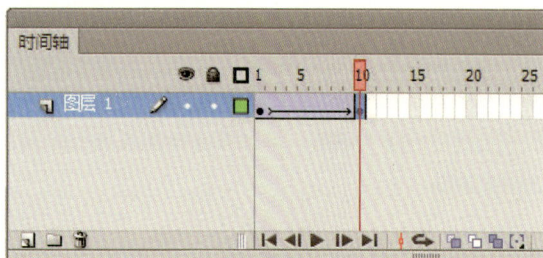

图3-22 选择对象

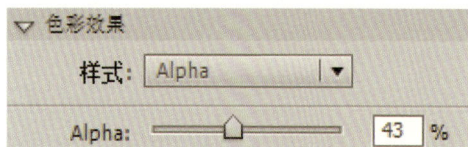

图3-23 调整Alpha值

（二）应用举例——文字透明变化

（1）新建文档，大小为550×400（像素），背景为黑色。

（2）创建文字图形元件。按【Ctrl】+【F8】键创建一个名为"文字"的图形元件，然后用【文本工具】输入需要的文字，如图3-24所示。

图3-24 文字图形元件

（3）制作文字从场景上方移到场景中间的补间动画。选择图层1，把文字元件拖到场景上方，然后在第10帧处创建关键帧，更改文字的位置，把文字移到场景中间，然后单击鼠标右键，在弹出的的菜单中选择【创建传统补间】选项。

（4）设置文字的Alpha动画。创建图层2，在第10帧处创建空白关键帧，然后把文字元件拖到场景中。创建图层3，图层3的制作方法和图层2一样。同时选中图层1、图层2、图层3的第10帧进行中心对齐，如图3-25所示，最后给图层2、图层3的第20帧建立关键帧并创建传统补间动画，如图3-26所示。

（5）选中图层2的第20帧，再选择场景中的对象，设置其Alpha值为0，更改文字的位置，把它移到场景的左边。图层3的第20帧的制作和图层2的制作一样，只不过文字是向右边移动，如图3-27所示。

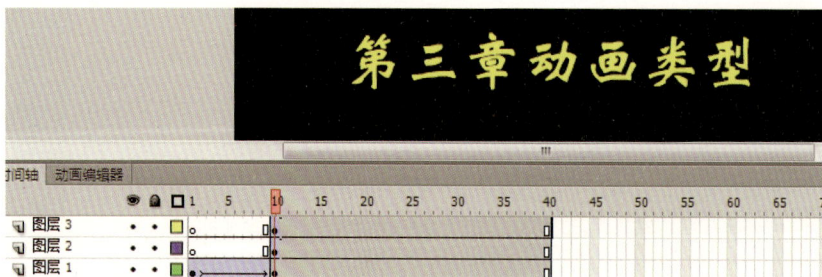

图3-25 文字对齐

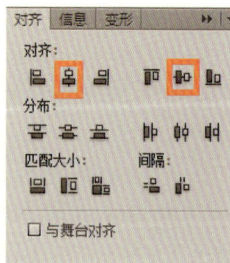

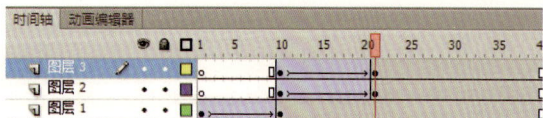

图3-26 创建传统补间动画

图3-27 更改文章透明度和位置

（6）同时选中这3个图层，在第40帧处按【F5】键使动画延续。

（7）按【Ctrl】+【Enter】键发布动画，效果如图3-28所示。

图3-28　动画效果

第五节　创建补间形状动画

补间形状动画是指图形由一种形状逐渐变为另一种形状的动画。图形的变化不需要依次绘制，只需要确定图形在变形前和变形后的两个画面即可，中间变化过程由Flash自动形成。但是需要注意的是，补间形状动画不能在实例中应用，必须是打散的图形才可以。所谓打散的图形，即图形由无数个点堆积而成，并不是一个整体。图形被选中时没有蓝色的边框，而是会显示出许多个小白点，如图3-29所示。如果是实例图形，将其打散即可，打散的快捷键是【Ctrl】+【B】。

一、制作普通的变形动画

（一）创建补间形状动画的方法

（1）在时间轴内创建一个空白关键帧。

（2）在工作区的舞台内绘制对象。例如一个圆形。

（3）在动作结束处按【F7】键创建一个空白关键帧，并绘制第二个对象。例如在第20帧处建立空白关键帧，然后再绘制一个正方形。

（4）选择任意帧后，单击鼠标右键，在弹出的菜单中选择【创建补间形状】选项。

（5）按【Ctrl】+【Enter】键测试动画，如图3-30所示。

图3-29　打散的对象

图3-30　形状补间动画

（二）补间形状动画【属性】面板

补间形状动画的各项参数如3-31所示。

图3-31 补间形状动画【属性】面板

缓动 用于设定对象在变化过程中是加速还是减速。值大于0是减速运动；等于0是匀速运动；小于0是加速运动。

混合 用于设置中间帧形状变化的过渡模式，其中包括分布式和角形两项。

分布式 使中间帧的形状变化过渡的更加自然。

角形 使中间帧的形状变化保持关键帧上图形的棱角和直线特征，如果关键帧中没有尖角，则与分布式的效果一样。此类型用于有尖锐菱角图形的变换。

（三）应用举例——制作露水动画

（1）新建一个文档，设置背景色为紫色。

（2）绘制树叶。将图层1重命名为"树叶"，用【线条工具】绘制绘制一个三角形，然后用【选择工具】移动图形的边缘，当鼠标光标变成时，即可单击移动，将图形修改成树叶。设置好填充色为绿色后可使用【颜料桶工具】给树叶上色，如图3-32所示。

图3-32 绘制树叶

（3）绘制水滴。单击按钮新建图层2，并重命名为"露水"，设置填充色为白色，执行【窗口】→【颜色】命令，打开【颜色】面板，设置Alpha值为50%，如图3-33所示。然后用【椭圆工具】绘制一个椭圆，如图3-34所示。

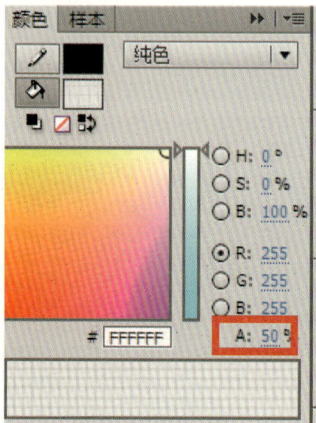

图3-33 调整Alpha

图3-34 绘制水滴

（4）制作水滴动画。按【F7】键在"露水"层的第10、20、24、26、29、30、35帧处插入一个空白关键帧，然后用【铅笔工具】绘制以上各帧的水滴图形，再用【颜料桶工具】给不同形态的水滴上色，如图3-35所示。

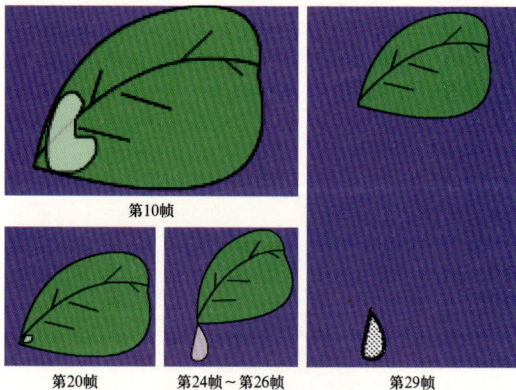

第10帧

第20帧

第24帧~第26帧

第29帧

图3-35 水滴的不同形态

（5）制作水滴波纹。设置好笔触色为黑色，用【椭圆工具】在第30帧处绘制一个小圆，在第35帧处绘制一个大圆，并把【颜色】面板的Alpha值设置为0，如图3-36所示。除了24~26帧处，其他关键帧处都制作成形状补间动画，如图3-37所示。

第30帧　　　　　第35帧

图3-36　水波纹的绘制

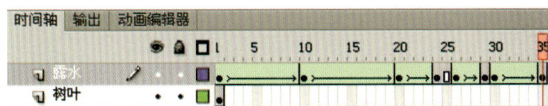

图3-37　给水波纹建立形状补间动画

（6）制作叶子动画。选中"树叶"层，按【F6】键在第23帧、第27帧处加关键帧。第23帧处用【任意变形工具】向下旋转一下叶子，第27帧处恢复到原来的位置。

（7）按【F5】键使树叶层和水滴层都延续到50帧。

（8）按【Ctrl】+【Enter】键发布动画。

二、制作可控的变形动画

为了使形状变形动画中间过程不一样，可以用形状提示来控制复杂的变换过程。形状提示就是在形状的初始图形与结束图形上，分别指定一些形状的关键点，并使这些关键点在起始帧和结束帧一一对应，这样Flash就会根据这些关键点的对应关系来计算形状变化过程。

添加形状提示的方法是执行【修改】→【形状】→【添加形状提示】命令或按快捷键【Ctrl】+【Shift】+【H】键。

要查看形状提示，只需执行【视图】→【显示形状提示】命令即可或按【Ctrl】+【Alt】+【H】键。

如果不需要提示了，可以执行【修改】→【形状】→【删除所有提示】命令删除提示命令。我们要注意形状提示在起始帧上是黄色的，在结束帧上是绿色的，如果不在一条曲线上则为红色。

小技巧

（1）形状提示最多可以增加26个，但并不是越多越好，重要的是位置放得合适。

（2）将形状提示从形状的左上角开始按逆时针顺序摆放，变形提示工作效果会更好。

（3）形状提示的摆放位置也要符合逻辑顺序。

（4）形状提示要在形状的边缘才能起作用，如图3-38所示。

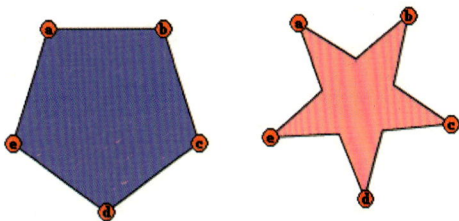

图3-38　添加形状提示

应用举例——制作盒子展开动画

（1）新建文档，设置背景色为白色。

（2）绘制方盒子。每个图层上都用【线条工具】绘制一个方形，单击按钮建立5个图层，绘制盒子的5个面，如图3-39所示。

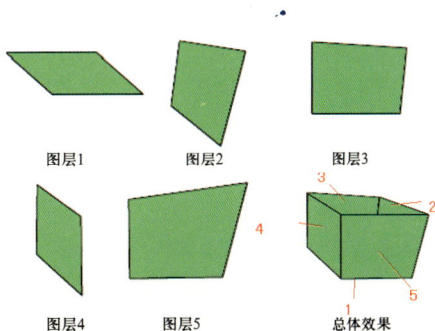

图3-39　绘制方盒子

（3）建立盒子展开动画。按【F7】键在每层第20帧处插入空白关键帧，然后绘制盒子面，如图3-40、图3-41所示。最后选择任意一帧，单击鼠标右键，在弹出的菜单中选择【创建补间形状】选项，建立形状补间动画。

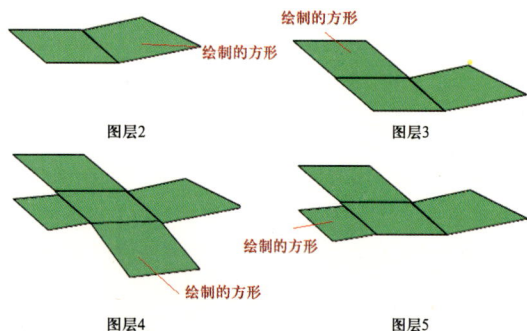

如图3-40　绘制展开的盒子

如图3-41　时间轴图层

（4）添加形状提示。观看动画大家会发现盒子严重变形，那我们就用形状提示来控制。先选图层2的第1帧，然后执行【修改】→【形状】→【添加形状提示】命令或按【Ctrl】+【Shift】+【H】键增加形状提示，一共增加4个提示。当鼠标指针移到提示上时，鼠标指针变为🔲时，按住鼠标左键将提示移到以下位置。然后选择第20帧，会发现相应的形状提示，将提示移到相应的位置，这时提示为绿色，如图3-42所示。

图3-42　添加形状提示

（5）其他3个面的制作方法与这个一样。最后按【Ctrl】+【Enter】键发布动画。

第六节　实训练习

一、制作作品展示动画

（1）新建文档，设置背景色为白色。

（2）制作方框元件。按【Ctrl】+【F8】键建立元件，设置笔触颜色为黑色，然后在元件里用【矩形工具】□绘制一个方框。方框的大小为"100×70"像素，这个值可在【属性】面板中调节 宽: 100.00 高: 70.00，打开【信息】面板设置方框的中心点的坐标为"0，0"，如图3-43所示。

（3）制作图形元件。执行【文件】→【导入】→【导入到库】的命令可以把所需的四幅作品导入Flash中。然后按【Ctrl】+【F8】键建立图形元件，接着把一幅作品从库中拖到场景里，修改【信息】

面板中宽高值为"100×70"，XY的坐标也为"0，0"，如图3-44所示。用同样的方法把其他三幅作品也转换成图形元件。

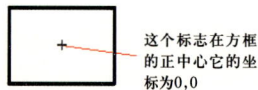

图3-43　信息面板

图3-44　修改参数

（4）把方框分散到图层。单击左边的场景按钮 ![场景1] [元件1] 回到场景中，把方框元件拖曳进来，共拖4次。然后全部选中再用【对齐】面板进行对齐，如图3-45所示。为了方便制作动画，我们把这4个方框一个图层上显示一个，如图3-46所示。方法是执行【修改】→【时间轴】→【分散到图层】命令。

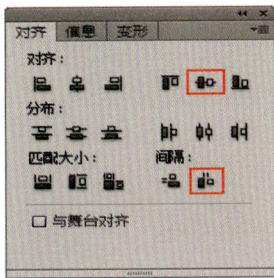

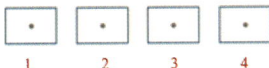

图3-45 对齐参数

图3-46 把方框放到不同的层上

（5）制作方框依次出现的动画。给4个图层的第10帧处添加关键帧，然后制成传统补间动画，如图3-47所示。再回到第1帧，选中方框1，从【属性】面板中修改方框的大小 宽 **20.00** 高 **14.00** ，这样方框1由小变大的动画就制作完成了。然后配合【Shift】键选中方框2的前10帧往后拖动，方框2从第10帧处开始，方框3从第20帧处开始，方框4从第30帧处开始，如图3-48所示。

图3-47 创建传统补间动画

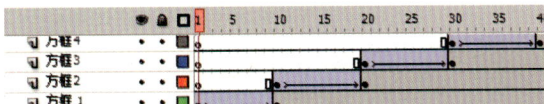

图3-48 移动帧

选中方框2的第10帧，打开【属性】面板，修改它的x值，使x值和方框1的x值一样，笔者在这里将

x值设为68 X: **68.00** 。选中方框3的第20帧，修改它的x值，使它的值等于等于方框2的x值。选中方框4的第30帧，修改其x值，使它的值等于方框3的x值，如图3-49所示。这样方框从前一个位置开始移动。

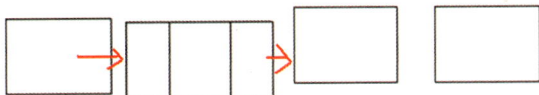

方框2的动画过程

图3-49 方框动画效果

（6）制作图片渐显动画。新建图层作品1，按【F7】键在第45帧处插入空白关键帧，把一个作品元件拖到场景中，放到方框4里，位置不准确可以用键盘上的上下左右键进行微调。然后在第55帧处按【F6】键插入关键帧，并建立传统补间动画。然后回到第45帧处，选中作品，修改其Alpha的值为0，这样作品就慢慢显示出来了。其他3个作品也用同样的方法制作，作品由右至左每10秒依次显示出来，如图3-50所示。

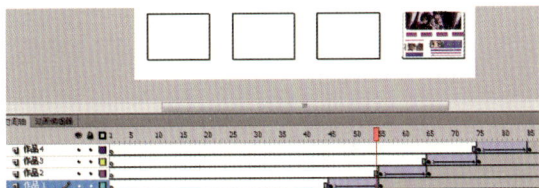

图3-50 制作Alpha补间动画

（7）按【Ctrl】+【Enter】键发布动画，效果如图3-51所示。

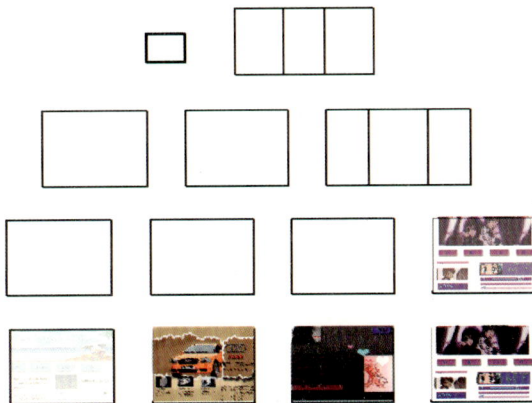

图3-51 动画效果

二、制作飞船动画

（1）执行【文件】→【导入】→【导入到库】命令，在弹出的对话框中，选择"背景"、"飞船"、"机器人"图片，然后单击【打开】按钮导入图片。如果是PSD文件将会弹出【导入到库】对话框，这里可进行图层的选择，我们选择所有图层，如图3-52、图3-53所示。

（2）拖入背景，然后单击■按钮新建2个图层，分别命名为"飞船1"、"飞船2"，分别拖入飞船1、飞船。选择"背景"，单击鼠标右键，执行【转换为元件】命令，并将其转换为图形元件，"飞船1"、"飞船2"也做同样的操作，分别起名为"背景"、"飞船1"、"飞船2"图形元件。

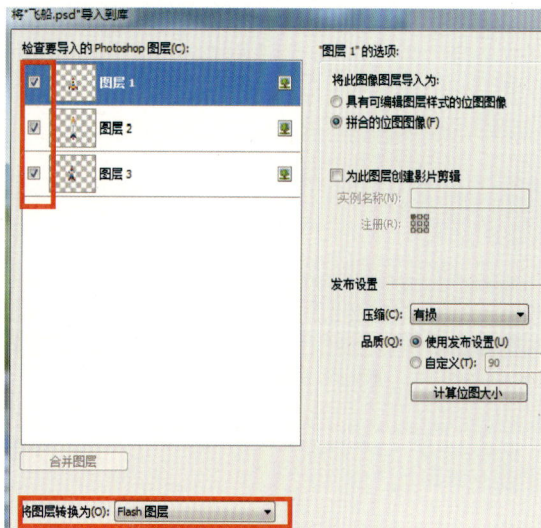

图3-52 【导入到库】对话框

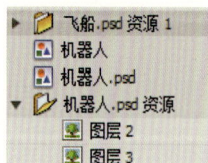

图3-53 导入【库】面板中的素材

（3）双击"飞船1"进入编辑面板，在第5帧、第10帧按【F6】键加入关键帧，将第5帧的飞船向上移动一些，然后选择关键帧，单击右键，在弹出的菜单中选择【创建传统补间】选项，如图3-54所示。

"飞船2"做同样的动作。

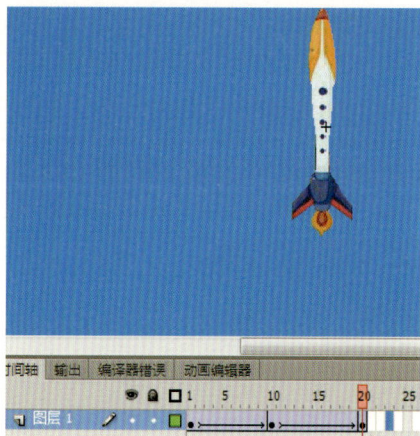

图3-54 飞船上下移动动画

（4）回到场景中，选择"飞船1"、"飞船2"的关键帧，单击鼠标右键，执行【创建补间动画】命令，如图3-55所示。选择3个图层的第115帧，按【F5】键使动画延续。

图3-55 【时间轴】面板

（5）设置飞船1动画。在第1帧将飞船移到画面外，把播放头移到第40帧，把飞船移到画面中间，用【任意变形工具】■调整飞船大小，用【移动工具】■调整飞船的路径，如图3-56所示。

第1帧　　　　　　　第40帧

图3-56 飞船动画

（6）用同样的方法制作"飞船2"在第20帧~第50帧从左边进入画面的补间动画。删除第1帧关键帧，如图3-57所示。

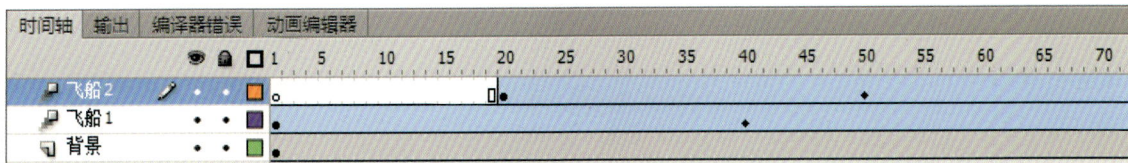
图3-57 时间轴

（7）新建"光"图层，在第50帧按【F7】键建立空白关键帧，用【线条工具】 绘制三角形，设置前景色为"蓝色"，透明度为"30%"，如图3-58所示。最后用【颜料桶工具】 填充颜色。在第60帧按【F6】键插入关键帧，选择"三角形光"，按【Alt】键移动即可再复制出一个"三角形光"，如图3-59所示。

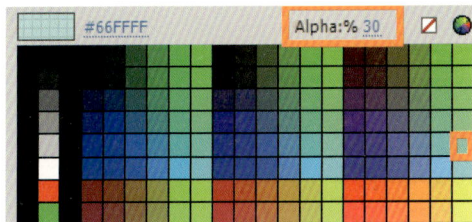
图3-58 前景色的设置

图3-59 光的绘制

（8）新建"机器人1"图层，在第115帧处按【F5】键使动画延续。在第65帧处按【F7】键插入空白关键帧，把"机器人1"拖到场景中，选择关键帧，单击鼠标右键，执行【创建补间动画】命令。选

择关键帧，按【Ctrl】+【T】键打开【变形】面板，设置缩放值为"0"，如图3-60所示。在第100帧处调整缩放大小为"30"。用【选择工具】调整路径的形状，如图3-61所示。

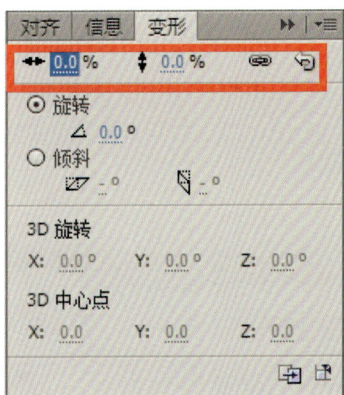
图3-60 设置缩放值

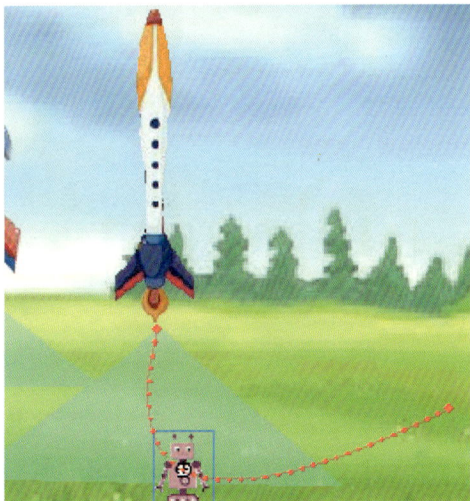
图3-61 调整路径

（9）用同样的方法制作"机器人2"第85帧~第115帧的补间动画，如图3-62所示。

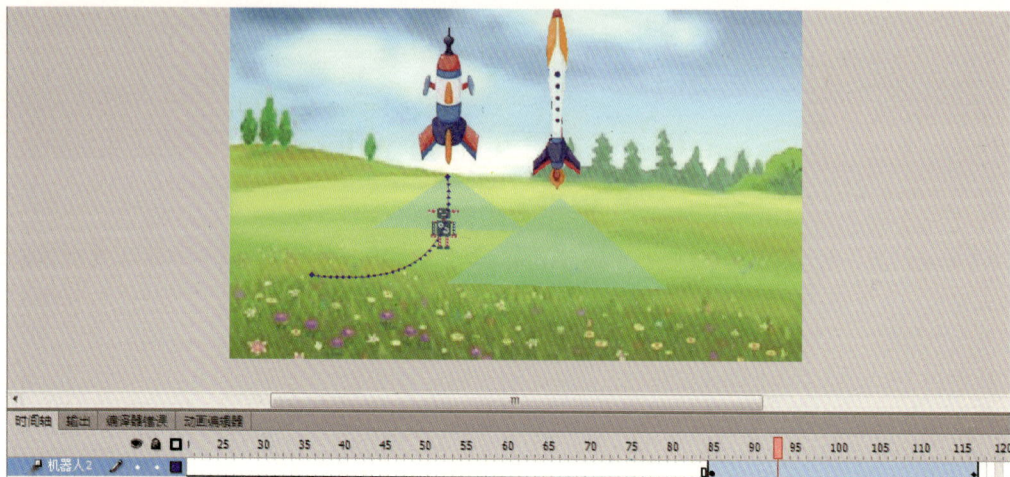

图3-62　制作机器人2的补间动画

（10）按【Ctrl】+【Enter】键发布动画。效果如图3-63所示。

图3-63　动画效果

三、制作猫吃鱼动画

（1）新建一个Flsah文档，然后执行【文件】→【导入】→【导入到库】命令，在弹出的对话框中，选择"背景"、"黑猫"、"鱼"、"鱼骨"图片，单击【打开】按钮导入图片。如果是PSD文件将会弹出【导入到库】对话框，这里可进行图层的选择，我们选择所有图层，如图3-64所示。

（2）将"图层1"重命名为"背景"，在将【库】面板中的"背景"图片拖到场景中，在第175帧处按【F5】键延长动画。

（3）新建"桌子"图层。设置前景色为黄色，用【矩形工具】绘制一个小矩形，在第20帧用【线条工具】绘制一个平行四边形。用【选择工具】双击矩

形的边，按【Delete】键删掉边。选择关键帧，单击鼠标右键，执行【创建补间形状】命令。如果发现变形不对，可按【Ctrl】+【Shift】+【H】键添加4个形状提示，将鼠标光标移到提示上，鼠标光标变为 时可移动提示，效果如图3-65所示。

（4）在第21帧、第35帧按【F6】键加关键帧。在第35帧用【矩形工具】绘制4个桌子腿，双击删掉边。单击鼠标右键，执行【创建补间形状】命令。如果发现变形不对，可按【Ctrl】+【Shift】+【H】键添加8个形状提示，提示放置位置如图3-66所示。

（5）双击进入"鱼"元件编辑面板，按【Alt】移动复制3条鱼，用【线条工具】绘制盘子，设置前景色为蓝色，Alpha为30%。用【颜料桶工具】填充颜色，效果如图3-67所示。

图3-64　在【导入到库】对话框中选择所有图层

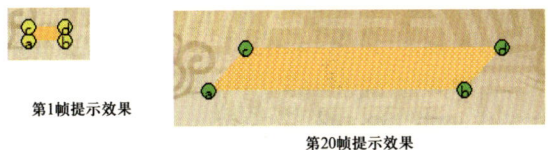

第1帧提示效果

第20帧提示效果

图3-65　提示效果①

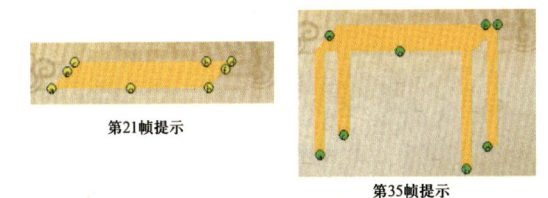

第21帧提示

第35帧提示

图3-66　提示效果②

图3-67　鱼效果

（6）单击【场景1】按钮回到场景中，新建"鱼"图层。在第45帧按【F7】键插入空白关键帧，把鱼拖到场景中。按【Ctrl】+【T】键打开【变形】面板，设置【缩放】为"0"，在第65帧

按【F6】键插入关键帧，再调整【缩放】为合适大小，单击鼠标右键，执行【创建传统补间】命令，如图3-68所示。

第45帧鱼效果

第65帧鱼效果

图3-68　"鱼"图层传统补间动画

（7）新建"猫"图层。在第65帧按【F7】键插入空白关键帧，把猫拖到场景外，在第80帧按【F6】键加入关键帧，把猫移到场景中，选中关键帧，单击鼠标右键，执行【创建传统补间】命令，制成传统补间动画，如图3-69所示。

第65帧

第80帧

图3-69　猫传统补间动画

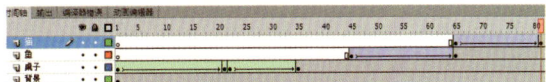

（8）新建"眼皮"图层，在第85帧按【F7】键插入空白关键帧，用【线条工具】绘制直线，用【选择工具】修改成眼皮效果，用【颜料桶工具】进行填充上色，然后双击"眼皮"按【Alt】键移动复制出一个，按【Shift】键双击加选眼皮，单击鼠标右键，执行【转换为元件】命令，效果如图3-70所示。

（9）双击"眼皮"进入元件编辑界面，在第1帧、第10帧、第15帧处【F6】键插入关键帧，在第2帧、第13帧、第17帧处【F7】键建立空白关键帧，在第30帧按【F5】键延长动画，如图3-71所示。

图3-70　制作眼皮

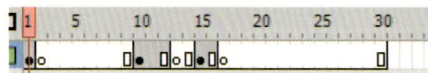
图3-71　元件时间轴

（10）回到场景中，在"眼皮层"的第106帧按【F7】键插入空白关键帧，完成眨眼动作，如图3-72所示。

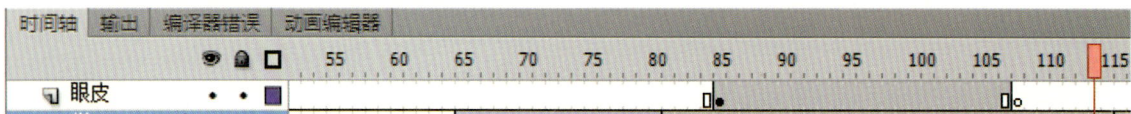
图3-72　眼皮时间轴

（11）选择"猫"层的第115帧，按【F6】键插入关键帧，调整猫的位置，如图3-73所示。

图3-73　调整猫的位置

（12）选择"鱼"层，在第116帧【F6】键插入关键帧，按【Ctrl】+【B】键打散元件，分别在第120帧、第125帧、第130帧、第135帧按【F6】键插入关键帧，每关键帧处删掉一条鱼，如图3-74所示。在第140帧按【F7】键插入空白关键帧，把"鱼骨元件"拖到场景中，在第145帧、第150帧、第155帧按【F6】键插入关键帧，每关键帧处增加一条鱼骨，效果如图3-75所示。

（13）选择"眼皮层"，在第155帧按【F7】键插入空白关键帧，把"眼皮元件"拖到猫的眼睛上，制作眨眼效果。

（14）在第175帧按【F6】键插入关键帧，选择关键帧，按【F9】键打开【动作】面板，输入"stop0;"。

第116帧　第120帧　第125帧　第130帧　第135帧
图3-74　鱼动画

第140帧　第145帧　第150帧　第155帧
图3-75　鱼骨动画

（15）按【Ctrl】+【Enter】键发布动画，效果
如图3-76所示。

图3-76　动画效果

课后习题

一、选择题

（1）要使动画中的对象出现移动、旋转、缩放等效果可以使用（　　）。

A. 补间动画　　　　B. 补间形状动画　　　　C. 遮罩动画　　　　D. 引导动画

（2）补间动画的制作对象必须是（　　），而形状补间动画的制作对象必须是（　　）。

A. 文字或元件　　　B. 打散

二、填空题

（1）Flash动画类型有_____、_____、_____、_____。

（2）形状提示最多可添加_____。

（3）打散的快捷键是_____，添加提示的快捷键是_____，显示提示的快捷键是_____。

三、制作题

（1）制作网页滚动字幕。"春"字滚动进入画面，并在画面中间不停地旋转，并制作出文字闪动效果，如图3-77所示。

图3-77　网页字幕

（2）制作放炮的动画。放炮动画分为3层，炮筒1层，炮捻1层，炮花1层。用形状补间动作制作炮捻慢慢点燃，用动作补间和逐帧动画制作炮花的效果，如图3-78所示。

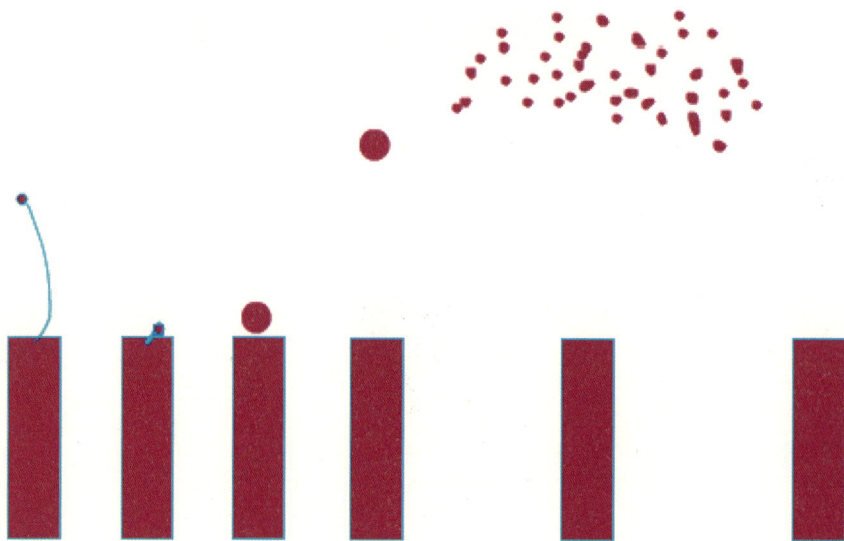

图3-78　放炮动画

（3）制作"世界杯欢迎你"动画。先制作所需4个元件，然后再制作动画，如图3-79所示。注意一条线变成两条线的距离比图片大些，所以一定要先确定图片的尺寸。

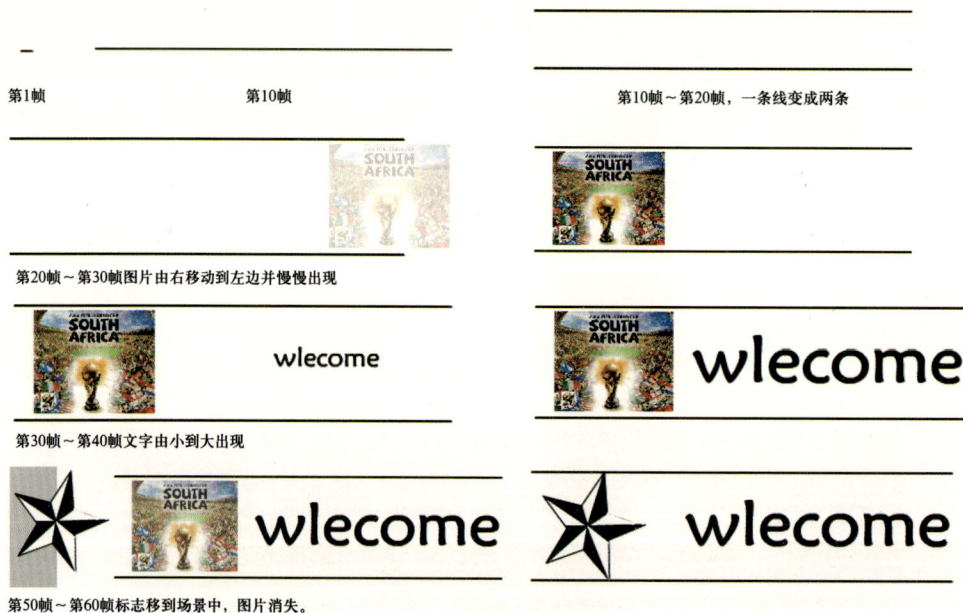

第1帧　　　　　　第10帧

第10帧～第20帧，一条线变成两条

第20帧～第30帧图片由右移动到左边并慢慢出现

第30帧～第40帧文字由小到大出现

第50帧～第60帧标志移到场景中，图片消失。

图3-79　世界杯欢迎你动画

（4）制作补间形状动画。制作4个图形元件，然后制作补间形状动画，如图3-80所示。

图3-80　制作4个图形元件

第四章
图形绘制基础

第一节　对象基本操作

在进行Flash的绘图和着色之前，要先了解和掌握Flash绘图工具的工作方式以及基本操作方法。Flash中的工具箱如图4-1所示。

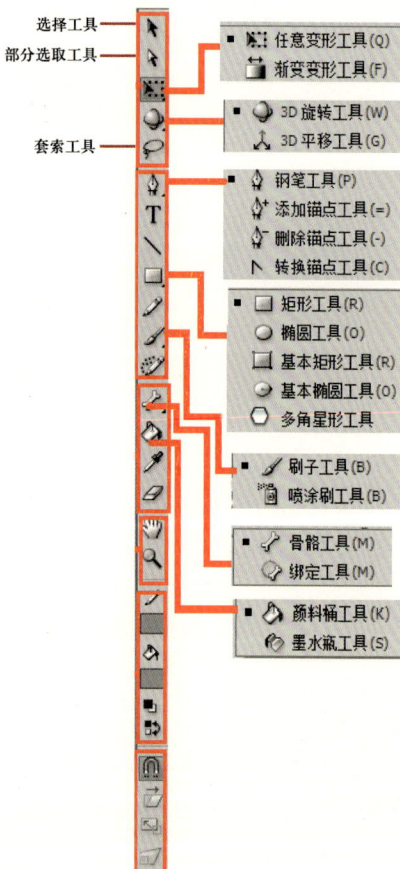

选择工具
部分选取工具
套索工具

- 任意变形工具(Q)
- 渐变变形工具(F)
- 3D 旋转工具(W)
- 3D 平移工具(G)
- 钢笔工具(P)
- 添加锚点工具(=)
- 删除锚点工具(-)
- 转换锚点工具(C)
- 矩形工具(R)
- 椭圆工具(O)
- 基本矩形工具(R)
- 基本椭圆工具(O)
- 多角星形工具
- 刷子工具(B)
- 喷涂刷工具(B)
- 骨骼工具(M)
- 绑定工具(M)
- 颜料桶工具(K)
- 墨水瓶工具(S)

图4-1　工具箱

一、【选择工具】

【选择工具】是所有工具中最常用的，功能主要有3种，分别为选择对象、移动对象、编辑对象。

（一）选择对象

单击要选择的对象，则被选择的对象被亮点填充或被方框包围。选择单个对象时，只需在工作区单击即可，若要同时选取边框和填充，则必须先要双击对象。若要选择多个对象，需要按住【Shift】键，依次单击选择的对象。另外，Flash还有选择部分对象的功能。方法是按住鼠标左键不放并拖动，在屏幕中可以看到矩形选择框，释放鼠标，在选择框内的对象将被选中，如图4-2所示。

图4-2　全选与部分选择

（二）移动对象

选择要编辑的对象，当鼠标光标变成▶时，按住鼠标左键不放，在工作区中任意拖动，松开鼠标后，对象就被移动到新的位置。

（三）编辑对象

可以利用【选择工具】对线条、轮廓线进行以下4种操作：

（1）当鼠标指向未选定的对象边界时，鼠标指针下方会变成弧线▶，此时按住鼠标左键并拖曳即可对对象进行编辑，改变边的曲度。

（2）当鼠标指向未选定的对象的一个角点时，鼠标指针下方就会变成折角▶，这时按住鼠标左键并拖曳角点可改变线的长短。

（3）按住【Ctrl】键的同时，用鼠标在线条上拖动，可以生成一个新的角点。

（4）如果被移动的线段是终点，则可以改变线段的长度。

注意： 在任何工具下，按【Ctrl】键可临时切换到【选择工具】。用【选择工具】选择对象后，按【Alt】键拖动鼠标可进行复制。按【Ctlr】+【A】键可以全选对象。

二、【部分选取工具】

【部分选取工具】的主要功能有抓取、选择、移动和改变矢量图形的形状。用【部分选取工具】选中图形后，可以对其中的节点进行拉伸或修改。选择【部分选取工具】后单击曲线时，被选中的节点显示为空心的小圆点。

（1）用【部分选取工具】单击图形的边缘，图形上会立刻显示出图形的路径以及所有的节点，如图4-3所示。

（2）选中其中一个节点，则该节点变成实心的小方点，如图4-4所示。按【Delete】键可以删除此点，如图4-5所示。

图4-3 显示图形的路径　图4-4 选中节点　图4-5 删除节点

（3）【部分选取工具】选择对象时，当鼠标指针右下角为黑色实心方块时▶，可以移动物体，当鼠标指针的右下角为空心方块时▶，用鼠标拖动任意一个节点，可以将该节点移动新的位置，如图4-6所示。

（4）选中一个节点，用鼠标拖动调节柄，可以调整其控制的线段的曲率，如图4-7所示。

图4-6 移动节点

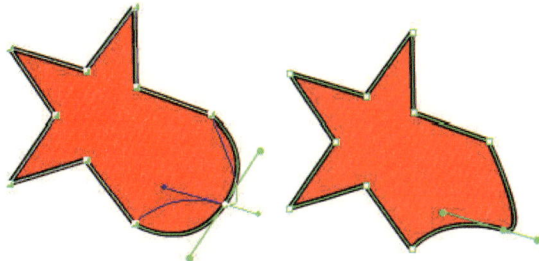

图4-7 调整曲率

三、【套索工具】

【套索工具】的主要功能是绘制任意形状的选区来选取图形，如图4-8所示。使用方法：按住鼠标左键并拖动，绘制出要选择的区域，松开鼠标后，所绘制的区域便会被选中。这里需要注意的是，所绘制的区域可以是不封闭的，Flash会自动用直线进行封闭。

图4-8 用【套索工具】框选图形

四、组合与打散

在Flash中位图是不可以直接用【套索工具】选中的，若想用【套索工具】选取位图的某一部分，就需要将位图转换为Flash默认的格式，方法如下：

（1）选中舞台中的位图，执行【修改】→【分离】命令，或选中位图按下【Ctrl】+【B】键，此时

可以看到舞台中的位图被亮点填充，位图已被打散。再次执行【修改】→【组合】命令或按【Ctrl】+【G】键，可将打散的位图组合在一起。

（2）若要分离单个文本对象，按下【Ctrl】+【B】键即可，若是段落文本需同时按下【Ctrl】+【B】键两次，第一次是将段落文本拆分成单个文本，第二次是将文本转为图形，如图4-9所示。

输入文字   第一次打散   第二次打散

图4-9 打散文字

第二节 基本绘图工具

一、【线条工具】

【线条工具】是用来绘制直线的，在工作区右方的【属性】面板中可以设置线条的属性，如图4-10所示。

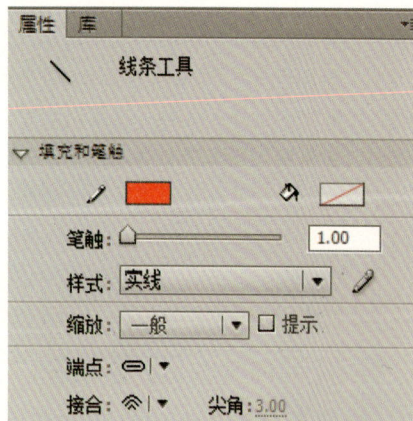

如图4-10 【线条工具】的【属性】面板

笔触颜色  单击此按钮会弹出调色板，可以自由为直线选择颜色。调整调色板上方的Alpha值，

可设置填充色的透明度。

笔触 可以在该文本框内直接输入数值，或者通过调节滑块来改变线条的粗细。

样式 在该下拉列表中可以选择不同的线条样式，如实线、点线、短画线等。

缩放 该选项用来限制笔触在Flash播放器中的缩放，有4种笔触缩放选择。

端点 设置直线端点的样式，有3种样式，分别为"无"、"圆角"、"方形"，如图4-11所示。

接合 定义线的3种连接方式，分别为"尖角"、"圆角"、"斜角"，如图4-12所示。

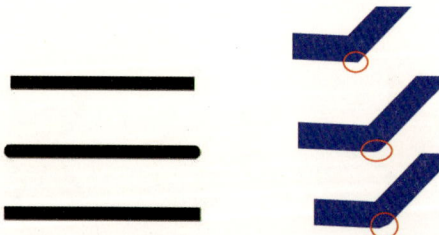

图4-11 端点样式   图4-12 连接方式

注意：按住【Shift】键，可绘制出垂直和水平

的直线，或45°角的斜线，按住【Ctrl】键可以暂时切换到【选择工具】，当释放【Ctrl】键时，会自动切换回【线条工具】。

选择【线条工具】，在工具箱下面的"工具选项区"中会出现【对象绘制】○按钮和【紧贴至对象】按钮◠。

对象绘制 单击该按钮，绘制的每个图形作为一个对象出现，各个对象是相互独立的且相互不影响。如果不使用它，图形重叠在一起时会相互影响，破坏形状，如图4-13所示。

紧贴至对象 当前后绘制的两个图形的端点接近一定程度的时候，这两个点将自动连接在一起。

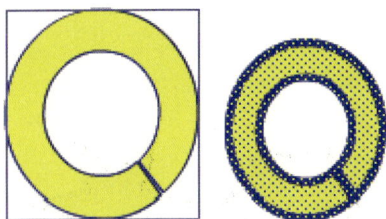

使用对象绘制　　　　　没有使用

图4-13　对象绘制

二、【矩形工具】和【基本矩形工具】

【基本矩形工具】和【矩形工具】主要用于绘制矩形和正方形，它们的操作与属性类似，这里重点讲【矩形工具】和它们的不同之处。图4-14为【矩形工具】的【属性】面板。

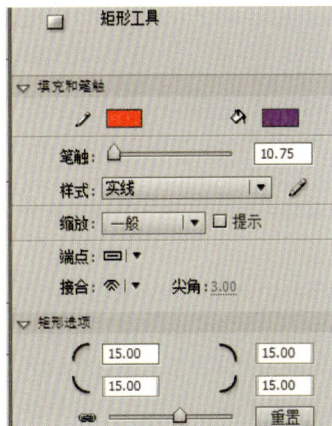

图4-14　【矩形工具】的【属性】面板

【矩形工具】的属性面板大致与【线条工具】一致，这里不再赘述。需要指出的是，▱表示的是无填充，对边线而言，单击此项表示不绘制轮廓线，对于图形填充色而言，意味着只画轮廓线而不填充颜色。

【矩形工具】的【属性】面板与【线条工具】不一样的地方在于【矩形选项】。该选项是用来设置矩形角半径值的大小。我们可以直接在文本中输入数值，数值越大，矩形的角越圆，如数值为负值，角往里凹，默认为0，创建的是直角，如图4-15所示。

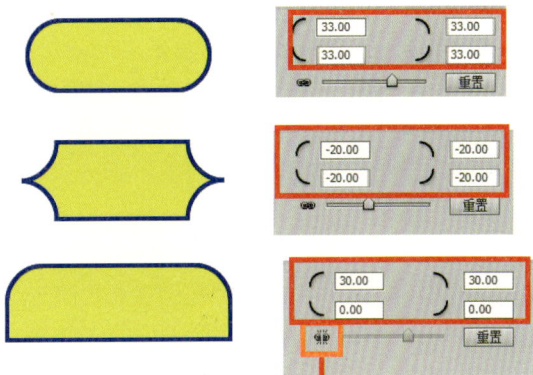

如果取消限制角半径，则可以分别调整每个角的半径

图4-15　设置不同【矩形选项】数值的效果

注意：选择【矩形工具】后，按【Alt】键的同时单击舞台会弹出【矩形设置】对话框。按【Shift】键的同时拖动鼠标可以绘制正方形，拖动时按上下键可以调整圆角半径。

【基本矩形工具】与【矩形工具】的最大的区别在于圆角的设置，使用【矩形工具】时，当一个矩形绘制完成，是不能对角半径值进行修改的，如果想要修改则应在修改数值后重新画一个矩形。而使用【基本矩形工具】绘制时，完成矩形的绘制，可以用【选择工具】对基本矩形四周的控制点进行拖动调整，绘制出需要的图形。除此还可以使用【属性】面板中的【矩形选项】修改圆角。

三、【椭圆工具】与【基本椭圆工具】

【椭圆工具】与【基本椭圆工具】是用来创建各

种比例的椭圆形，它们填充和笔触的属性与前面的工具一致，这里不再赘述。它们的独特之处就是【椭圆选项】，如图4-16所示。

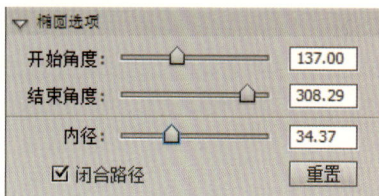

图4-16 椭圆选项

开始角度 控制椭圆开始点的角度。
结束角度 控制椭圆结束点的角度。
内径 控制椭圆内径的大小，如图4-17所示。

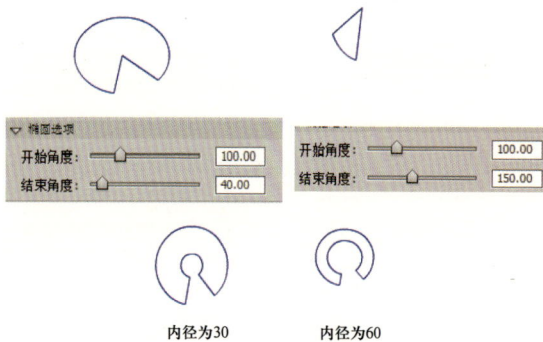

内径为30   内径为60
图4-17 不同参数效果

【基本椭圆工具】的使用方法与【椭圆工具】的使用方法一致，它们的不同之处就是用【椭圆工具】创建椭圆后，【椭圆选项】参数的修改不产生作用。而用【基本椭圆工具】绘制完图形后可以通过【椭圆选项】直接修改，也可以通过【选择工具】对其控制点进行拖动修改图形。

四、【多角星形工具】

【多角星形工具】在【矩形工具】的下拉列表中，按住【矩形工具】几秒钟，即会弹出【多角星形工具】，单击【多角星形工具】即可在舞台上拖曳绘制多边形了。【多角星形工具】的【属性】面板与【矩形工具】的类似，但需要注意的是【属性】面板上的【选项】按钮，单击此按钮，将弹出【工具设

置】对话框，如图4-18所示。

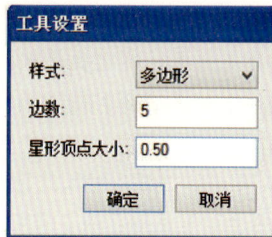

图4-18 【工具设置】对话框

其中，在【样式】下拉列表中共有"多边形"和"星形"两个选项，默认为"多边形"。选择"星形"后，将"边数"设置为6，再将"星相顶点大小"设置为1，随后在舞台上拖曳可绘制出如图4-19左侧所示的效果，再将"星形顶点大小"改为0.5，可绘制出如图4-19右侧所示的效果。

图4-19 不同角度的星形

五、【铅笔工具】

当选择了【铅笔工具】按钮后，在工具栏下方的"工具选项区"中会出现如图4-20所示的"绘制模式"，有"伸直"、"平滑"、"墨水"3种模式。

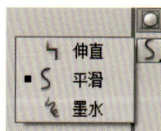

图4-20 绘制模式

伸直 绘制的线段更直一些，一些弧度小的曲线也会变成直线。
平滑 绘制的线段平滑，并且选中该项后，【属性】面板内会有"平滑"选项。
墨水 绘制的线段将基本保持原样。
按住【Shift】键可绘制水平、垂直或45°角方向的线条。

六、【刷子工具】

【刷子工具】的使用方法与【铅笔工具】类似，它们的不同点在于：【刷子工具】所绘制的是填充形状，必须由【颜料桶工具】更改颜色，【铅笔工具】绘制的是笔触。【刷子工具】的【属性】面板如图4-21所示，可以调整刷子绘图的平滑度和颜色。当选择了【刷子工具】后，其【工具选项区】显示如图4-22所示，其中 ▪ 用于设置刷子大小，单击其中一种即可设置刷子的大小，而 ● 用于设置刷子形状，打开下拉菜单，可调出各种刷子形状示意图，包括直线、矩形、椭圆形等。

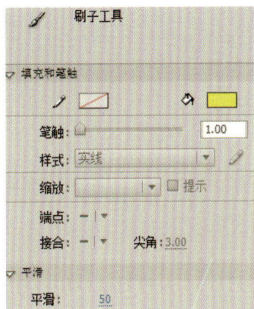

图4-21 【刷子工具】的【属性】面板   图4-22 工具选项区

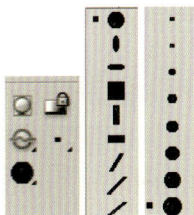

单击【刷子工具】，再单击其工具选项区上的【刷子模式】 ⊚ 按钮，会弹出下拉菜单，如图4-23所示。

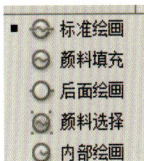

图4-23 刷子模式

标准绘图 对线条和填充都有影响。

颜料填充 只对填充区和空白区进行填充，线条不受影响。

后面绘画 在同层中的工作区上的空白区域绘图，线条及填充区不受影响。

颜料选择 只对有选择的区域涂抹，使用此工具，首先必须选中要涂抹的区域，否则是不能进行颜料填充的。

内部绘画 对填充区进行填充，但线条不能涂色，也不会在线条外部涂色。如果在空白区域涂色则不会影响到现有填充区域。

同样，按住【Shift】键可将刷子约束在水平或垂直方向绘图。

七、【钢笔工具】

【钢笔工具】可以绘制矢量直线和曲线，可以调节直线的角度和长度、曲线的倾斜度。使用【钢笔工具】时，如果只在工作区单击，则会生成直线段的控制点即锚点；如果在工作区中单击并拖曳，则会生成曲线段的控制点。调节线段上的控制点，便可调节直线、曲线，还可以把曲线变为直线，或把直线变成曲线。

（一）绘制直线

使用【钢笔工具】在舞台上单击即生成锚点，继而绘制直线。线条上两锚点之间的距离决定了线段的长度。方法如下：

（1）选择【钢笔工具】。

（2）在【钢笔工具】的【属性】面板上设置笔触和填充属性。

（3）在舞台中直线的开始点处单击，定义第一个锚点。

（4）在线段的终点处单击，完成线段的绘制。若按【Shift】键，可绘制水平或垂直、45°角的线段。

开放路径 只需双击最后一个锚点，或单击工具箱中的【钢笔工具】，或是按下【Esc】键结束当前线段的绘制，如图4-24所示。

封闭路径 将【钢笔工具】定位于第一个锚点处，此时【钢笔工具】右下方会出现一个小圆圈，然后单击或拖曳即可封闭路径，如图4-25所示。

图4-24 开放路径   图4-25 封闭路径

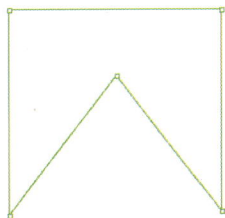

（二）绘制曲线

使用【钢笔工具】在舞台上单击即可创建曲线的第一个锚点，在另一位置按下鼠标并拖曳，会出现正切方向的调节柄，即创建第二个锚点，并绘制出曲线。每一个调节柄的斜率和长度定义了曲线的斜率、高度或深度，移动正切手柄可以改变曲线路径的形状。方法如下：

（1）选择【钢笔工具】。

（2）按住鼠标左键不放，在工作区绘制曲线第一个锚点，并拖曳鼠标出现曲线的调节柄。如果同时按下【Shift】键，调节柄可做45°或水平、垂直更改。

（3）释放鼠标左键，调节柄的斜率和长度决定了曲线段的长度，拖动调节柄可以随意移动调节曲线。

（三）调节路径锚点

使用【钢笔工具】绘制曲线时，会创建很多调节点，可以将直线变为曲线，或者将曲线变为直线。还可以调整、移动、添加、删除路径上的锚点，从而达到理想的效果。

1. 移动锚点

选择【部分选取工具】，将鼠标指针移动到锚点上，当鼠标指针右下方出现空心方块时，按住鼠标左键不放并拖曳即可移动锚点。或单击要移动的锚点，当锚点由空心变为实心时，用鼠标拖曳也可，如图4-26所示。

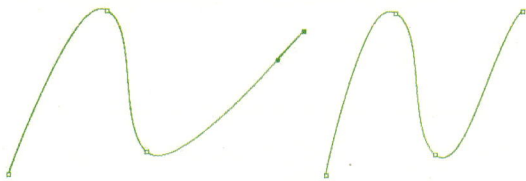
图4-26　移动锚

2. 角点和曲线点之间的转换

将曲线点转换为角点可以选择【钢笔工具】，当鼠标移动到曲线点上时，再单击该曲线点，则该曲线点会转换为角点，如图4-27所示。

将角点转换为曲线点可以选择【钢笔工具】，然后按住【Alt】键，再拖曳锚点即可，如图4-28所示，或使用【转换描点工具】来实现效果。

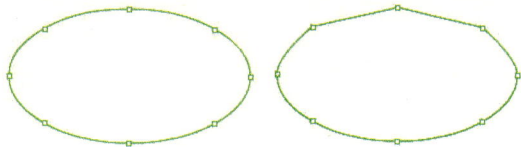
图4-27　曲线点变为角

图4-28　角点转换为曲线点

3. 添加锚点

选择【钢笔工具】，然后将笔尖对准线段上要添加锚点的位置，当【钢笔工具】右下方出现加号的时候，单击即可添加锚点。

4. 删除锚点

删除锚点的方法有3种：第一，选择【钢笔工具】并将笔尖对准角点，当【钢笔工具】右下方出现减号的时候，单击即可删除该角点。第二，删除曲线点。选择【钢笔工具】并将笔尖对准曲线点，连续单击两次，即可删除该曲线点。第1次单击，可将曲线点转化为角点，第2次单击，可将该点删除。第三，选择【部分选取工具】，单击锚点然后按下【Delete】键，也可删除锚点。

（四）调节路径

调节路径就是调节直线的角度和长度，或调节曲线段的斜率或曲线方向。

（1）直线的调节。选择【部分选取工具】，然后选择某条线段上的某个锚点，用鼠标将锚点拖到新位置即可。

（2）曲线的调节。用【部分选取工具】选择锚点会出现一个切线手柄，拖动描点或切线手柄都可以对曲线进行调整，如图4-29所示。

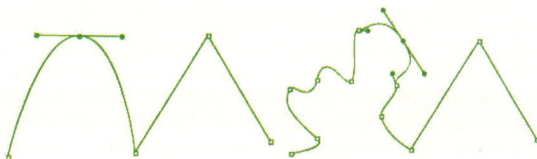
图4-29　调节曲线

第三节 基本上色工具

一、【墨水瓶工具】

【墨水瓶工具】是向指定图形边框填色。这里要提醒的是，此工具只能填充纯色而不能填充渐变色或位图。其【属性】面板如图4-30所示。【墨水瓶工具】的使用方法很简单，设置好颜色单击图形即可。

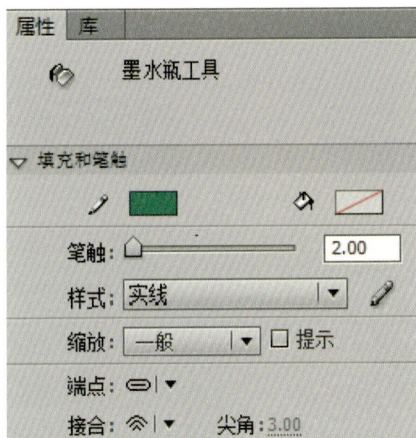

图4-30 【墨水瓶工具】的【属性】面板

二、【颜料桶工具】

【颜料桶工具】是向指定的对象倾倒颜色，但对边框不起作用。当选择【颜料桶工具】后，其工具选项区如图4-31所示。其中 按钮为锁定填充工具，它只能应用于渐变，使用该命令后，不能再应用其他渐变。

【颜料桶工具】可以对未完全封闭的区域进行填充，选择【空隙大小】 按钮，弹出下拉列表，如图4-32所示。其中：

图4-31 工具选项区

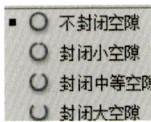

图4-32 空隙大小

不封闭空隙 填充封闭的区域，即没有空隙时才能填充。

封闭小空隙、中等空隙、大空隙 选中此项填充有小、中等、大空隙的区域。

【颜料桶工具】还可以填充渐变色，方法如下：

（1）单击【颜料桶工具】，再单击其选项区的 按钮，弹出【颜色】面板。

（2）在填充颜色中选择渐变颜色，如图4-33所示。

（3）单击填充的区域，如图4-34所示。

图4-33 【颜色】面板

图4-34 填充渐变色

填充位图的方法如下：

（1）单击【颜料桶工具】。

（2）打开Flash界面右侧的【颜色】面板，如图4-35所示。在【类型】下拉列表中选择"位图"，单击【导入】按钮，打开【导入到库】对话框，选择一张位图，则图片会显示在【颜色】面板的下方。

（3）用【颜料桶工具】单击要填充的图形即可，如图4-36所示。

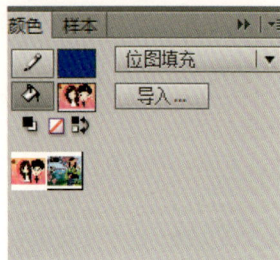

图4-35 【颜色】面板

图4-36 填充位图

三、【滴管工具】

【滴管工具】 不仅可以吸取线条色、填充色、文字色，甚至可以从导入的位图上吸取颜色。但需要注意的是，【滴管工具】只对图形进行取样。

鼠标移到不同的地方，滴管的形态也不一样。在填充色块和打散的位图上为 ，在线条上为 ，在文字上时为 。

第四节　辅助工具

一、【橡皮擦工具】

【橡皮擦工具】 用于擦除整个图形或图形中不需要的部分。它的使用方法是以鼠标拖曳的方式来擦除笔触与填充。其选项区的各按钮的含义如下：

擦除方式按钮 有5种擦除方式，分别是标准擦除、擦除填色、擦除线条、擦除所选填充颜色和内部擦除，如图4-37所示。

①标准擦除：可擦除矢量色块和矢量线条。

②擦除填色：只能擦除填充的色块部分，不能擦除线条。

③擦除线条：只能擦除线条，不能擦除色块。

④擦除所选填充颜色：擦除选中的色块区域的某部分或全部，未选取的部分不受影响。

⑤内部擦除：可擦除封闭图形的内部区域。需要注意的是，橡皮的起点必须在封闭图形的内部，否则不能进行该操作。

水龙头按钮 单击该按钮后，可快速擦除整个色块或线条。

橡皮擦形状按钮 单击该按钮，可以选择不同大小和形状的橡皮。

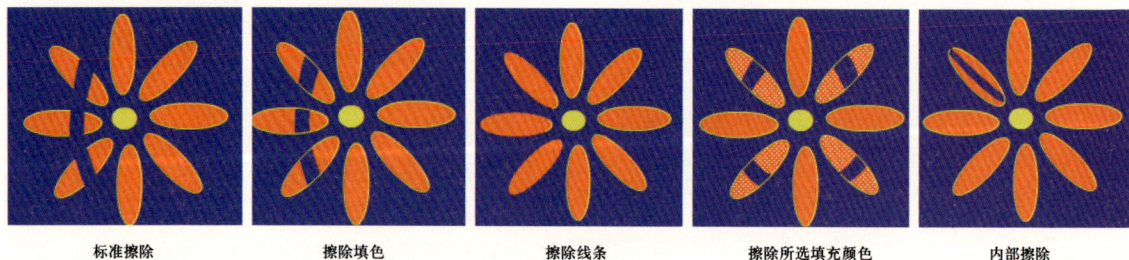

标准擦除　　擦除填色　　擦除线条　　擦除所选填充颜色　　内部擦除

图4-37 不同的擦除方式

二、【手形工具】

在Flash制作过程中，如果图形大大超过场景范围，就看不到整个图形，这时就要使用【手形工具】 来移动图形，以便观察。使用方法就是单击拖动鼠标即可。需要注意的是，在使用其他工具时，按空格键即可快速切换到【手形工具】 ，释放即可切换到原来使用的工具。

三、【缩放工具】

在Flash制作过程中，如果图形太小看不清细节或太大看不到整体，就可以使用【缩放工具】🔍。在工具选项区中单击按钮🔍可放大显示，单击按钮🔍可缩

小显示。按住【Alt】键可以在放大与缩小场景之间转换。

注意： 在其他工具下按【Ctrl】+【=】是放大，按【Ctrl】+【-】是缩小，双击【缩放工具】可以使场景回到100%。

第五节　标尺网格与辅助线

Flash有3个命令对图形的绘制起到精确定位的作用，分别是标尺、网格和辅助线，下面分别对其使用方法作介绍。

一、标尺

执行【视图】→【标尺】命令，此时舞台工作区上边和左边会出现标尺，再次单击该命令则可取消标尺，如图4-38所示。标尺的快捷键是【Ctrl】+【Alt】+【Shift】+【R】。

图4-38　显示标尺

注意： 标尺的默认单位是像素，所以我们可以通过更改【文档设置】中的【标尺单位】来设置尺子的不同单位。打开【文档设置】的快捷键是【Ctrl】+【J】或执行【修改】→【文档】命令。

二、网格

执行【视图】→【网格】→【显示网格】命令，

此时舞台工作区内会显示网格，再次单击该命令则可取消网格。

执行【视图】→【网格】→【编辑网格】命令，则会打开【网格】对话框，如图4-39所示，在此对话框中可以对网格的颜色、是否显示网格线、移动对象时是否贴紧网格线、网格间距、对齐精度进行设置。

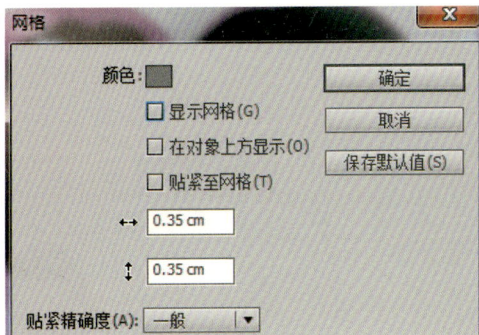

图4-39　【网格】对话框

三、辅助线

执行【视图】→【辅助线】→【显示辅助线】命令，再单击【选择工具】，将鼠标从标尺栏向舞台拖曳，即可产生辅助线，还可调整辅助线的位置。再次执行【显示辅助线】命令，可取消辅助线。

执行【视图】→【辅助线】→【锁定辅助线】命令，则可将辅助线锁定，此时再无法用鼠标拖曳改变辅助线的位置。

执行【视图】→【辅助线】→【编辑辅助线】命令，则会弹出【辅助线】对话框，如图4-40所示，在该对话框中可对辅助线的颜色、是否显示辅助线、图

形是否紧贴辅助线、对齐精度进行设置。

执行【视图】→【辅助线】→【清除辅助线】命令，可清除辅助线。

注意：为了方便操作提高工作效率，【贴紧至网格】、【贴紧至辅助线】、【贴紧至像素】、【贴紧至对象】等贴紧类型收集在【视图】→【贴紧】命令下，直接单击就可使用。这样图形对位精准，效果更好。

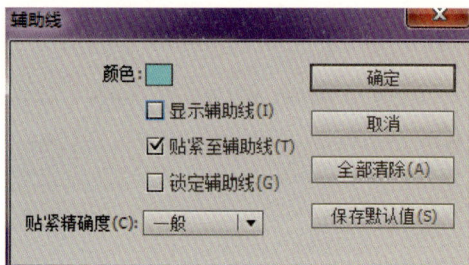

图4-40 【辅助线】面板

第六节　实训练习

一、制作飘动的头发动画

（1）新建一个文档，然后在图层1上用【椭圆工具】和【线条工具】绘制人脸，用【选择工具】将直线修改成曲线，如图4-41所示。

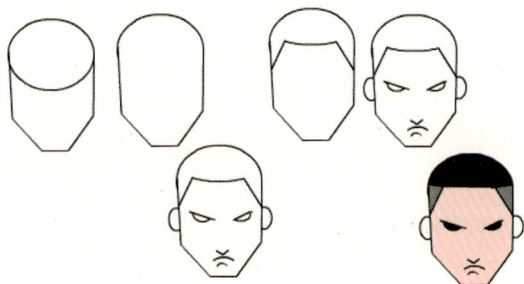

图4-41 绘制人脸步骤

（2）新建图层2，用【线条工具】绘制头发，用【选择工具】修改头发，如图4-42所示。

（3）选中图层2的第5帧，按【F7】键添加空白关键帧，绘制头发被吹起的样子，如图4-43所示。

图4-42 头发绘制步骤　　　图4-43 第5帧头发吹起来

（4）单击时间轴下的【绘图纸外观】按钮，如

图4-44所示。激活洋葱皮功能，定义洋葱皮的范围在1~5帧，如图4-45所示(洋葱皮功能可以使制作者不仅看到当前帧的内容，还可以看到若干帧的内容)。

（5）选中第3帧，按【F7】键添加空白关键帧，将洋葱皮范围确定在1~5帧，这时可同时看到第1帧和第5帧的内容。根据中间线原理，绘制出第3帧的线条，如图4-46所示。

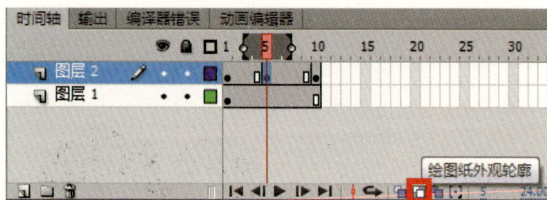

图4-44 绘图纸外观

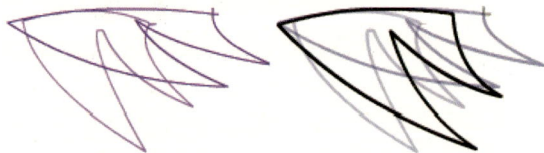

图4-45 定义洋葱皮范围后的效果　　图4-46 添加中间线

（6）同理我们可以给第2帧、第4帧也添加关键帧，绘制出头发。

（7）此时，测试动画，发现头发的动作很连贯了，我们可以用【颜料桶工具】给头发上色。上好色后，可用【选择工具】选择轮廓后按【Delete】键删掉，效果如图4-47所示。

（8）现在头发的上飘动作完成了，但我们需要一个完整的头发飘动的效果。可按【Shift】键选择1~4帧，单击鼠标右键，在弹出的菜单中执行【复制帧】命令，如图4-48所示，然后选择该图层的第6帧，单击鼠标右键，在弹出的菜单中执行【粘贴帧】命令。

图4-47 效果

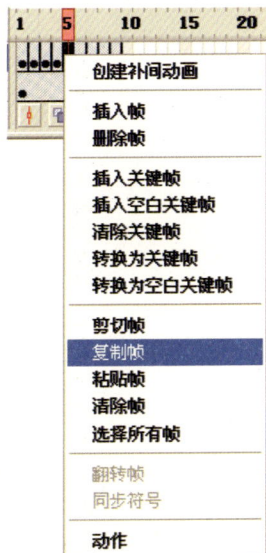

图4-48 复制帧

（9）选中6~9帧（也就是刚才粘贴的帧），单击鼠标右键，在弹出的菜单中执行【翻转帧】命令，把这4帧的顺序颠倒一下，这样一个头发的飘动动画就制作完成了。

（10）按【Ctrl】+【Enter】键发布动画。

二、制作小洋楼

通过小洋楼实例来加强图形绘制工具的使用。

（1）新建Flash文档，大小为默认，设置背景色为天蓝色。

（2）按【Ctrl】+【F8】键建立一个图形元件，在该元件中用【矩形工具】▢和【线条工具】╲绘制楼房大体轮廓，如图4-49所示。

（3）用【线条工具】╲绘制大楼的门，如图4-50所示。

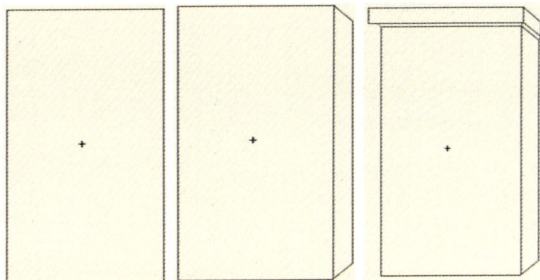

图4-49 楼房的绘制步骤

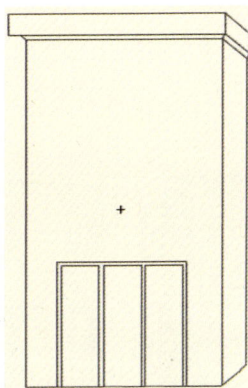

图4-50 绘制门

（4）用【矩形工具】▢绘制窗户。按【Shift】键可以绘制正方形，如图4-51所示。

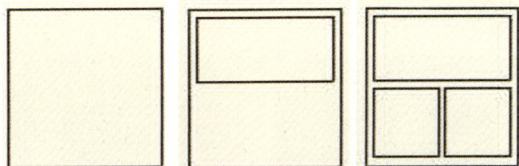

图4-51 窗户的绘制步骤

（5）把窗户放到楼房上，按【Ctrl】+【D】键复制窗户，效果如图4-52所示。

（6）用【任意变形工具】▦修改窗户，并把它放在右侧墙上，如图4-53所示。

（7）用【颜料桶工具】◢给楼房上色。在填充颜色时一定要注意线条是否合拢，否则无法填充颜色，如图4-54所示。注意由于光照原因背面颜色比正面颜色要深。

（8）删掉多余的线条，单击┛按钮新建一个图层作为高光层，用【线条工具】╲绘制高光，如图4-55所示。

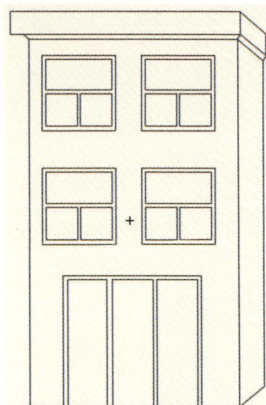

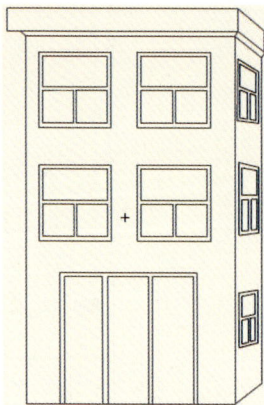

图4-52 复制窗户　　　图4-53 制作右侧窗户

图4-54 给房子上色①

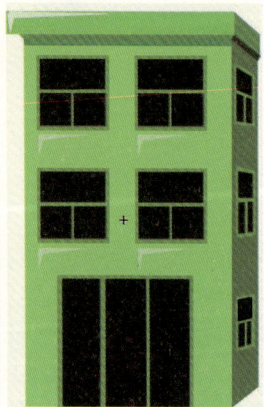

图4-54 给房子上色②　　图4-55 绘制楼房高光

（9）给玻璃添加光影效果。单击 按钮新建一层光影层，用【矩形工具】 绘制一个矩形，然后用

【任意变形工具】 做调整，最后删掉多余的部分，将光影复制到其他的玻璃上，效果如图4-56所示。

（10）绘制楼房底部，如图4-57所示。

图4-56 绘制玻璃上的光影　　图4-57 绘制楼房底部

（11）在【库】面板中选中元件后，单击鼠标右键，执行【直接复制】命令，复制一个元件。然后选中复制出的元件，单击鼠标右键，执行【选择编辑】命令，即可进入元件的编辑区，对楼进行颜色的修改，这样我们就绘制了几栋不同颜色的楼，如图4-58所示。

图4-58 不同颜色的楼

（12）按【Ctrl】+【F8】键建立一个云图形元件，在该元件里用【椭圆工具】 绘制云彩，如图4-59所示。

（13）用【选择工具】双击线条，可选中所有的线。按【Delete】键删掉线条，如图4-60所示。

图4-59　绘制云彩

图4-60　删掉多余线条

（14）用【矩形工具】绘制出云彩的暗部形状，如图4-61所示。

（15）用【颜料桶工具】给云填充颜色，并删掉多余的线条，如图4-62所示。

图4-61　绘制云彩的暗部

图4-62　填充云彩暗部

（16）用【铅笔工具】和【线条工具】绘制出地面效果，如图4-63所示。

（17）把楼房和云彩拖入场景中，如图4-64所示。

图4-63　地面

图4-64　最终效果

课后习题

一、填空题

（1）在Flash中，要绘制直线或曲线路径，可以使用_____绘图工具。

（2）在Flash中，要绘制基本几何形状，可以使用_____绘图工具。

二、选择题

（1）在Flash中，要切换到【刷子工具】可按什么快捷键？（   ）

A. P   B. I   C. B   D. U

（2）使用什么工具可以为对象填充位图？（   ）

A.【滴管工具】 B.【颜料桶工具】 C.【墨水瓶工具】 D.【刷子工具】

三、问答题及上机练习

（1）如何给填充和形状添加边框？

（2）请使用本章所学的绘图工具，绘制如图4-65所示的人物。

（3）请使用本章所学的工具绘制如图4-66所示的3个人物形象和如图4-67所示的多个动物形象。

图4-65 举伞的小女孩

图4-66 飞天小女警

图4-67 动物造型

第五章
编辑颜色

Flash中设有专门的【颜色】面板，通过这些面板可以很方便地选择设置所需要的颜色。使用默认的面板或自定义的面板都可编辑对象的边框或填充颜色。Flash不仅能够为形状填充单色、渐变色，还可填充位图，但需要注意的是，使用位图填充时，一定要先将位图导入到当前文件中。

使用【混色器】面板可以生成、编辑单纯颜色和渐变填充，借助颜色【样本】面板可以导入、导出、删除、修改某一个填充的颜色配置。

第一节 颜色工具

一、工具箱中的【颜色】选项区

使用工具箱中的【笔触颜色】和【填充颜色】控件，可以方便快捷地设置图形的笔触和填充颜色。默认状态下为黑白两色，如图5-1所示。颜色使用方法如下：

（1）先用【选择工具】选中要填充的对象，然后单击工具箱中的【笔触颜色】按钮或【填充颜色】按钮右下角的三角形，在弹出的调色板中选择颜色，注意渐变只能用于填充而不能应用于边框。

（2）单击弹出的调色板中右上角的【无色】按钮，应用透明边框或透明填充。

（3）单击弹出的调色板中右上角的按钮，在随之弹出的【颜色】对话框中选择颜色，也可在相应的文本框中输入对应的数值，如图5-2所示，然后单击【确定】按钮即可。

（4）单击控制项中的默认色按钮，可以恢复到Flash默认的黑白两色状态。控制项中的【交换颜色】按钮是用来将边框颜色与填充颜色相互交换的。

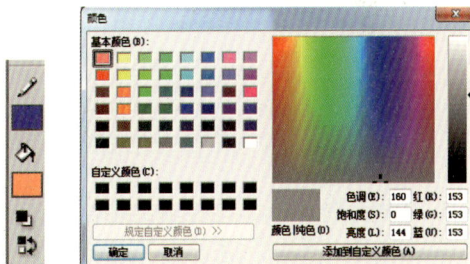

图5-1 工具箱中的【颜色】选项区

图5-2 【颜色】对话框

二、【颜色】面板

默认状态下，【颜色】面板位于界面的右上方，如果没有，可以执行【窗口】→【颜色】命令，打开【颜色】面板，在【类型】下拉列表框中，共有5种类型，如图5-3所示。

① "无" 填充样式：无填充。

② "纯色" 填充样式：单色填充。

③ "线性渐变" 填充样式：沿线性轨迹的颜色渐变填充。

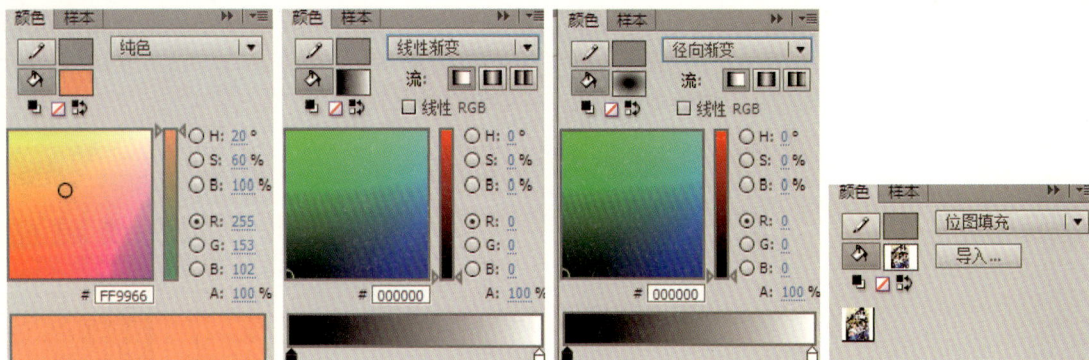

图5-3 【颜色】面板

④"径向渐变"填充样式：从一个中心焦点向四周颜色渐变填充。

⑤"位图"填充样式：将位图以平铺的形式填充图形，如图5-4所示。

无填充　　纯色填充　　渐变填充　　径向填充　　位图填充

图5-4　填充的5种类型

在【颜色】面板中可以用以下几种方法来设置颜色：

（1）单击颜色滑块，然后通过移动颜色区域内的图标更改颜色，如图5-5所示。

图5-5　改变滑块的颜色

（2）HSB的设置：单击颜色滑块，通过调整H（色相）、S（饱和度）、B（亮度）的值来定义颜色。

（3）RGB的设置：单击颜色滑块，通过调整R（红）、G（绿）、B（蓝）三色的值来定义颜色，只需在对应的文本框中输入相应的值或拖动滑块即可调整颜色。另外，还可以在面板下面的文本框中输入十六进制的颜色代码数据来调整颜色。

（4）Alpha透明度的设置：在Alpha文本框内输入百分比或用鼠标拖曳文本框旁边的滑块即可调整透明度。当Alpha的值为0%时，则创建的填充是完全透明的，相反，当Alpha的值为100%时，则创建的填充是完全不透明的。

（5）渐变色的设置：当选择【线性渐变】时，【颜色】面板将会变为如图5-5所示。

若想生成所需的渐变色，需要设置【流】的类型。【流】是控制溢出颜色的范围。【流】的类型有【扩展颜色】▣、【反射颜色】▣、【重复颜色】▣，如图5-6所示。

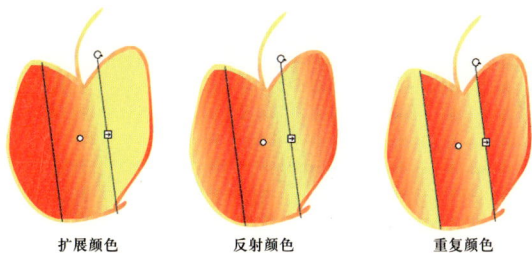

扩展颜色　　　　反射颜色　　　　重复颜色

图5-6　不同的流类型可得到的不同的红黄渐变效果

默认状态下，系统给定的渐变色只含有两个颜色关键点，分别单击这两个关键点即可调整色彩。渐变色编辑区如图5-7所示。若想增加颜色关键点，只需把鼠标放到想要加颜色的地方，当鼠标变成▨时，单击鼠标即可增加一个颜色关键点，鼠标左右移动可以改变颜色关键点的位置。

图5-7　渐变色编辑区

Flash最多允许生成15个关键点，如果觉得关键点太多，可以用鼠标单击多余的关键点，然后拖离渐变色编辑区即可删除颜色关键点。

"线性"RGB：选中该复选框后，可以创建可伸缩的矢量图形（SVG）兼容的线性或放射状渐变。

（6）径向渐变的设置与线性渐变非常相似，这里不再介绍。

（7）位图填充的设置方法：执行【颜色】面板→【位图填充】→【导入】命令，打开【导入到库】对话框，在此选择相应的位图，即可把图片导入到面板中。最后用【颜料桶工具】填充图形。

三、【样本】面板

执行【窗口】→【样本】命令，或单击【样本】按钮▦可打开【样本】面板，如图5-8所示。

其中定制的颜色有两种类型，分别为单色和渐变色。单击面板右上角的▤按钮后，可以利用弹出菜单中的命令控制【样本】面板，如图5-9所示。

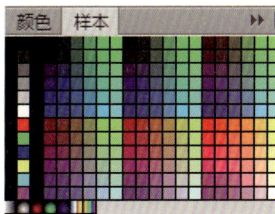

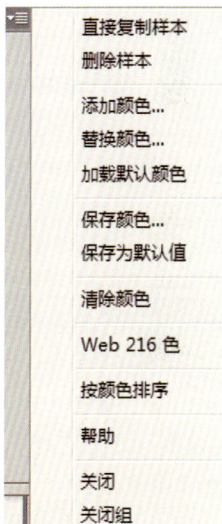

图5-8　【样本】面板　　　　图5-9　弹出的菜单

第二节　【渐变变形工具】

【渐变变形工具】▤是用来调整颜色渐变的工具。当选择了一个渐变填充或位图填充用于编辑时，该填充区就会出现一些圆形、方形和三角形的控制柄，以及线条或矩形框。用鼠标拖曳这些控制柄，可以调整填充的填充状态。根据不同的填充的模式，可以分为改变径向填充、改变线性填充、改变位图填充3种，如图5-10所示。

中心点　用于改变渐变的中心点。

宽度　用于改变渐变的宽度或长度。

缩放　用于改变渐变的大小。

旋转方向　用于改变渐变的旋转角度。

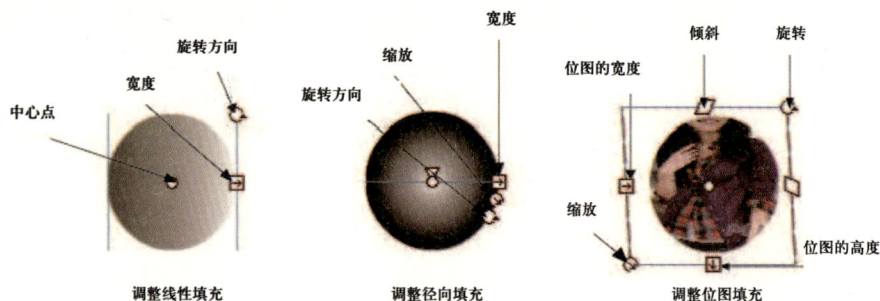

调整线性填充　　　　调整径向填充　　　　调整位图填充

图5-10　填充模式

第三节　实训练习

一、制作旋转的齿轮动画

本章的主要学习内容在于对基础绘图工具的复习，以及颜色的编辑的掌握。下面通过"旋转的齿轮"实例来练习本章所学的内容。

（1）打开Flash软件，执行【文件】→【新建】命令，打开【新建文档】对话框。再执行【常规】→【Flash文档】命令，然后单击【确定】按钮。

（2）单击工具箱中的【矩形工具】在舞台上绘制一个无边框、填充色为黑色的矩形，如图5-11所示。

（3）选择【线条工具】，在舞台上绘制一段直线，如图5-11所示。

（4）选中矩形和直线，按【Ctrl】+【K】键打开【对齐】面板，分别单击【水平中齐】和【垂直中齐】按钮，如图5-12所示。

图5-11　绘制矩形和直线　　　图5-12　【对齐】面板

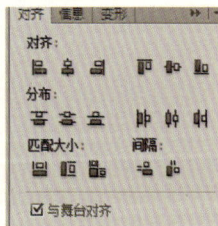

（5）单击【选择工具】，选中矩形与直线相交的两点，如图5-13（a）所示，分别拖到直线的左右两个端点，如图5-13（b）、（c）所示，得到（d）图所示的形状。再次单击【选择工具】，选中直线，如图5-13（d）所示，单击【Delete】键删除直线。

（6）单击【任意变形工具】，对上图进行调整，如图5-13（e）所示。

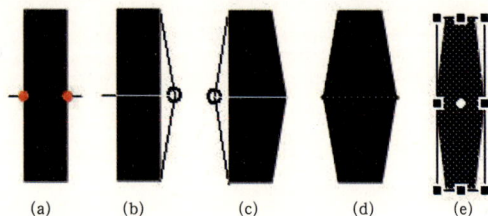

(a)　　　(b)　　　(c)　　　(d)　　　(e)

图5-13　调整矩形

（7）单击【选择工具】，选中图形，再打开【变形】面板，如图5-14所示，在旋转角度中输入"36°"。随后单击面板下方的【复制并应用变形按钮】，连续按4下，如图5-15所示。

（8）选择【椭圆工具】，在舞台上绘制一个填充为黑色且无边框的椭圆，如图5-16所示。选中椭圆和刚绘制好的图形，打开【对齐】面板，分别单击【水平中齐】和【垂直中齐】按钮，使图形对齐。

图5-14 【变形】面板

图5-15 旋转并复制图形

图5-16 绘制齿轮

（9）选中齿轮，按下【F8】键，弹出【转换为元件】对话框，在【类型】的下拉菜单中选择【图形】，单击【确定】按钮，如图5-17所示。

图5-17 转换为图形元件

（10）选中齿轮，并在时间轴图层1的第30帧处单击鼠标按下【F6】键，添加一个关键帧，如图5-18所示。

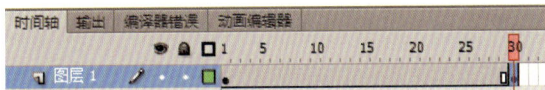

图5-18 添加关键帧

（11）在第1帧和第30帧之间的任意一帧上单击鼠标右键，在弹出的对话框中执行【创建传统补间】命令，如图5-19所示。

（12）选中时间轴上第1帧和第30帧之间的任意一帧，在【属性】面板上，在【旋转】菜单中选择【顺时针】，并在后面的【旋转次数】选框中输入旋转次数"10"，如图5-20所示。

（13）此时，按下【Enter】键，可以预览旋转的齿轮动画。

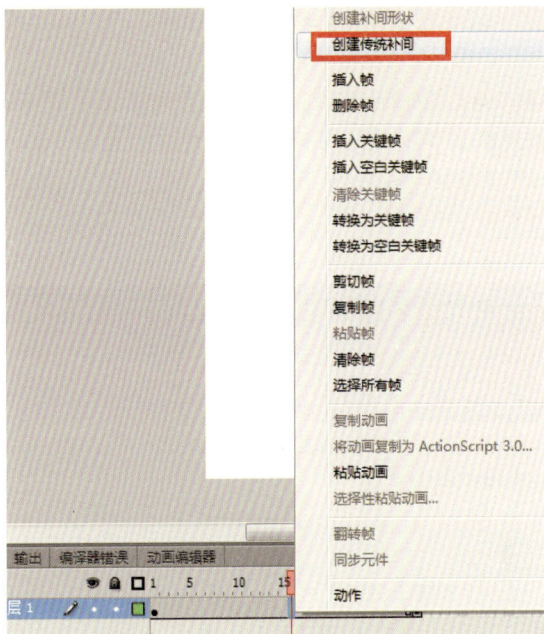

图5-19 创建传统补间动画

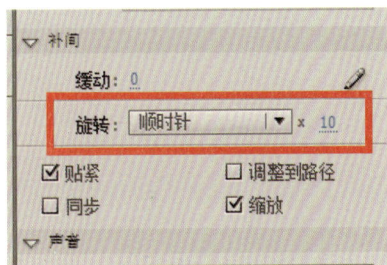

图5-20 【属性】面板

二、制作海与船动画

（1）按【Ctrl】+【F8】键新建一个图形元件，命名为"云"。设置填充色为白色 ，然后用【椭圆工具】绘制云彩，效果如图5-21所示。

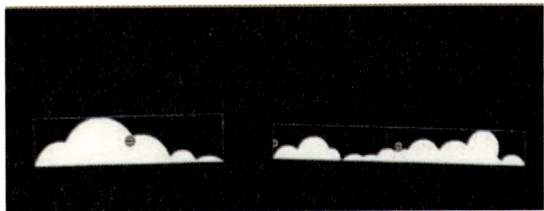

图5-21 云元件

（2）按【Ctrl】+【F8】键新建一个名为"光点"的影片剪辑元件，在该元件下，用【刷子工具】在第1帧处绘制光点，效果如图5-22所示；在第5帧处按【F6】键插入关键帧，把光点的位置向右移动一些，删掉一些光点，在增加一些光点；最后在第10帧处按【F5】键插入帧。

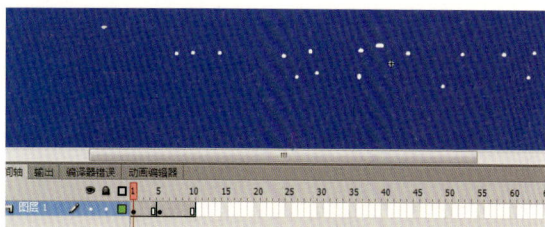
图5-22 光点影片剪辑元件

（3）按【Ctrl】+【F8】键新建一个名为"海面"的图形元件，打开【颜色】面板，设置填充色类型为【线性渐变】，颜色设置如图5-23所示。然后用【矩形工具】绘制出海面，可以用【渐变变形工具】更改颜色方向，如图5-24所示。

图5-23 海的颜色

图5-24 海面图形元件

（4）按【Ctrl】+【F8】键新建一个名为"海浪"的影片剪辑，在该元件内用【线条工具】绘制一条直线，当【选择工具】为时修改直线为曲线。再选中线条，在其【属性】面板中设置【样式】为【点刻线】，参数如图5-25所示。

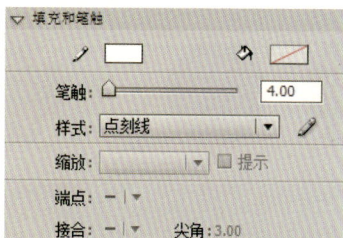
图5-25 线的属性参数

（5）选中线条，然后执行【修改】→【形状】→【将线条转换为填充】命令。接着在第15帧处按【F6】键插入关键帧，再用【任意变形工具】把线条变长一点，向前移动一点，变直一点，做出一个海浪向前滚的动画，选择任意一帧，单击鼠标右键，执行【创建补间形状】命令，效果如图5-26所示。

图5-26 波浪补间形状动画

（6）按【Ctrl】+【F8】键新建一个名为"船"的影片剪辑，用【线条工具】绘制船的大体轮廓，然后用【选择工具】修改直线成弧线，最后用【颜料桶工具】给船上色，步骤如图5-27所示。

图5-27 船的制作步骤

（7）制作船的动画。选择船层，在第15帧、第30帧处按【F6】键插入关键帧，在第15帧把船往上移动一点,制作动作补间动画。

(8)制作影子动画。单击![](按钮新建一个图层,命名为"影子",然后用【选择工具】把影子层拖到船层下面。用【线条工具】在影子层上绘制影子。然后在第15帧、第30帧处按【F6】键添加关键帧,用【任意变形工具】把第15帧的影子缩小一点,制作动作补间动画,如图5-28所示。

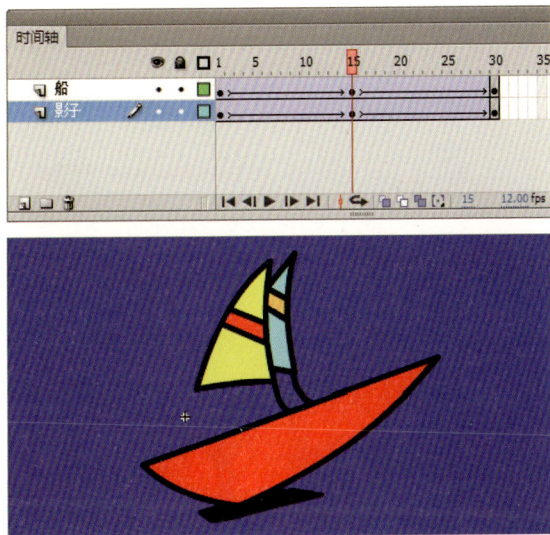

图5-28 船和影子的动画

(9)返回场景中,将图层1命名为"天",绘制一个渐变矩形,颜色如图5-29所示。在第20帧处按【F6】键插入一个关键帧,用【任意变形工具】把"天空"拉宽,制作形状补间动画。在第150帧处按【F5】键插入帧。

图5-29 天动画

(10)新建一个层,命名为"云"。把云元件拖到场景中。再在云层上创建一个层,命名为"海"。把海面元件拖到场景中。

(11)制作云和海的动画。选中云层和海层的第20帧按【F6】键添加关键帧。按【Shift】同时选中云和海,第20帧处把它们向右下方移动少许位置,制作动作补间动画。在第150帧处按【F5】键插入帧,如图5-30所示。

图5-30 云与海的动画

(12)在海层上新建一层为"浪",在第1帧插入关键帧,拖入"海浪",用【任意变形工具】把"海浪"调整的大些,在第5帧插入一个关键帧,再拖入一个"海浪",第8帧也一样拖入"海浪",并调整"海浪"的大小,使其不同,在第150帧处按【F5】键插入帧,如图5-31所示。新建"光点"图层,把光点元件拖入场景中。

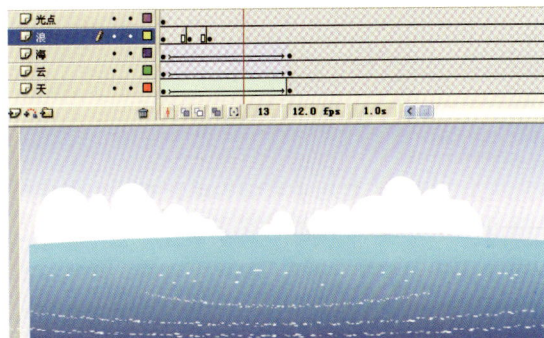

图5-31 浪的动画

(13)新建"船"图层。把船拖到场景外,然后在第20帧处按【F6】键插入一个关键帧,把船移动

到场景中间，并制作动作补间动画，在第150帧处按
【F5】键插入帧，如图5-32所示。

图5-32 船动画

（14）按【Ctrl】+【Enter】键发布动画。

三、绘制卡通人物

（1）按【Ctrl】+【F8】键打开【创建新元件】
对话框，建立一个名为"头"的图形元件，然后单击
"确定"按钮，如图5-33所示。

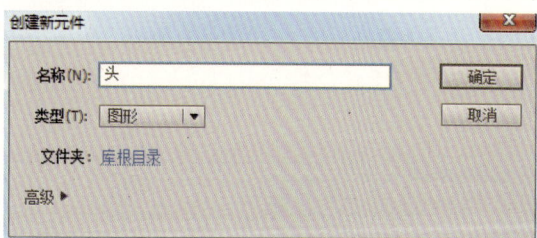

图5-33 创建图形元件

（2）设置【颜色】面板的填充类型为【径向
渐变】，调整由白色到肉色的颜色渐变。用【椭圆
工具】◯绘制头部，用【渐变变形工具】▣调整填
充，如图5-34所示。

（3）新建"头发"图层。先用【线条工具】＼
绘制头发的大体造型后，用【选择工具】▸将头发修
改成曲线造型，最后调整【径向渐变】的颜色，使其
由白到棕色渐变，用【颜料桶工具】◇给头发上色，

用【渐变变形工具】调整填充，如图5-35所示。

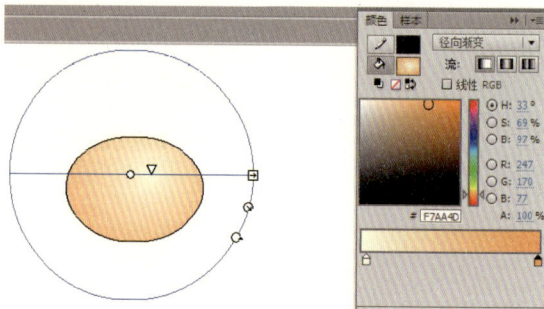

图5-34 绘制头部

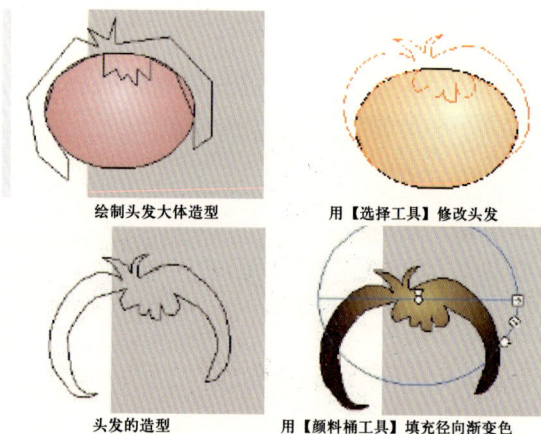

绘制头发大体造型 　　 用【选择工具】修改头发

头发的造型 　　 用【颜料桶工具】填充径向渐变色

图5-35 头发的绘制过程

（4）新建"五官"图层。用【椭圆工具】◯绘
制眼睛，用【线条工具】＼绘制眉毛与嘴巴，如图
5-36所示。

图5-36 绘制五官

（5）新建"耳朵"图层。设置【颜色】面板
的填充类型为【径向渐变】，调整由白色到肉色的
渐变颜色。用【椭圆工具】◯绘制鼻子、耳朵，锁
定其他图层，用【选择工具】▸选择一半耳朵，按
【Delete】键删掉，如图5-37所示。

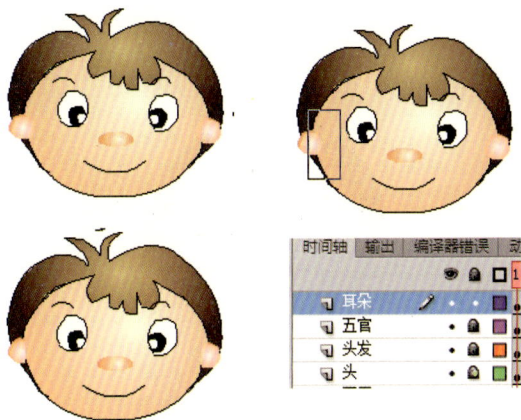

图5-37　耳朵的绘制过程

（6）设置【颜色】面板的填充类型为【径向渐变】，调整由红色到白色的颜色渐变，设置白色的Alpha的值为0。用【椭圆工具】绘制脸蛋，如图5-38所示。

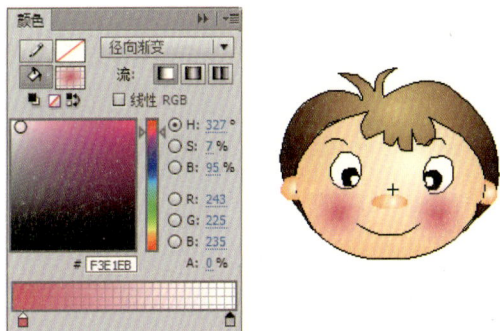

图5-38　绘制脸蛋

（7）按【Ctrl】+【F8】键建立一个"身体"图形元件。用【线条工具】绘制身体大体造型，再用【选择工具】调整身体造型，如图5-39所示。

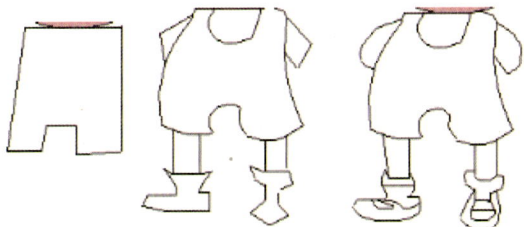

图5-39　身体的绘制过程

（8）设置【颜色】面板的填充类型为【径向渐变】，调整渐变颜色，用【颜料桶工具】上色，用【渐变变形工具】调整填充，如图5-40所示。

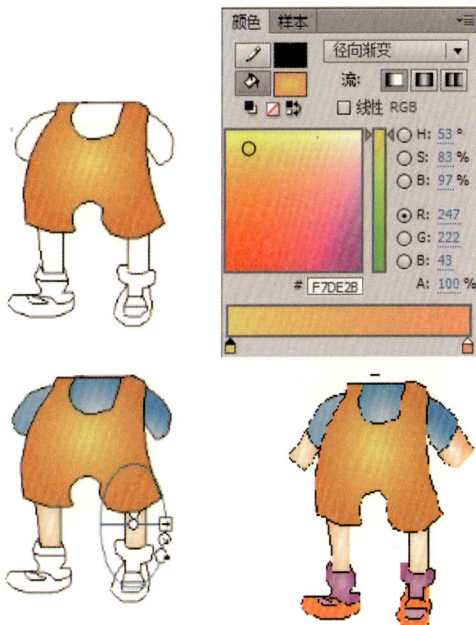

图5-40　身体上色过程

（9）新建"心"图层。制作方法与身体的制作相同，如图5-41所示。

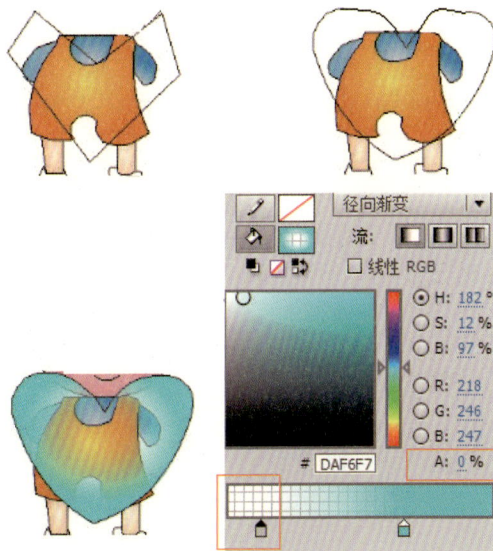

图5-41　心的绘制过程

（10）新建"手"图层，绘制"手"图形，如图5-42所示。

（12）单击【场景1】按钮回到场景，把元件拖到场景中，如图5-44所示。

图5-42 手的绘制过程

（11）新建"高光"图层，绘制高光，如图5-43所示。

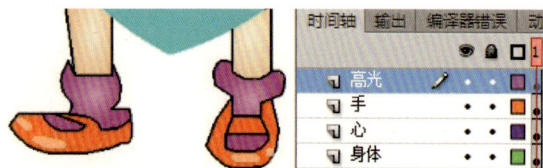
图5-43 制作高光

图5-44 整休效果

课后习题

实训练习

（1）绘制日历和铅笔，如图5-45所示。
（2）利用本章所学的工具，绘制图5-46所示的场景。
（3）利用本章所学的工具，绘制图5-47所示的形象。
（4）利用本章所学的工具，绘制图5-48所示的形象。

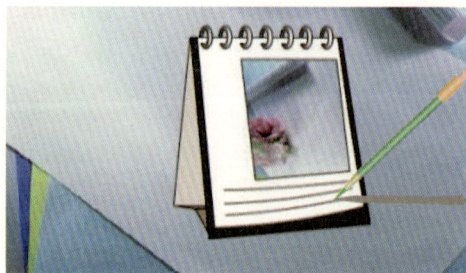
图5-45 日历和铅笔

图5-46 葫芦

图5-47 动画形象①

图5-48 动画形象②

第六章
其他工具的介绍

第一节　绘图工具

一、绘图模式

Flash中有两种绘图模式，即【合并】模式和【对象】模式，当选择【线条工具】、【钢笔工具】、【椭圆和矩形】、【多角星形工具】、【铅笔工具】、【笔刷工具】后，工具栏的下方的"选项"栏中会出现一个【对象绘制】按钮，当它处于弹起的状态时，绘图模式为【合并】模式；当它处于按下状态时，绘图模式为【对象】模式。这两种绘图的模式的特点分别为：

（一）合并模式

此时绘图的对象在选中状态时，对象上会有一层小白点。在合并模式下：

（1）若两个颜色相同的图形重叠绘制，则两个图形会相融，如图6-1所示。

（2）若两个颜色不同的图形重叠绘制，则两个图形会相切，如图6-2所示。

图6-1　同色相容　　　　图6-2　异色相切

（二）对象模式

在此状态下绘制的图形在选中状态下，图形四周会有一个浅蓝色的矩形框将选中的对象包围起来。在该模式下，允许将图形绘制成独立的对象，且在叠加时不会自动合并。分离或重叠图形时，也不会改变它们的外形，如图6-3所示。

图6-3　对象模式下绘图

二、合并对象

在这里为了将所讲的两种绘图模式下绘制的图形区分开，我们将在【合并】模式下绘制的图形称为"图形"，将在【对象】模式下绘制的图形成为"形状"。

那么，在【对象】模式下绘制的形状是不具有图形的"同色相融，异色相切"的功能，但是我们可以通过【修改】→【合并对象】下的所有菜单命令来操作。

通过合并对象可以创建新形状。【修改】→【合并对象】命令下共有4个命令，分别为：

联合　此命令可以将两个或多个形状合并成单个形状，如图6-4（a）所示。

交集　此命令创建的形状是两个或多个对象的重

叠部分，如图6-4（b）所示。

打孔 此命令是删除所选对象的某些部分，删除的部分是最上面的对象与另一个所选对象的重叠部分，且最上面的对象会全部被删除，如图6-4（c）所示。

裁切 此命令可以使用某一对象的形状裁切另一对象。前面或最上面的对象定义裁切区域的形状，如图6-4（d）所示。

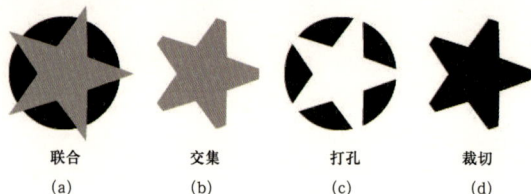

联合	交集	打孔	裁切
(a)	(b)	(c)	(d)

图6-4　对象的合并

第二节　图形编辑工具

【任意变形工具】不但可以对选择的对象进行缩放、旋转扭曲等操作还可以制作出特殊的效果，现在我们就详细介绍一下【任意变形工具】和【变形】面板。

一、【任意变形工具】

选中【任意变形工具】后，即可对图形进行操作。当鼠标移到轮廓上光标变成时，即可对物体进行倾斜操作；当鼠标光标变成，即可缩放物体；当鼠标光标变成，即可旋转物体；按住【Shift】键即可等比缩放；按住【Alt】键即可以中心为准变形；按住【Ctrl】键即可扭曲变形。需要注意的是，物体的旋转中心是可以改变的，如图6-5所示。当鼠标变成，即可移动物体。

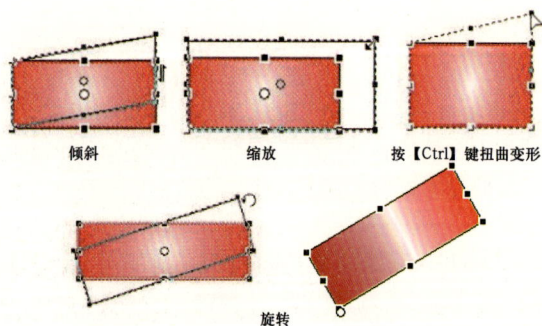

| 倾斜 | 缩放 | 按【Ctrl】键扭曲变形 |

旋转

图6-5　【任意变形工具】的使用效果

选择【任意变形工具】后，选项区中会出现一些

按钮，这些按钮的作用分别是：

贴紧至对象 激活此选项后，当用【任意变形工具】调整的边或节点接近到一定程度时，两个对象将自动连接在一起。

旋转与倾斜 用于对图形进行旋转和倾斜操作。

缩放 用于对图形进行等比缩放操作。

扭曲 用于对图形进行扭曲变形操作，可增强物体的透视效果。

封套 单击此按钮对象周围即可出现8个节点，也会出现相应的手柄，我们可以通过拖动这些控制柄来修改对象，如图6-6所示。

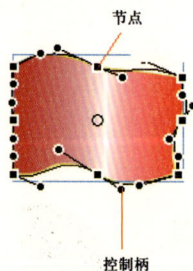

节点

控制柄

图6-6　封套

注意： 这3个按钮很少使用，因为只要分别按住【Shift】、【Ctrl】键，在配合鼠标就可完成这些功能。【扭曲】按钮和【封套】按钮只对矢量图有效，对文字和位图无效，如果想对文字和位图使用只要将其打散后再用。

二、【变形】面板

精确调整对象缩放、倾斜、旋转，我们有以下两种方法：

（一）使用【变形】面板

使用方法是先选中一个图形，然后按【Ctrl】+【T】键打开【变形】面板，如图6-7所示。接着在文本框内输入数值按【Enter】键即可，如图6-8所示。如果想复制出一个变形的图形，按【复制并应用】即可。【变形】面板参数如下：

约束 控制物体的缩放比例，选中【约束】即可等比缩放，反之不能。

旋转 ○ 旋转 控制物体的旋转角度。负值代表逆时针旋转，例如-45°是逆时针转45°；正值代表顺时针旋转，例如45°代表顺时针转45°。

倾斜 ⊙ 倾斜 控制物体的倾斜角度。

3D旋转 在文本框中输入相应的参数，可对影片剪辑实例进行旋转。

3D中心点 该选项用来设置影片剪辑实例的中心点位置。

复制并应用 复制物体并应用变形参数。

重置 使选中的对象恢复到初始状态。

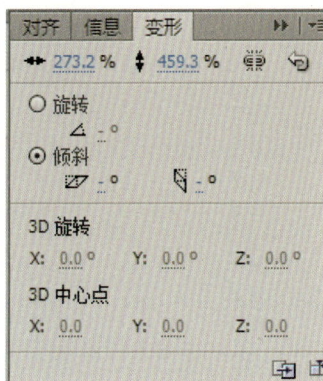

图6-7 【变形】面板

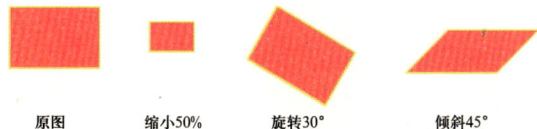

| 原图 | 缩小50% | 旋转30° | 倾斜45° |

图6-8 使用【变形】面板后的效果

（二）使用修改菜单下的变形命令

在【修改】→【变形】菜单下有一些命令也可精确调整对象，选中图形后单击需要的命令即可，如图6-9所示。

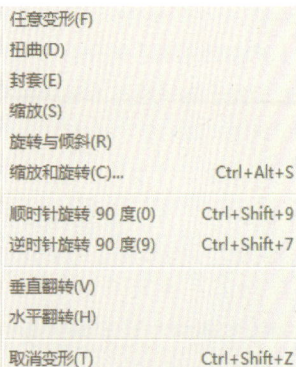

图6-9 变形菜单下面的命令

三、应用举例——制作标志

（一）绘制图形

新建文档，用【线条工具】✎绘制一个图形，然后用【选择工具】对图形进行修改，用【颜料桶工具】上色，最后删掉轮廓，如图6-10所示。

（二）绘制完整标志

使用【任意变形工具】选中图形，修改图形的中心点位置，如图6-11所示。按【Ctrl+【T】键打开【变形】面板，设置参数缩放105%，旋转-45°，单击【复制并应用】按钮，如图6-12所示。

图6-10 图形绘制步骤

图6-11 改变中心点位置

图6-12 【变形】参数与标志最终效果

第三节　3D工具

一、【3D旋转工具】

（一）【3D旋转工具】简介

【3D旋转工具】是通过【3D旋转控件】旋转影片剪辑实例，使其沿X、Y、Z轴旋转，产生一种类似三维空间的透视效果。3D旋转控件由4部分组成，红色代表X轴，绿色代表Y轴，蓝色代表Z轴，最大的橙色控件可以同时沿X和Y轴旋转，中心点位置决定图片旋转的位置，如图6-13所示。

除了使用【3D旋转工具】外，也可以通过【变形】面板实现对影片剪辑的精确旋转。可以在3D旋转区的X、Y、Z框中输入所需要的值来旋转对象。通过3D中心点的X、Y、Z值调整中心点的位置，如图6-14所示。

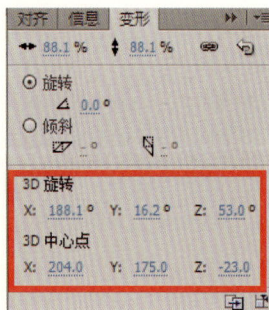

图6-13　3D旋转控件　　图6-14　【变形】面板中的3D参数

（二）全局转换与局部转换

当选择了【3D旋转工具】命令后，在工具箱下的选项栏区增加了一个【全局转换】按钮，与其相对的模式是局部转换。默认模式是全局转换模式。

全局转换　在此模式下旋转方向与舞台相关。
局部转换　在此模式下旋转方向与影片剪辑相关。

二、【3D平移工具】

（一）【3D平移工具】简介

在3D空间中移动对象叫作平移对象，可以使用

【3D平移工具】。当用该工具选中影片剪辑元件后，X、Y、Z三个轴会出现。红色为X轴水平移动，绿色为Y轴上下移动，黑色实心圆点代表Z轴前后移动。将鼠标放到某个轴上，即可移动，如图6-15所示。

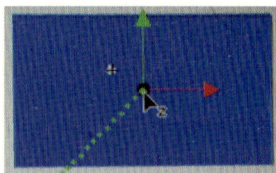

图6-15　3D平移工具

在【3D平移工具】的选项栏中也有【全局转换】和【局部转换】按钮，如图6-16所示。
全局转换　在此模式下移动方向与舞台相关。
局部转换　在此模式下移动方向与影片剪辑相关。

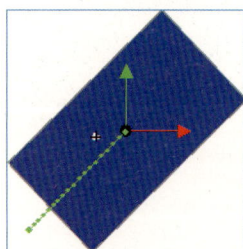
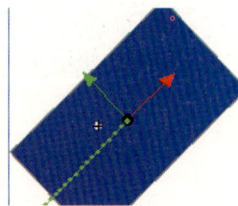

全局转换　　　　　　　　局部转换

图6-16　全局转换与局部转换

（二）【3D平移工具】的属性设置

当用【3D平移工具】选中影片剪辑元件后，在其【属性】面板中会显示以下参数，如图6-17所示。
位置和大小　可以设置影片剪辑元件的位置与大小。

3D定位和查看　精确调整影片剪辑元件在3D空间中所处的位置。

透视角度　设置影片剪辑的透视角度。值大，元件离镜头近；值小，元件离镜头远。

消失点　决定消失点的位置。默认为舞台中心。它影响了Z轴平移对象时的方向。

图6-17 【3D平移工具】的属性参数

三、应用实例——3D旋转

（1）新建Flash文档，设置大小为500×600（像素），如图6-18所示。

（2）按【Ctrl】+【F8】键新建影片剪辑元件，如图6-19所示。

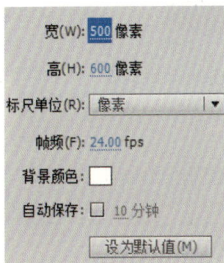

图6-18 新建Flash文档

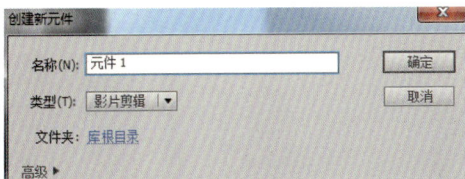

图6-19 创建元件

（3）执行【文件】→【导入】→【导入到库】命令，把选择的图片导入到【库】面板中，然后将图片拖到元件中。按【Ctrl】+【B】键打散图片，删掉多余的部分。在【属性】面板中调整图片的大小为

222×440，如图6-20所示。用同样的方法制作影片剪辑元件2，如图6-21所示。

图6-20 元件1图片尺寸大小

图6-21 元件2

（4）将元件1拖到场景中，选择关键帧，单击鼠标右键，执行【创建补间动画】命令，在第50帧按【F5】键延长动画。选择【3D旋转工具】，按【Ctrl】+【T】键打开【变形】面板，在第25帧调整"3D旋转Y轴"的值为"-180"。在第50帧调整"3D旋转Y轴"的值为"-358"，如图6-22所示。

（5）单击新建图层按钮🗖，建立图层2。移动播放头，当画面转到背面时，如图6-23所示。在图层2按【F7】键建立空白关键帧，把元件2拖到场景中，用【3D旋转工具】旋转元件2，它的角度和元件1角度相同，将其放在元件1的背面，如图6-24所示。

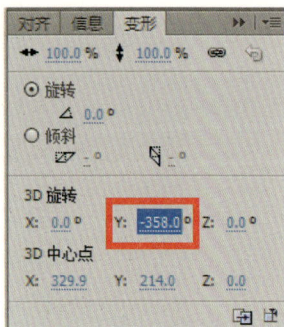

图6-22　调整"3D旋转Y轴"的值　　图6-23　元件1的背面

【创建补间动画】命令。在第40帧按【F5】键使动画延长。在第25帧用【3D旋转工具】旋转元件2，使其角度、位置与元件1一致，效果如图6-25所示。

（7）同样，当元件1再次转到另一面，即第40帧的位置，如图6-26所示。在图层2的第39帧调整元件2的旋转角度、大小与位置，如图6-27所示。

（8）在旋转的时候会发现元件2有穿帮的现象，在穿帮的地方调整元件2的大小与位置添加关键点，如图6-28所示。

（9）按【Ctrl】+【Enter】键测试动画，效果如图6-29所示。

图6-25　第25帧元件2的旋转角度与位置　　图6-26　第40帧元件1旋转的角度　　图6-27　第39帧时元件2旋转的角度

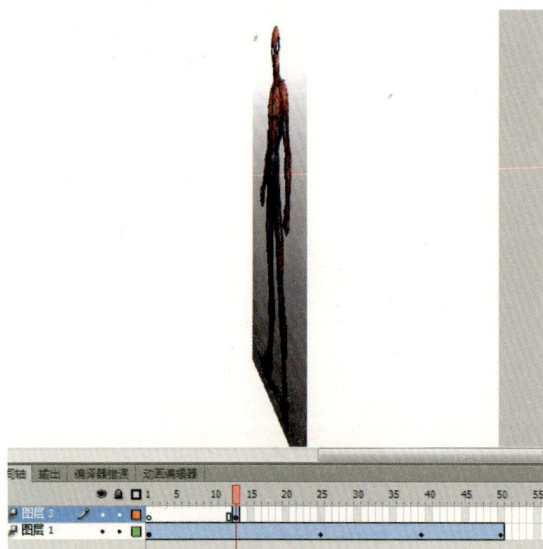

图6-24　在第13帧旋转元件2，并将其放到元件1的背面

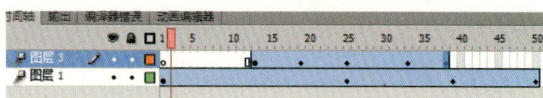

图6-28　时间轴上的调整

（6）选择图层2的关键帧，单击鼠标右键，执行

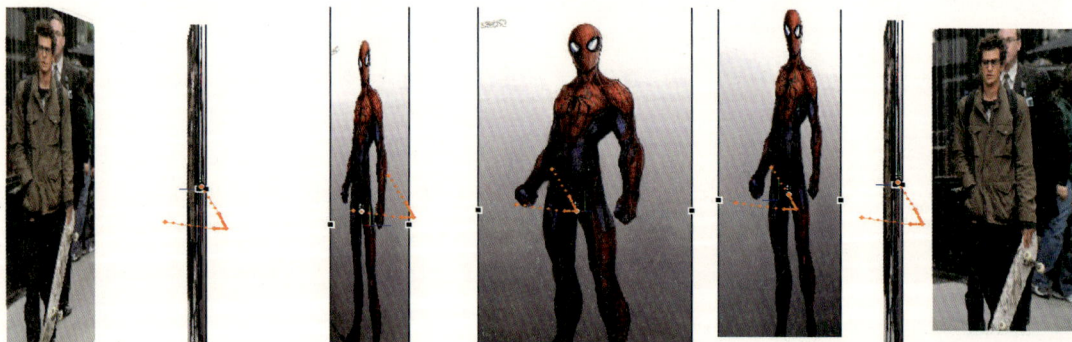

图6-29　动画效果

第四节 【文本工具】

一、文本属性

【文本工具】是用来添加文字的。在场景中单击即可创建文本域，然后输入文本，也可以在场景中拖出一个矩形文本框后再输入文字。文本框的右上角是方框，说明它是固定文本，文字输入到框边后会自动换行，如图6-30所示。如果双击小方框它会变成圆圈，这说明它是延伸文本，我们可以一直输入文字，随着文字的输入，文字框会自动向右延伸，不会自动换行，除非按【Enter】键才会换行，如图6-31所示。

选择【文本工具】后，在其【属性】面板中会出现文字参数设置，如果想要修改文字，要用【文本工具】选中文字后修改才有效，如图6-32所示。【属性】面板参数如图6-33所示。

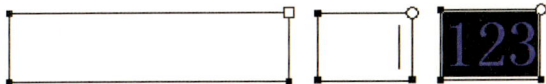

图6-30 固定文本　　图6-31 延伸　　图6-32 选中
文本　　的文字

图6-33 【文本工具】的【属性】面板

文本类型 文字类型共有3种，分别是静态文本、输入文本、动态文本。后两种主要结合脚本语言使用，动画中最常见的是静态文本。

设置文本的排列方向是水平方向排列还是垂直方向排列。

用于设置文字的字体和大小、字间距。

文本颜色 颜色： 单击即可调出一个【颜色】面板，用于设置文字的颜色。

消除锯齿 消除锯齿将对文字做平滑处理，使屏幕上显示的字符边缘更加平滑。

可选 单击它后，在动画播放时，可用鼠标选中文字。

将文本呈现为HTML 该按钮决定【动态文本】与【输入文本】的文字能否使用HTML格式。

在文本周围显示边框 单击该按钮，根据文字大小给文字加边框。注意此命令只对"动态文本"与"输入文本"有效，"静态文本"则不能用。

切换上下标 确定字符位置，方便输入数学公式，例如3^2 3_2。

格式 设置文本段落的对齐方式，依次是左对齐、中间对齐、右对齐、两端对齐。

段落间距 该选项包括【缩进】与【行距】。

缩进 可以调整开头字符与边界之间的距离。

行距 可以调整段落之间的行距。

段落边距 该选项包括【左边距】与【右边距】。

行为 设置段落文本的类型，适用于【动态文本】与【输入文本】。

单行 创建的文本只能单行输入。

多行 创建的文本可以多行输入，并可以自动换行。

多行不换行 可以多行输入，但不可以自动换行，可通过【Enter】键实现换行。

密码 选择该选项，输入的文本以"**"显示。

链接 链接： 选中文字后在此处输入链接的网址。导出文件后，单击文字，便可链接到相应的网址上，成功添加链接的文字在输出后会有虚线显示，如

图6-34、图6-35所示。

FLASH教程

图6-34　成功添加链接

http://www.baidu.com

图6-35　链接到百度

二、文字滤镜

制作一些特殊效果的文字可以通过滤镜来实现，滤镜只适用于文字、影片剪辑和按钮。选择文字后，单击【滤镜】面板上的按钮即可添加滤镜。如要删除滤镜，先选择要删除滤镜再单击按钮即可。这里的滤镜一共包括7种，如图6-36所示。

Text ...　　Text ...　　Text ...
投影效果　　　模糊效果　　　发光效果

Text ...　　Text ...　　Text...
斜角效果　　　渐变发光效果　　渐变斜角效果

图6-36　不同的滤镜效果

投影　可模拟对象向一个表面投影的效果。

模糊　使对象产生模糊效果。

发光　可以为对象的整个边缘应用颜色。

斜角　使对象产生立体感。

渐变发光　可以在发光表面产生带渐变颜色的发光效果。

渐变斜角　应用渐变斜角可以产生一种凸起效果，使得对象看起来好像从背景上凸起，且斜角表面有渐变颜色。

调整颜色　可以设置对象的亮度、饱和度、对比度、色相。

三、文字编辑

在Flash中输入的文字是一个整体，即一个对象，

如图6-37所示。所以我们对这些文字除了【属性】面板的调整，就只可以进行缩放、旋转、倾斜和移动操作。【套索工具】、【橡皮擦工具】、【扭曲工具】、【封套工具】等许多工具都无法使用。如果我们想把文字像图形那样进行各种操作和编辑，就必须对文字进行分离。文字分离的方法是按【Ctrl】+【B】键。文字分离一次可把文字整体分离成相互独立的文字，如图6-38所示。连续文字分离两次，可把文字整体打散成图形，如图6-39所示。把文字打散成图形后，我们可以使用任意一种工具对其进行编辑。

FLASH教程

图6-37　文字整体

FLASH教程

图6-38　文字分离一次

FLASH教程

图6-39　文字分离两次

四、应用实例

（一）制作雪花字

（1）新建文档，设置背景色为黑色。

（2）创建文字。设置前景色为白色，用【文本工具】输入文字。

（3）添加模糊滤镜。打开【文本工具】的【属性】面板，单击【滤镜】按钮后选中文字，再单击【添加滤镜】按钮，在弹出的菜单中选择【模糊】滤镜选项。

（4）设置模糊值。单击一下锁按钮这样就可以只设置Y轴上的模糊值，其Y值为100，X为0，质量为高，如图6-40所示。

（5）复制文字。选中文字，然后按【Ctrl】+【T】键打开【变形】面板，单击【重制选区和变形】按钮复制出一个文字，然后降低Y轴上的模糊

程度，Y轴值为90。用同样的方法再复制文字，每次都降低Y轴的模糊程度，复制10次，Y轴的模糊程度依次为80、70、60、50、40、30、20、10、5、0（复制的次数越多效果越好），效果如图6-41所示。

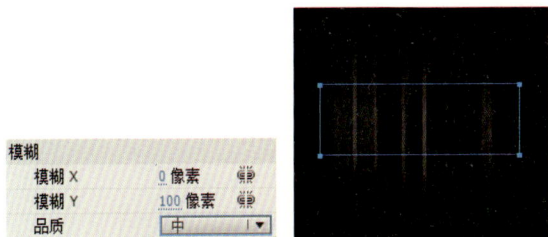
图6-40 【模糊】滤镜与效果

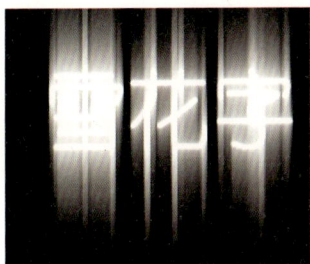
图6-41 最终效果

（二）制作风吹文字动画

（1）新建文档，执行【文件】→【导入】→【导入到库】命令，打开【导入到库】对话框。找到图片的保存位置，如图6-42所示。单击【打开】按钮即可将图片导入到Flash的【库】面板中。

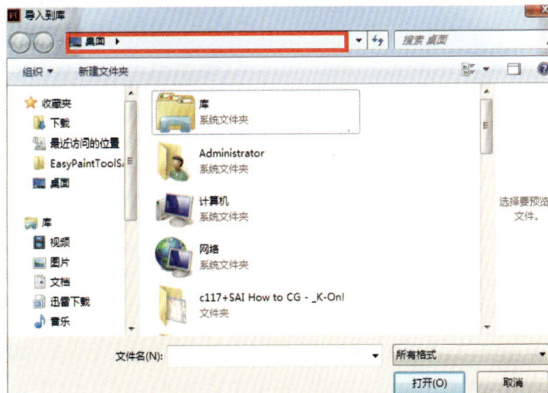
图6-42 【导入到库】对话框

（2）把图片拖到场景中。按【Ctrl】+【L】打开【库】面板，然后将图片拖到场景中，并调整图片大小。

（3）绘制文字。单击按钮新建图层2，选择【文本工具】，在图层2上输入文字"风吹文字"。然后按【Ctrl】+【B】键打散文字，如图6-43所示。选中文字，执行【修改】→【时间轴】→【分散到图层】命令，如图6-44所示。

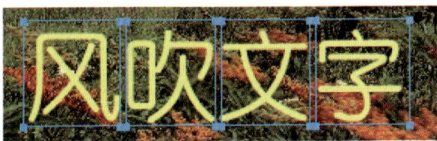
图6-43 打散文字

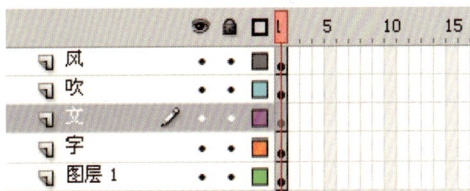
图6-44 将文字分散到各个图层

（4）创建文字补间动画。选择"风"的第20帧处按【F6】键插入关键帧，然后创建传统补间动画。其他3个文字层也做相同的处理，如图6-45所示。

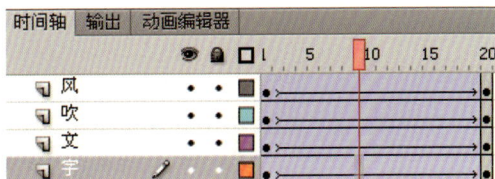
图6-45 时间轴

（5）制作文字动画。选择"风"层的第1帧，用【选择工具】把"风"字拖到场外，用【任意变形工具】把文字旋转一下，如图6-46所示。然后在第10帧处按【F6】键添加一个关键帧，再用【任意变形工具】把文字进行垂直翻转，这样"风"字的动画制作完成，如图6-47所示。用同样的方法制作"吹"字、"文"字、"字"字的动画，如图6-48所示。

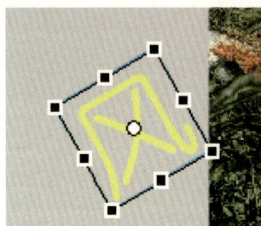

图6-46　第1帧　　　　　图6-47　第10帧

图6-48　时间轴①

（6）时间的修改。按【Shift】键选中"吹"字的前20帧，然后用鼠标往后拖到第21帧处，同样把"文"字的前20帧选中后往后拖到第41帧处，"字"字的前20帧拖到第61帧处，然后再同时选中这5个图层的第100帧，按【F5】键使动画延续，如图6-49所示。

（7）【Ctrl】+【Enter】键测试动画。

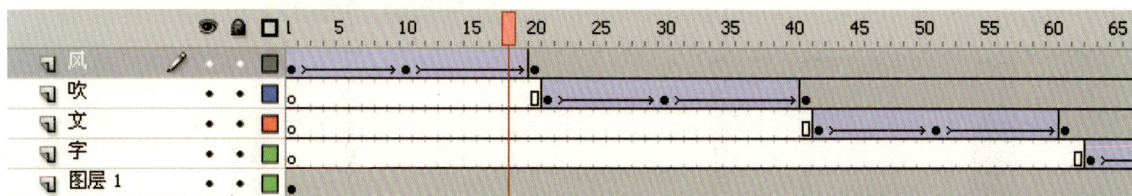

图6-49　时间轴②

第五节　图形的管理

在制作Flash动画时，如果创建了多个图形，我们可以通过【排列与对齐】命令来调整图形的顺序与位置。

一、排列

图形排列顺序与创建的先后有关，后创建的图形会在前一个图形的上端。如果想要修改图形的先后顺序，可以通过【修改】→【排列】命令来改变图形排列的顺序，如图6-50、图6-51所示。

图6-51　排列效果

二、对齐

对图形进行对齐操作有两种方法：一种是通过【对齐】面板（快捷键是【Ctrl】+【K】），如图6-52所示；另一种是通过【修改】→【对齐】命令，如图6-53所示。

图6-50　排列命令

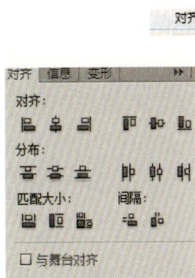

图6-52 【对齐】面板   图6-53 【对齐】命令

对齐 有6种方式，分别是左对齐、水平居中对齐、右对齐、顶对齐、垂直居中对齐、底对齐。

分布 有6种方式，分别是水平间距相等、水平中心间距相等、底部间距相等、垂直左端间距相等、垂直中心间距相等、垂直右端间距相等。

匹配大小 用来调整图形的大小，使所有对象水平和垂直的尺寸与所选的最大尺寸一致。

间隔 使所选对象在垂直方向或水平方向间隔相等，如图6-54所示。

与舞台对齐 是否相对于舞台进行操作。

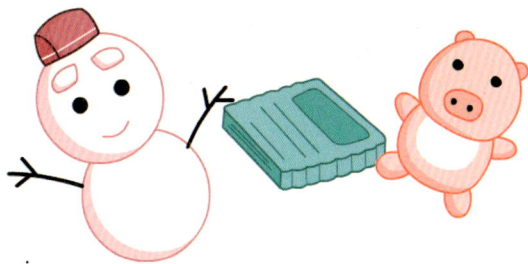

图6-54 使用【水平中齐】与【水平平均间隔】的效果

第六节 装饰绘画工具

一、【喷涂刷工具】

（一）【喷涂刷工具】的【属性】面板

使用【喷涂刷工具】可以一次性将形状图案刷到场景中，也可以将影片剪辑或图形元件作为图案进行喷绘。【喷涂刷工具】的【属性】面板如图6-55所示。

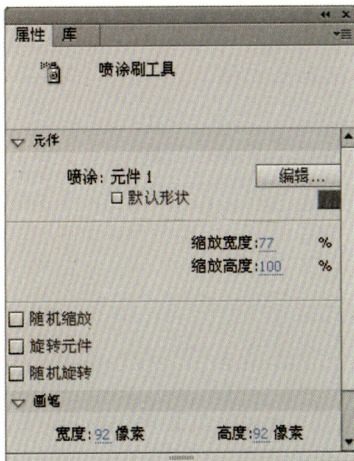

图6-55 【喷涂刷工具】的【属性】面板

编辑 用来设置喷涂刷所喷的图形，单击该按钮，就会弹出【选择元件】对话框，如图6-56所示。从对话框中选择元件或影片剪辑作为喷涂刷的粒子。元件的名字会显示在【属性】面板中。

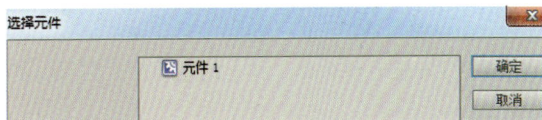

图6-56 【选择元件】对话框

默认形状 默认使用黑色圆点作为喷涂的基本图形，单击后面的色块可以设置基本图形的颜色。

缩放宽度/高度 用来设置喷涂的基本图形的宽度与高度。如果用的是自定义元件作为喷涂的基本图形，同样可以调整元件的宽度与高度，如图6-57所示。

随机缩放 勾选该选项，可以随机缩放喷涂的基本图形大小。

旋转元件 勾选该选项，根据鼠标移动的方向，旋转喷涂基本图形。

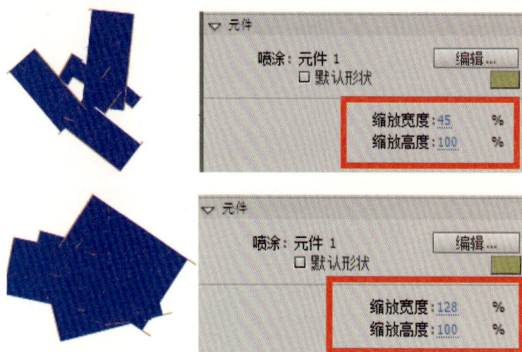
图6-57 不同缩放值效果

随机旋转 勾选该选项，可以随机旋转喷涂基本图形。

画笔宽度/高度 用来调整喷涂的画笔范围大小，如图6-58所示。

画笔的角度 调整画笔的角度，当画笔的长度不同时，此项有实际意义，如图6-59所示。

图6-58 不同参数的画笔效果

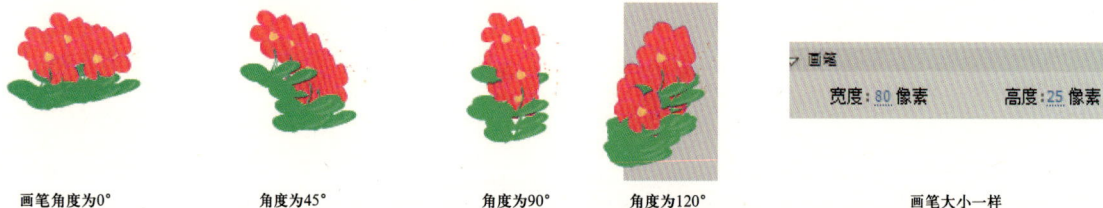

画笔角度为0°　　　　角度为45°　　　　角度为90°　　　角度为120°　　　　画笔大小一样

图6-59 参数一样，角度不同的画笔效果

（二）【喷涂刷工具】的使用

【喷涂刷工具】的使用方法如下：

（1）新建图形元件，绘制一个图形水泡，如图6-60所示。

（2）单击【喷涂刷工具】的【属性】面板的【编辑】命令，添加水泡元件。

（3）设置【喷涂刷工具】的【属性】面板，如图6-61所示。

（4）在画面中单击拖动，如图6-62所示。

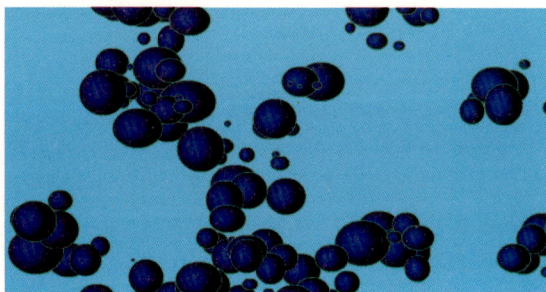
图6-62 水泡效果

二、【Deco工具】

【Deco工具】是装饰性绘画工具，使用它可以将创建的图形转换成复杂的几何图案。【Deco工具】与【喷涂刷工具】相似，都要创建基本图形，即"图形元件"或"影片剪辑元件"，然后单击即可。【Deco工具】的【属性】面板如图6-63所示。

Flash一共提供了13种绘制效果，如图6-64所示。

高级选项 随着选项的不同而显示出相应的选项，通过设置该选项可以实现不同的绘制效果。

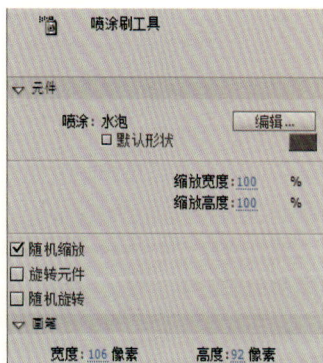
图6-60 水泡元件　　图6-61 【喷涂刷工具】的【属性】面板

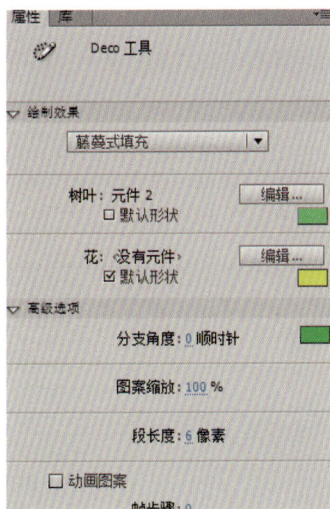

图6-63 【Deco工具】的【属性】面板　图6-64 不同的绘制效果

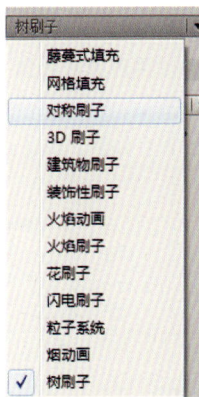

分支角度　用来设置连接树叶与花的茎的角度与颜色。注意更改角度后，有可能无法显示出花朵的情况。

图案缩放　设置基本图形的大小，如图6-67所示。

图案缩放50%　　　　　图案缩放100%

图6-67 设置不同的图案缩放效果

（一）藤蔓式填充

【Deco工具】的默认绘制模式是藤蔓式填充，可以用这种图案填充场景、封闭的区域与元件，如图6-65所示。

段长度　设置叶子节点与花节点之间的长度。

动画图案　勾选该选项可以把填充图案变成逐帧动画。

帧步数　设置动画效果每秒几帧。帧数少，动画慢；帧数多，动画快。

（二）网格填充

网格填充效果可创建棋盘图案、平铺背景或用自定义图案进行区域填充。网格填充的默认元件是25×25（像素）的黑色矩形形状，效果如图6-68所示。可以从【库】面板中选择元件，替换成自己设计的图案。这种图案可填充在场景、封闭的区域与元件中。【网格填充】的【属性】面板如图6-69所示。

编辑　单击【编辑】按钮，然后从【库】面板中选择自定义的元件，最多可有4个元件参与填充，填充是按照从左到右的顺序依次填充。单击【编辑】按钮下方的颜色块，可以设置它们的颜色，如图6-70所示。

在封闭区域中填充　　　　在场景中填充

图6-65 在不同的区域填充

编辑　用来设置藤蔓式填充的造型。单击【编辑】命令，然后从【库】面板中选择设计好的树叶或花的元件即可进行替换，如图6-66所示。

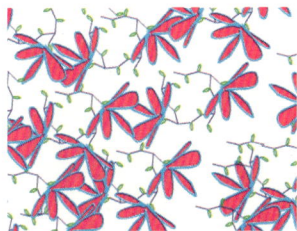

图6-66 用设计好的元件进行填充

图6-68 网格填充默认效果

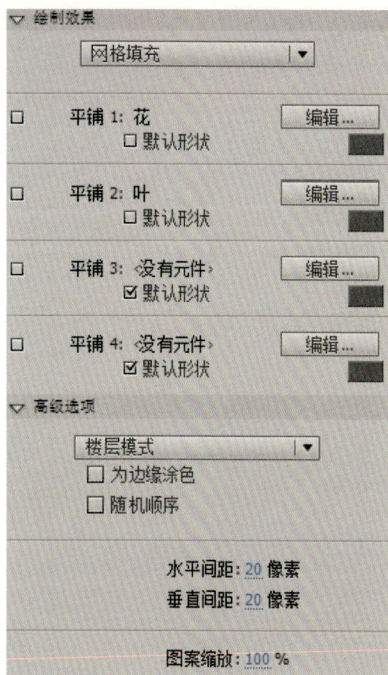
图6-69 【网格填充】的【属性】面板

图6-70 网格填充效果

网格布局 该列表提供了3种填充方式，分别是平铺图案、砖形图案、楼层图案。其中，平铺图案模式是以简单的网格模式排列元件。砖形图案模式是以水平偏移网格模式排列元件。楼层图案模式是以水平和垂直偏移网格模式排列元件。

为边缘涂色 选择该选项后，可以使填充与包含的元件、形状或舞台的边缘重叠。

随机顺序 允许元件在网格内随机分布。

水平/垂直间距 可以指定元件之间的水平间距、垂直间距。

图案缩放 可以指定元件之间的缩放比例。

（三）对称刷子

对称刷子可以使图形围绕中心点对称排列。在舞台上绘制图形时，将显示一组手柄。可以通过手柄增加图形数量，如图6-71所示。使用对称刷子可以创建圆形用户界面元素（如模拟钟面或刻度盘仪表）和圆形图案。对称刷子效果的默认元件是25×25（像素）的黑色矩形。其【属性】面板如图6-72所示。

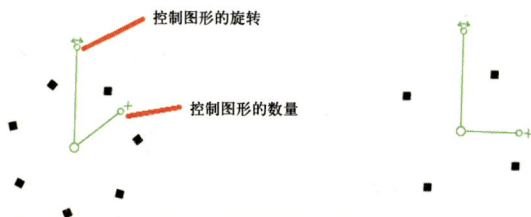
图6-71 对称刷子的控制柄

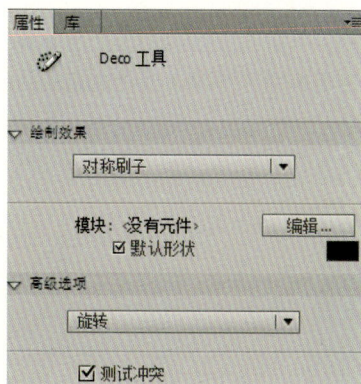
图6-72 对称刷子的【属性】面板

编辑 单击【编辑】按钮，然后从【库】面板中选择自定义的元件进行填充。在使用默认形状时，可以通过【编辑】按钮下方的颜色块选择合适的颜色，如图6-73所示。

图6-73 用自己设置的元件进行填充

对称方式   Flash为用户提供了4种对称方式，如图6-74、6-75所示。跨线反射是以指定的线条等距离对称放置形状。跨点反射是围绕指定的固定点等距离放置两个形状。旋转是图形围绕用户指定的固定点旋转放置图形。默认参考点是对称的中心点。若要围绕中心点旋转对象，可按控制柄进行拖动。若要增加图形数量，可按控制柄进行拖动。网格平移主要用于创建网格，单击即可创建网格，通过拖动X和Y坐标可调整形状的高度和宽度，如图6-76所示。

图6-74 对称方式面板

跨线反射   跨点反射   旋转   网格平移

图6-75 对称方式效果图

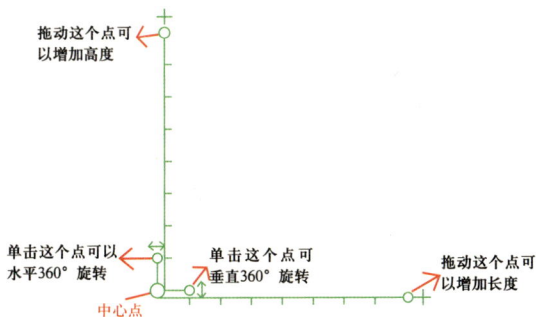

拖动这个点可以增加高度

单击这个点可以水平360°旋转   单击这个点可垂直360°旋转   拖动这个点可以增加长度

中心点

图6-76 坐标

测试冲突   不管如何增加对称效果数量，选择这个命令可防止绘制的形状相互冲突。取消选择此选项后，形状会有重叠。

（四）3D刷子

单击拖动3D刷子就可以实现3D透视效果。Flash通过在舞台顶部绘制缩小元件，在舞台底部绘制放大元件来创建3D透视效果的。3D刷子的【属性】面板如图6-77所示。

编辑   用户可以自定义4个元件参与填充。单击【编辑】按钮，然后从【库】面板中选择自定义的元件进行填充。在使用默认形状时，可以通过【编辑】按钮下方的颜色块选择合适的颜色，如图6-78所示。

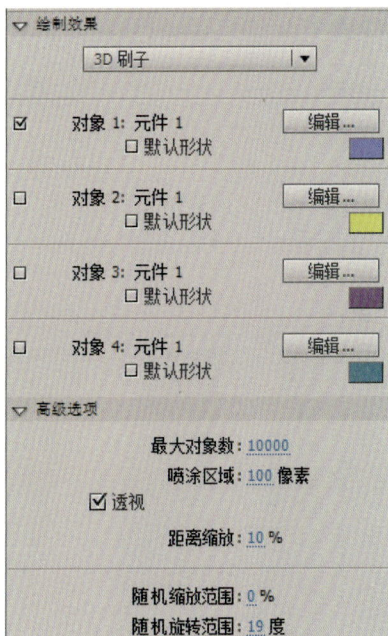

图6-77 3D刷子的【属性】面板

图6-78 3D刷子效果

最大对象数   设置要涂色对象的最大数目。如果设置为5，就只能绘制5个图形，默认为1万。

喷涂区域   设置喷涂范围，如图6-79所示。

透视   勾选该选项可实现3D效果；取消该选项，

图形大小将一致。

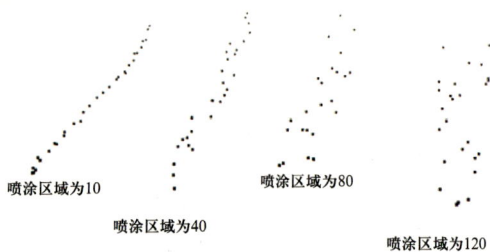

图6-79 喷涂区域的不同参数设置

距离缩放 此属性可确定3D透视效果。此值决定由上向下移动鼠标产生的图形缩放效果，如图6-80所示。

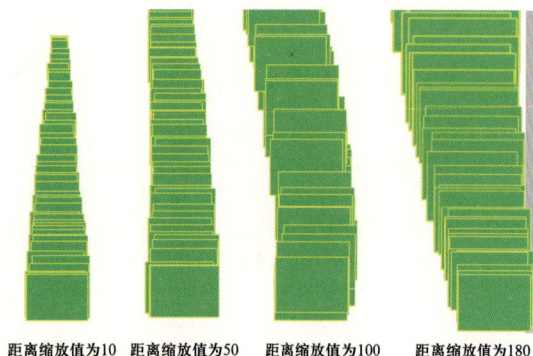

图6-80 不同距离缩放值参数效果

随机缩放范围 该值随机确定图形的缩放。值越大缩放越明显。

随机旋转范围 该属性随机确定图形的旋转。增加值旋转角度也将增大。

（五）建筑物刷子

使用"建筑物刷子"效果可以在舞台上绘制建筑物。建筑物的外观取决于建筑物设置的属性值。

（1）选择【Deco工具】，在其【属性】面板中的【绘制效果】栏下拉菜单中选择【建筑物刷子】，然后在选择建筑物。从建筑物底部的位置开始拖动光标，直到达到用户希望的建筑物高度。【建筑物大小】的值决定建筑物的宽度。值越大，创建的建筑物越宽。如图6-81、图6-82所示。

（六）装饰性刷子

用户单击并拖动鼠标可以绘制不同效果的装饰线，如点线、波浪线及其他线条，为作品锦上添花。

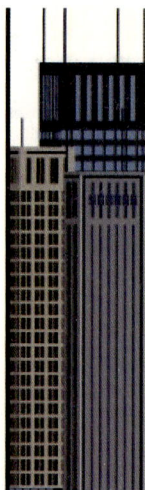

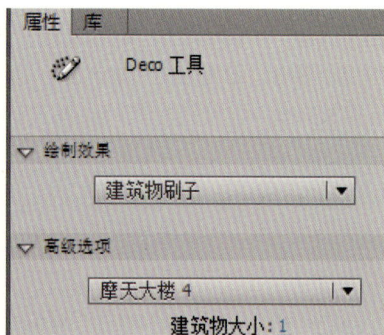

图6-81 创建建筑物　　图6-82 【Deco工具】的【属性】面板

在【Deco工具】的【属性】面板中的【绘制效果】栏的下拉菜单中选择【装饰性刷子】，然后再选择装饰样式。在舞台上单击拖动鼠标即可绘制装饰线条，如图6-83所示。其【属性】面板如图6-84所示。

图6-83 不同线条效果

图6-84 装饰性刷子的【属性】面板

线条样式 Flash为用户提供了20种线条样式，如梯波形、波型虚线等。

图案颜色 设置线条的颜色。

图案大小 决定所选图案的大小。

图案宽度 决定所选图案的宽度。

（七）火焰动画

单击拖动鼠标就可以创建程式化的逐帧火焰动画。其【属性】面板如图6-85所示。最好将动画置于元件中，如影片剪辑元件。

火大小 设置火焰的宽度和高度。值越大，创建的火焰越大。

火速 设置动画的速度。值越大，创建的火焰速度越快。

火持续时间 决定火焰动画的时间。其单位为帧。

结束动画 选择该选项可创建火焰燃尽而不是持续燃烧的动画。Flash会在指定的火焰持续时间后添加其他帧以造成燃尽效果。如果要循环播动画，请不要选择该选项。

火焰颜色 指火苗的颜色。

火焰心颜色 指火焰底部的颜色。

火花 指火源底部各个火焰的数量。

（八）火焰刷子

单击拖动就可以在当前帧中绘制静态火焰。其【属性】面板如图6-86所示。

图6-85 火焰动画的【属性】面板　图6-86 火焰刷子【属性】面板

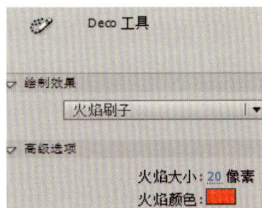

火焰大小 用于设置火焰的宽度和高度。值越大，创建的火焰越大。

火焰颜色 指火焰中心的颜色。在绘制时，火焰从选定颜色变为黑色。

（九）花刷子

单击拖动鼠标就可以在当前帧中绘制花朵，如图6-87所示。其【属性】面板如图6-88所示。

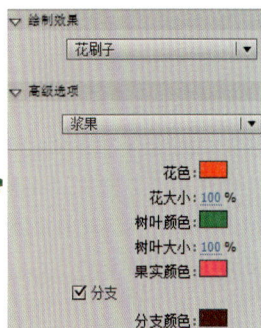

图6-87 花刷子效果　图 6-88 花刷子的【属性】面板

花色 花的颜色。

花大小 设置花的宽度和高度。值越大，创建的花越大。

树叶颜色 设置叶子的颜色。

树叶大小 设置叶子的宽度和高度。值越大，创建的叶子越大。

果实颜色 设置果实的颜色。

分支 选择该选项可绘制花和叶子之外的分支。

分支颜色 设置分支的颜色。

（十）闪电刷子

选中闪电刷子后，单击拖动鼠标，用户可以自由的创建闪电，还可以创建具有动画效果的闪电如图6-89所示。最好将火焰动画置于元件中。例如影片剪辑元件。其【属性】面板如图6-90所示。

图6-89 闪电效果　图6-90 闪电刷子的【属性】面板

闪电颜色 设置闪电的颜色。

闪电大小 设置闪电的长度。

动画 借助此选项用户可以创建闪电的逐帧动画。

光束宽度 设置闪电根部的粗细。

复杂性 设置每支闪电的分支数。值越高，创建的闪电越长，分支越多。

（十一）粒子系统

选中粒子系统后，单击即可创建逐帧动画的粒子效果，如图6-91所示。用户可以单击【编辑】按钮，在弹出的【选择元件】对话框中选择元件创建火、烟、水、气泡及其他效果的粒子动画，其【属性】面板如图6-92所示。

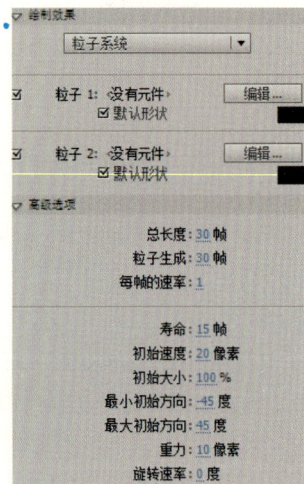

图6-91 粒子效果　　图6-92 粒子系统的【属性】面板

粒子1、2 用户可以分配两个元件作为粒子。如果未指定元件，将使用一个黑色的小正方形。通过正确地选择图形，可以生成非常有趣且逼真的效果。

总长度 设置粒子动画的时间长度（以帧为单位）。

粒子生成 设置生成粒子的数目。

每帧的速率 设置每一帧生成的粒子数，如图6-93所示。

寿命 设置单个粒子在"舞台"上可见的帧数。

初始速度 设置每个粒子在开始时移动的速度。速度单位是像素/帧。

初始大小 设置每个粒子在开始时的大小。

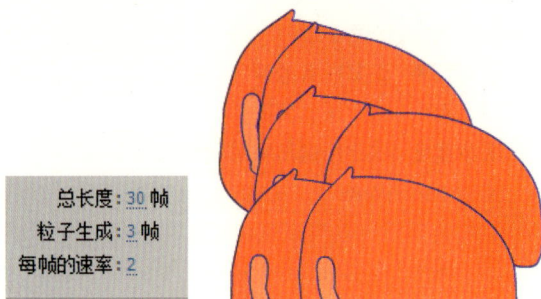

图6-93 一个"心"元件，生成3次，每帧生成2个粒子，共6个

最小初始方向 设置每个粒子在其寿命开始时可能移动方向的最小范围。测量单位是度。0表示向上；90表示向右；180表示向下，270表示向左，360也表示向上。允许使用负数。

最大初始方向 设置每个粒子在其寿命开始时可能移动方向的最大范围。测量单位是度。0表示向上；90表示向右；180表示向下，270表示向左，360也表示向上。允许使用负数。

重力效果 当此数字为正数时，粒子方向更改为向下并且其速度会增加；如果重力是负数，则粒子方向更改为向上。

旋转速率 每个粒子的每帧旋转角度。

（十二）烟动画

选中烟动画后，单击拖动鼠标即可创建逐帧烟动画。在多数情况下，最好将烟动画置于元件中，例如影片剪辑元件，如图6-94所示。其【属性】面板如图6-95所示。

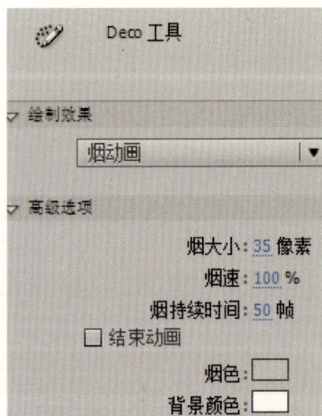

图6-94 烟效果　　图6-95 烟动画【属性】面板

烟大小 设置烟的宽度和高度。值越高，创建的火焰越大。

烟速 决定动画的速度。值越大，创建的烟越快。

烟持续时间 设置冒烟动画的时间长度。

结束动画 选择该选项可创建烟消散而不是持续冒烟的动画。Flash会在指定的烟持续时间后添加其他帧以造成消散效果。如果要制作循环播放动画，请不要选择该选项。

烟色 设置烟的颜色。

背景色 设置烟的背景色。烟在消散后更改为此颜色。

（十三）树刷子

选中树刷子后，单击拖动鼠标就可以自由创建树状插图，拖动操作创建大型分支，将光标停留在一个位置创建较小的分支，如图6-96所示。其【属性】面板如图6-97所示。

树样式 要创建的树的种类。每个树样式都以实际的树种为基础。

树比例 设置树的大小。值必须在 75 — 100 之间。值越高，创建的树越大。

分支颜色 设置树干的颜色。

树叶颜色 设置叶子的颜色。

花/果实颜色 设置花和果实的颜色。

图6-96 树刷子效果

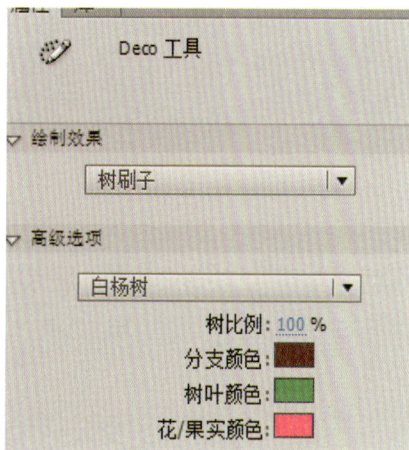

图6-97 树刷子的【属性】面板

课后习题

一、填空题

（1）Flash文本可分为3种类型：_____、_____和_____。

（2）滤镜适用于_____、_____、_____。

（3）【变形】面板的快捷键是_____。

（4）在使用【任意变形工具】时，按_____键可使物体沿中心缩放；按_____键可使物体等比例缩放；按_____键可使物体扭曲变形。

二、制作题

（1）使用【变形】面板制作蜘蛛网和雪花，如图6-98所示。

（2）制作如图6-99所示的四幅彩色文字。（提示把文字打散成图形后再制作）

（3）制作如图6-100所示的标志。(提示：建立影片剪辑，然后在使用斜角滤镜)

图6-98　蜘蛛网和雪花

图6-99　制作彩色文字

图6-100　制作标志

第七章
库、元件、实例的介绍

Flash动画制作中要用到多种资源，如声音、位图、视频和元件等。元件是Flash动画制作中的重要工具和有力武器，使用元件能提高图形、按钮、影片等对象的重复使用率，并尽可能地压缩动画，一些特殊的动画效果离开元件也无法实现。为了便于管理元件和其他资源，Flash引入了库这个概念，本章将围绕元件与库资源展开，重点介绍各种元件在动画制作中的使用。

第一节　库的使用

一、认识库

在Flash中，所有可以重复使用的元素都放在库中。这些可以重复使用的元素包括从外部导入的图像、声音，在Flash中创建的图形元件、按钮元件以及影片剪辑元件。库是存放素材的地方，又是资源共享的场所。

（一）公用库

执行【窗口】→【公用库】命令，可以打开系统提供的公用库，如图7-1所示。

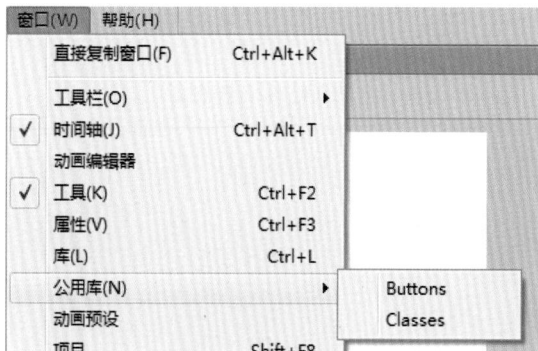

图7-1　打开【公用库】

Flash公用库中包括已经设计制作好的按钮、学习交互以及类的实例。我们可以直接将公用库中的元素拖到舞台上来使用它们或学习制作的方法。

（二）建立自己的素材库

常使用Flash，会有一些经常用到的素材如声音需要反复导入操作。那么在使用声音等素材时像使用公用库里的素材一样便利呢？其实，我们不仅可以使用公用库里的素材，还可以建立自己的声音库、图像库等。下面通过实例来学习建立的方法。

（1）收集需要用的声音文件（MP3格式）。

（2）新建一个Flash文档，执行【文件】→【导入】→【导入到库】命令，将声音文件导入到文件库中，将该Flash文档命名为"声音.fla"，然后关闭文档。

（3）把"声音.fla"文件复制到Flash的安装目录下，如"c\Program Files\Adobe Flash CS6\zh_CN\Configuration\Libraies"。

（4）关闭Flash然后重新启动Flash，新建文档，打开公用库，就会看到新增加的公用库文件了。

用此方法可以建立其他素材库，如背景图片库、背景音乐库、组件库等。有了这样的素材库，以后制作Flash动画就方便快捷多了。

（三）库

每个Flash文件都含有一个元件库，用于存放动画中的元件、图片、声音和视频等文件。由于每个动画使用的素材和元件不同，因此【库】面板中的内容也不相同。在【库】面板中选中一个元件时，在【库】面板预览窗口中将显示元件的内容，如图7-2所示。

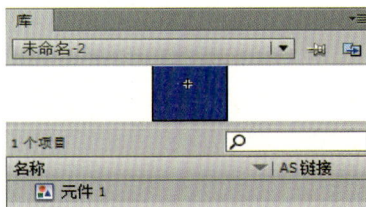

图7-2 【库】面板

二、管理库

当制作大文件时，【库】中的元件会越来越多，因而显得杂乱无章，这时就需要对这些资源进行管理。【库】面板中有许多命令按钮，Flash就是通过这些命令按钮来管理资源的。

新建元件 单击该按钮将打开【创建新元件】对话框。

新建文件夹 单击该按钮将创建一个文件夹，可以把类别相同的元件放在该文件夹。

元件属性 单击该按钮将打开【元件属性】对话框，可以对元件的名称、类型及内容进行修改。

回收站 单击该按钮可将【库】面板中选中的元件或文件夹删除。

三、导入到库

在动画制作过程中，需要一些已有的图片、声音或视频等素材，可以将所需要的素材等入到库中备用，下面以导入图片为例介绍如何将素材导入到Flash动画中。

（1）新建一个Flash文档，执行【文件】→【导入】→【导入到库】命令，打开【导入到库】对话框。

（2）找到"小狗"存放的位置，如图7-3所示。

（3）单击【打开】按钮即可将位图素材导入到Flash的【库】面板中，如图7-4所示。

可用同样的方法把其他类型的素材导入到【库】面板中备用。

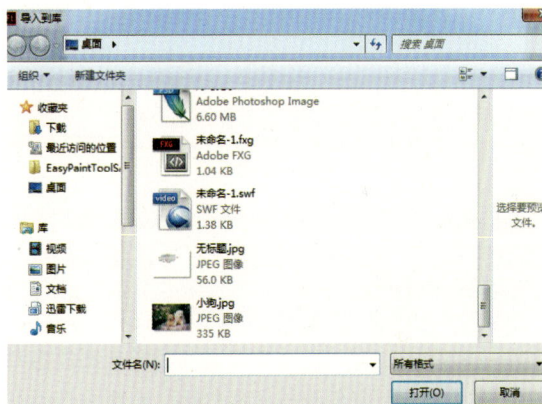

图7-3 【导入到库】对话框

图7-4 导入的图片

第二节 元件

一、元件概述

元件是一些可以重复使用的图像，动画或按钮，它们被放在【库】面板中。元件是构成动画的基础，可以重复使用，不必反复制作相同的对象。每个元件都有一个单独的时间轴、舞台和图层。Flash元件有3种类型：图形元件、影片剪辑元件和按钮元件。

（一）图形元件

图形元件是制作动画的基本元之一，用于创建可反复使用的静态图形或与时间轴关联的动画片段。它可以是静止的图片，也可以是由多个帧组成的动画。不能给图形元件的实例设置名称，因此也不能用ActionScript语句对图形元件进行控制。图形元件也不能使用混合技术及滤镜效果，但可以通过【颜色】选项对亮度、色调、透明度进行设置，如图7-5所示。

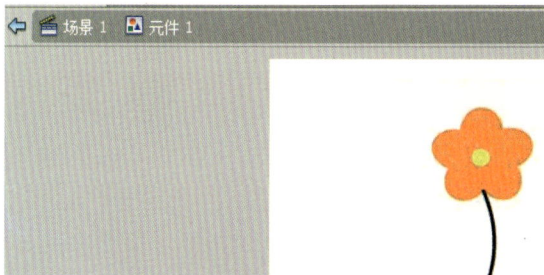

图7-5 图形元件

（二）影片剪辑元件

影片剪辑元件是制作动画最重要的元件，是动画中的动画。它有自己的时间轴，而且不受主时间轴的控制。它可以包含交互组件、图形、声音或其他影片剪辑实例。当播放主动画时，影片剪辑元件也在循环播放。影片剪辑元件的实例可以设置名称，可以用ActionScript语句对其进行控制。在影片剪辑元件的时间轴上的关键帧也可以包含程序代码。影片剪辑元件也可以通过【颜色】选项对亮度、色调、透明度进行设置，还可以应用混合技术及滤镜效果，如图7-6所示。

图7-6 影片剪辑元件

（三）按钮元件

按钮元件用于创建交互式控制按钮，可以感知并响应鼠标的动作。按钮元件的时间轴上有4个帧，包括"弹起"、"指针经过"、"按下"和"点击"，它们的作用分别如下：

弹起 鼠标指针没有移到按钮上时的按钮状态。

指针经过 鼠标指针移到按钮上时的按钮状态。

按下 鼠标单击按钮时的按钮状态。

点击 鼠标事件的响应范围。如果按钮没有设置"点击"状态的区域，则鼠标事件的响应范围由"弹起"状态的按钮外观区域决定。"点击"帧的图形不在影片中显示出来。

按钮元件与影片剪辑元件一样是可以指定实例名称，以便在程序中调用。它还可以通过【颜色】选项对亮度、色调、透明度进行设置。按钮元件可以嵌套在影片剪辑和图片元件，也可以包含文件和声音。按钮元件与影片剪辑元件不同的是语句不能加在按钮元件的时间轴上，如图7-7所示。

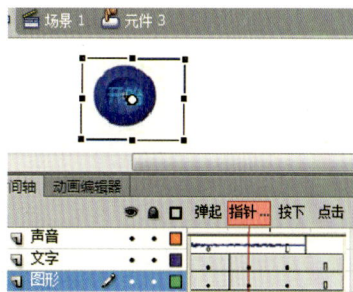

图7-7 一个声文并茂的控制按钮

二、元件创建与编辑

在Flash动画的制作过程中，当某一元素需要重复使用时，用户可以通过创建元件提高工作效率，并减小文件的大小。不同类型的元件的创建方法是相同的。

（一）创建图形元件

（1）执行【文件】→【新建】命令，创建一个新文档。

（2）执行【插入】→【新建元件】命令或按【Ctrl】+【F8】键，打开【新建元件】对话框。

（3）在对话框中确认元件类型，在【名称】文本框中输入名称后单击【确定】按钮，如图7-8所示。

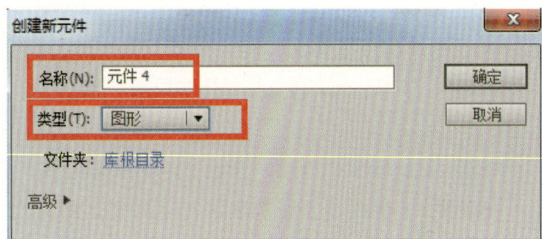

图7-8 【创建新元件】对话框

（4）单击【确定】按钮后，Flash将自动进入元件的编辑模式，我们可以在编辑模式下绘制图形。

（5）制作完成后，单击编辑栏上的【场景1】按钮，返回到场景中。

默认情况下，如果没有对元件进行命名，Flash将使用"元件1"、"元件2"名称自动命名。如果Flash作品需要使用大量的元件，最好给每个元件单独命名，以避免混淆。

（二）创建影片剪辑

创建"行走的人"影片剪辑元件，操作步骤如下：

（1）执行【文件】→【新建】命令，创建一个500×800（像素）的新文档。

（2）执行【文件】→【导入】→【导入到库】命令，在打开的【导入到库】对话框中选择准备好的图片，然后单击【打开】按钮将图片导入到【库】面板中。

（3）执行【插入】→【新建元件】命令，打开【创建新元件】对话框，在【名称】中输入"人"，

在【类型】中选择【影片剪辑】。单击【确定】按钮进入影片剪辑"人"的编辑窗口,如图7-9所示。

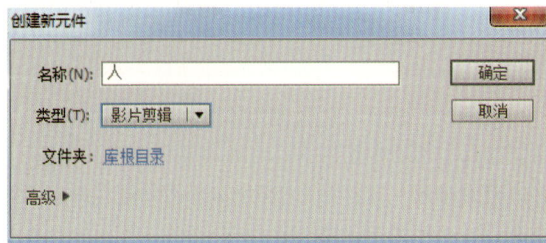

图7-9 【创建新元件】对话框

（4）选中【库】面板中的位图"人"，然后用鼠标将其拖到舞台中。选中"人"实例，打开【对齐】面板，单击【相对于舞台】按钮，然后单击【水平居中】和【垂直居中】两个按钮，如图7-10所示。

图7-10 编辑影片剪辑元件

（5）在时间轴的第2帧按下【F7】键插入一个空白关键帧，将位图"人"从【库】面板中拖到舞台中央，重复步骤（4），调整实例的位置使其也位于工作区的中央。继续在第3帧处按【F7】键插入空白关键帧，将位图"人"从【库】面板中拖到舞台中央，再在第4帧按【F7】键插入空白关键帧，将位图"人"从【库】面板中拖到舞台中央，并依次修改位置，如图7-11所示。

图7-11　影片剪辑元件编辑区

（6）单击【场景1】图标，切换到主场景，将制作好的影片剪辑元件"人"从【库】面板中拖到舞台中心。

（7）按【Ctrl】+【Enter】键测试动画，小人开始走动。

（三）按钮的创建

（1）执行【文件】→【新建】命令，创建一个新文档。

（2）执行【插入】→【新建元件】命令或按【Ctrl】+【F8】键，打开【创建新元件】对话框。

（3）在对话框中设置元件【类型】为【按钮】，在【名称】文本框中输入名称后单击【确定】按钮，如图7-12所示。

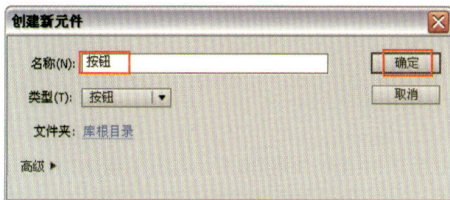

图7-12　【创建新元件】对话框

（4）单击 **确定** 按钮后，Flash将自动进入按钮的编辑模式。在"弹起"、"指针经过"、"按下"帧中分别绘制图形，如图7-13所示。

（5）按钮元件绘制完成后，单击【场景1】图标，退出元件编辑模式。把按钮拖到场景中按【Ctrl】+

【Enter】键发布动画。

| 弹起 | 指针经过 | 按下 |

图7-13　按钮各帧的状态

（四）元件编辑

创建好的元件可能需要修改，我们可以使用如下方法对元件进行编辑：

（1）双击【库】面板中需要修改的元件，即可进入元件编辑窗口。

（2）把需要修改的元件拖到舞台上，然后用鼠标选中，单击鼠标右键，在弹出的菜单中选择【编辑】选项，也可进入到元件的编辑窗口。

（3）元件编辑完后，单击【场景1】图标，退出元件编辑模式。

三、元件的转化

（一）将对象转换为元件

如果有一些好的图片，我们可以把它们转化为元件重复使用，转换元件的步骤如下：

（1）执行【文件】→【导入 】→【导入到舞台"的命令把选择好的图片导入到舞台。

（2）选中舞台工作区中的对象。执行【修改】→【转换为元件】命令或直接按【F8】键键调出【转换为元件】对话框，如图7-14所示。

图7-14　【转换为元件】对话框

（3）在【名称】中输入名字，在【类型】中选择图形元件，单击█小方块，调整元件的中心坐标位置，最后单击【确定】按钮，即可将对象转换为元件。

例如将绘制完成的"沙发"转换成图形元件。操作步骤如下：

（1）执行【文件】→【新建】命令，创建一个新文档。

（2）利用绘图工具和填充工具绘制沙发，如图7-15所示。

图7-15　绘制沙发

（3）利用【选择工具】将舞台上的沙发框选。执行【修改】→【转换为元件】命令，打开【转换为元件】对话框，设置【类型】为【图形】，并在【名称】文本框中输入"沙发"，然后单击【确定】按钮，如图7-16所示。

图7-16　【转换为元件】对话框设置

（4）观察【库】面板，可以发现沙发图形元件已保存在【库】面板中，如图7-17所示。

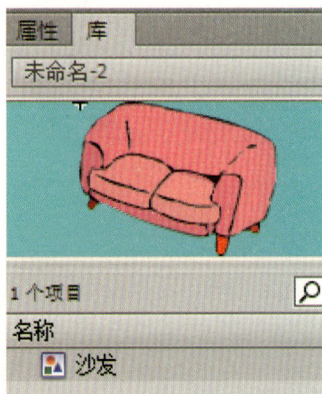
图7-17　【库】面板中出现"沙发"元件

（二）将动画转为元件

（1）选取【时间轴】面板上的所有帧，单击鼠标右键，在弹出的菜单中，选择【复制帧】选项。

（2）按【Ctrl】+【F8】键命令调出【创建新元件】对话框，在对话框内输入名字，设置【类型】为【影片剪辑】，然后单击【确定】按钮，创建了一个空元件，同时进入到元件编辑窗口中。

（3）选择空元件的第1帧，单击鼠标右键，在弹出的菜单中选择【粘贴帧】选项，单击场景图标回到主场景中，这样我们就把动画转为元件了。

第三节　实例

一、实例概述

当把一个元件从【库】面板中拖到舞台上时，实际上并不是将元件本身放到舞台上，而是创建了元件的一个实例。虽然实例来源于元件，但是每一个实例都有其自身的、独立于元件的属性。可以改变实例的色调、透明度和亮度；重新定义实例的类型（例如将图形类型改为影片剪辑类型）；设置图形实例内动画的播放模式；调整实例的大小比例或使之旋转或使之倾斜等。所有这些修改都不会影响元件。因此，实例在修改后可以与原元件完全不同，但编辑【库】面板中的元件将会更新它所有的实例，编辑某元件的实例将只更新实例本身。

在时间轴上选择一个关键帧（Flash实例只能放在当前图层的关键帧上），将选定的元件从【库】面板中拖到舞台上，就创建了元件的实例。要想查看实例

的属性只需用鼠标选中舞台上的实例，【属性】面板
上将显示实例的所有信息，如图7-18所示。

图7-18　实例的【属性】面板

在【属性】面板上可以显示实例的名称、类型，
可以修改实例的大小、位置、透明度等。影片剪辑元
件和按钮元件的实例在【属性】面板上还显示【名
称】文本框，可以修改其名称。

二、图形元件实例属性

元件实例创建后，我们可以通过【属性】面板
的【色彩效果】下拉列表中的选项对元件实例进行编
辑，如亮度、色调、高级、透明度等。其中"无"表
示不使用任何颜色效果，如果元件实例修改得不满
意，使用该命令可以使实例恢复原始状态。

（一）亮度

选择【亮度】选项可以调整实例的明暗度，在选
项的右面有一个文本框，可以直接输入数值，也可以
通过调节下面的滑块来改变数值的大小，数值取值范
围是-100%到100%，数值越大，亮度就越高；数值越
小，亮度越低，如图7-19所示。图7-20为同一元件
的两个实例亮度，分别为48%和38%的效果。

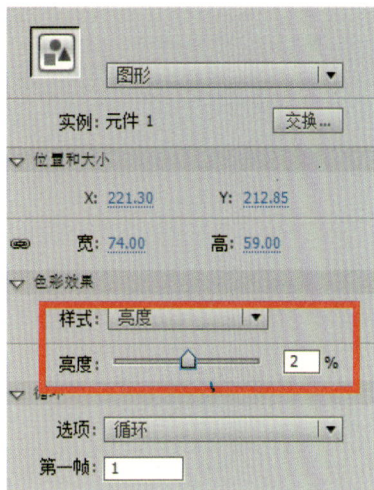

图7-19　【亮度】选项的【属性】面板

图7-20　不同亮度值的效果

（二）色调

色调用来调整实例的颜色。从【色彩效果】下拉
列表中选择【色调】选项，在右侧的颜色拾取器中可
以选择一种颜色，还可以通过调整红、绿、蓝的数值
来改变颜色，如图7-21所示，图7-22为同一元件的
两个实例色调效果。

（三）Alpha

该选项可以调整实例的透明度，在选项的下面有
一个文本框，可以直接输入数值，也可以通过调节滑
块来改变数值的大小。数值取值范围是0%－100%，
数值越大，透明度越低；数值越小，透明度越高，
如图7-23所示。图7-24为同一元件的两个实例透明
度分别为88%和28%的效果。

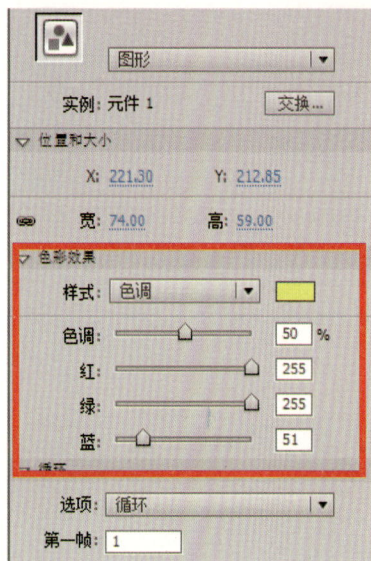

图7-21 【色调】选项的【属性】面板

图7-24 不同Alpha值的效果

（四）高级

在【高级】选项中，可以同时调整实例的颜色和透明度，选择【高级】选项，在其下面的面板中可以调整实例的红、绿、蓝的比例和Alpha值，如图7-25所示。

图7-22 不同色调值的效果

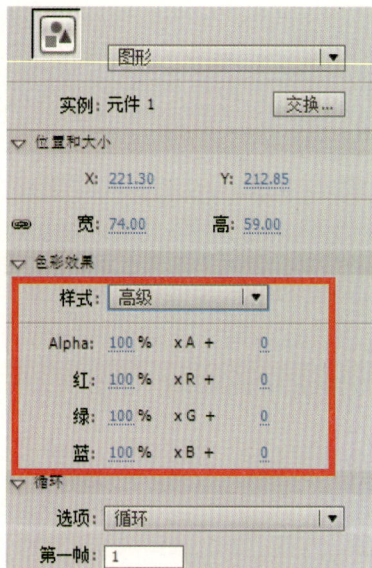

图7-25 【高级】选项的【属性】面板

（五）循环

在 选项：循环 下拉列表中可以选择动画循环的情况，在【第一帧】文本框中输入数值设置实例动画从第几帧开始播放。

循环 播放方式为无限循环。

播放一次 在舞台中播放一次。

单帧 用户选取实例中的某一帧，无动画效果。

图7-23 【Alpha】选项的【属性】面板

三、影片剪辑元件实例属性

影片剪辑实例的属性除了图形元件实例所包括的属性外，还有最重要的属性"混合模式"和"滤镜效果"。

混合模式 可以创建两个或两个以上的重叠对象的透明度或者颜色的混合，如图7-26、图7-27所示。

滤镜效果 展开【属性】面板的【滤镜】选项，再单击左下角的【添加滤镜】按钮 可以为选中的对象添加各种滤镜效果，如图7-28所示。每个滤镜都对应有相应的参数。

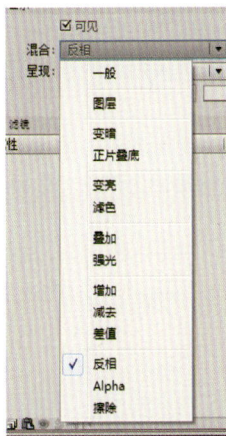

图7-26 不同的混合模式　　图7-27 混合模式效果

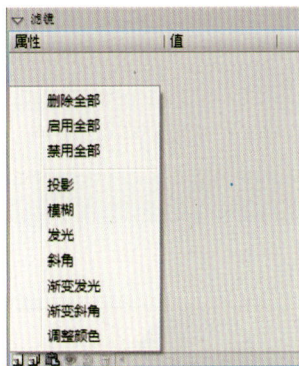

图7-28 各种滤镜

滤镜【属性】面板的左下角有6个按钮，其含义分别如下：

　　 添加滤镜效果。

　　 可以删除已应用的滤镜。

　　 可以将已应用的滤镜参数设置恢复到默认状态。

　　 可以启用或禁用滤镜效果，更方便地查看所选对象应用滤镜的前后效果，如图7-29所示。

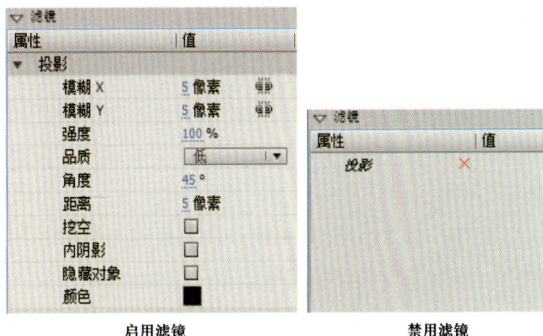

图7-29 滤镜效果

　　 可以把设置好的滤镜复制粘贴应用在其他所选对象上，如图7-30所示。

　　 可以预设滤镜，通过【另存为】按钮可以把设置好的滤镜保存到预设库中，以便以后需要时不用再重新设置。存储好的滤镜会出现在预设列表中，如图7-31所示。

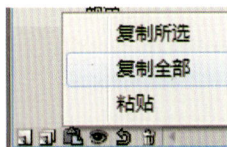

图7-30 【复制】、【粘贴】命令　　图7-31 预设命令

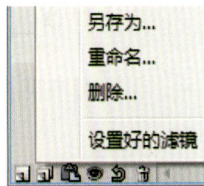

四、实例的交换

（一）3种元件类型间的转换

可以改变实例的类型来重新定义它在Flash应用程序中的行为。例如，可以将图形实例重新定义为影片剪辑实例。

（1）在舞台上选择图形实例，然后执行【窗口】→【属性】命令，打开【属性】面板。

（2）从【属性】面板的下拉菜单中重新选择元件类型，如图7-32所示。

出【交换元件】对话框，如图7-33所示。

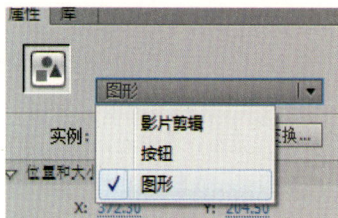

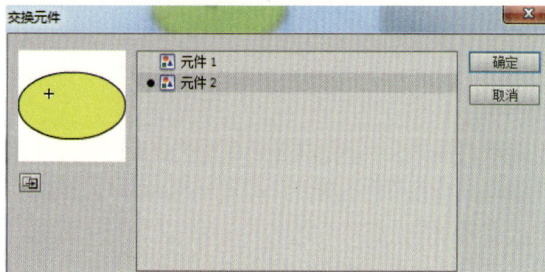

图7-32 选择元件类型

（二）交换元件

在舞台上创建实例后，也可以为实例指定另外的元件，让舞台上出现一个完全不同的实例，而不改变原来实例的属性。

例如，使用rat元件创建卡通形象作为影片中的角色，创建完成后你决定将该角色改为cat。可以用cat元件替换rat元件，这样新的角色出现在所有帧中大致相同的位置上。交换元件的步骤如下：

（1）在舞台上选取实例，在工作区下方会显示出实例的【属性】面板。

（2）在【属性】面板中单击【交换】按钮，弹

图7-33 【交换元件】对话框

（3）在【交换元件】对话框中，选择一个元件来替换当前实例元件。要直接复制选定的元件，请单击对话左边的【直接复制元件】按钮。

（4）单击 确定 按钮，在舞台上的元件将被新的实例替换。

如果制作的是几个具有细微差别的元件，直接复制可以在【库】面板中现有元件的基础上建立一个新元件，并将复制工作减到最少。

第四节　实训练习

一、制作具有凹凸效果的按钮

本章的主要学习内容在于元件的类型及不同元件的创建方法、实例的运用及实例的属性修改及交换方法。下面能过制作一个"具有凹凸效果的按钮"来进一步掌握元件的创建及使用方法。

（1）执行【文件】→【新建】命令，创建一个新文档。

（2）执行【插入】→【新建元件】命令，打开【创建新元件】对话框，在【名称】中输入"圆"，在【类型】中选择【图形】选项，如图7-34所示。

（3）单击【确定】按钮进入图形元件的编辑窗口。选择【椭圆工具】，按住【Shift】键在舞台上绘制一个正圆。以无边框线黑白渐变色填充，如图7-35所示。

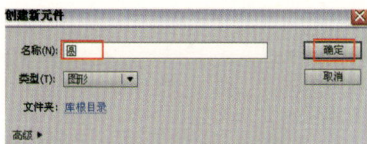

图7-34 【创建新元件】对话框

图7-35 图形元件

（4）执行【插入】→【新建元件】命令，再创建一个图形元件，将其命名为"重合"。在该元件编辑区两次使用元件"圆"并用【任意变形工具】将其中一个实例缩小一些。单击工具箱【选项区】的【旋转与倾斜】按钮，将较小的图形旋转180°，然后将其移到大圆上，使其形成一个整体，得到一个表面有凹陷感的立体造型，如图7-36所示。

图7-36　制作重合图形元件①

（5）再次将元件"圆"拖到元件"重合"的编辑区，缩小后放在前面两个圆上。选中3个图形，打开【对齐】面板，单击【水平居中】和【垂直居中】按钮，并勾选【与舞台对齐】选项，效果如图7-37所示。

图7-37　制作重合图形元件②

（6）再次将元件"圆"拖到舞台上，执行【修改】→【分离】命令将其打散，把颜色修改成灰色，

然后适当缩小，将其拖到按钮造型后面作为阴影，如图7-38所示。元件"重合"的编辑完成，也就完成了按钮"弹起"状态的制作。

图7-38　制作重合图形元件③

（7）再次执行【插入】→【新建元件】命令，在弹出的对话框中选择【按钮】类型，【名称】设置为"按钮"，然后单击【确定】按钮，如图7-39所示。进入按钮元件编辑区，时间轴上有4帧。单击"弹起"帧，将元件"重合"拖到编辑区，使用【对齐】面板对准舞台上的十字，如图7-40所示。

图7-39　【创建新元件】对话框设置

图7-40　按钮弹起时的状态

（8）在"指针经过"帧按【F6】键插入一个关键帧，将该帧处的按钮图形用【任意变形工具】放大一些。选中最上面的"圆"实例，在其【属性】面板中选择【色调】，将颜色改为绿色，如图7-41所示。

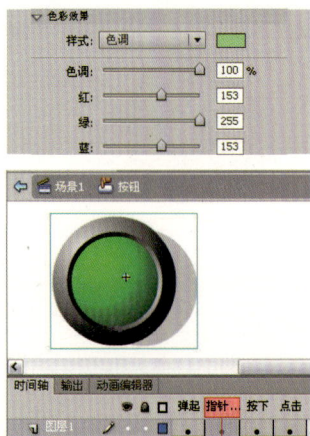

图7-41　按钮指针经过时的状态

（9）在"按下"帧按【F7】键插入一个空白关键帧，将该帧处的按钮图形与初始状态大小相同。选中"弹起"状态，选择复制帧，然后粘贴到"按下"帧处。由于按下时按钮变低了，因此阴影应变小一些。选中最上面的"圆"实例，在【属性】面板中选择【色调】，将颜色改为蓝色，如图7-42所示。

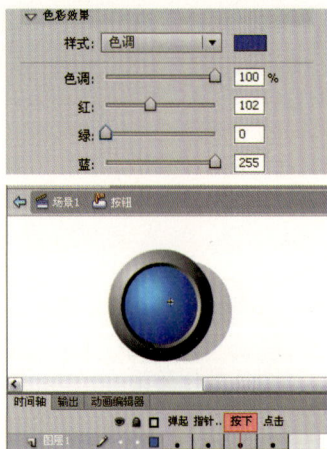

图7-42　按钮按下时的状态

（10）在"点击"帧按【F6】键插入关键帧。舞台上会出现和"按下"帧相同的图形。此时，按

钮元件制作完毕。

（11）按【Ctrl】+【Enter】键发布动画。

二、制作开关

（1）执行【文件】→【新建】命令，创建一个新文档。

（2）执行【插入】→【新建元件】命令，打开【创建新元件】对话框，创建一个名为"背景"的图形元件，在该元件中绘制场景，如图7-43所示。

图7-43　绘制背景

（3）用【颜料桶工具】给背景上色，如图7-44所示。

图7-44　给背景上色

（4）执行【插入】→【新建元件】命令，打开【创建新元件】对话框，创建一个名为"台灯灭"图形元件。

（5）在该元件编辑区内的第1帧绘制一个台灯，如图7-45所示。

（6）执行【插入】→【新建元件】命令，再创建一个名为"台灯亮"的图形元件。在该元件编辑区内的第1帧中，把"台灯灭"元件拖到场景中，然后用【线条工具】\绘制灯光，填充渐变色，"台灯亮"元件绘制完成，如图7-46所示。

图7-45 "台灯灭"图形元件　　图7-46 "台灯亮"图形元件

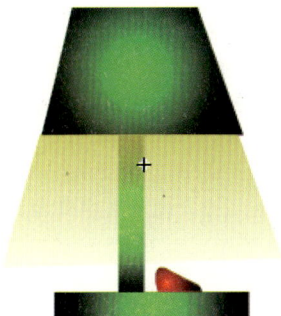

（7）执行【插入】→【新建元件】命令，创建一个按钮元件。在按钮元件编辑区内，选中"弹起"帧，将"台灯灭"元件拖到场景中，使用【对齐】面板将元件与舞台上的十字对齐，如图7-47所示。

（8）选中"弹起"帧，单击鼠标右键，在弹出的菜单中选择【复制帧】选项，然后选中"指针经过"帧，单击鼠标右键，在弹出的菜单中选择【粘贴帧】选项。

（9）选中"按下"帧，按【F7】键插入一个空白关键帧，将【库】面板内的"台灯亮"元件拖到舞台上，使用【对齐】面板对准舞台上的十字。

（10）选中"点击"帧，按【F7】键插入一个空白关键帧。单击【编辑多个帧】按钮，如图7-48所示。调整洋葱皮范围，这样我们就可以看到前一帧的内容。接着使用【椭圆工具】在按钮处绘制一个小圆，如图7-49所示。关闭【编辑多个帧】命令，这样鼠标的点击范围就被确定了。

（11）单击场景图标回到场景中，把背景元件和按钮元件分别拖到场景中，按【Ctrl】+【Enter】键测试动画，如图7-50所示。

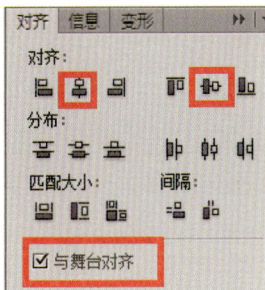

图7-47 【对齐】面板设置　　图7-48 在按钮编辑区单击【编辑多个帧】命令

【编辑多个帧】打开效果　　【编辑多个帧】关闭效果
图7-49 绘制小球

图7-50 最终效果

三、制作说话动画

（1）执行【文件】→【新建】命令，创建一个

Flash文档。

（2）按【Ctrl】+【F8】键建立名为"脸"图形元件，如图7-51所示。

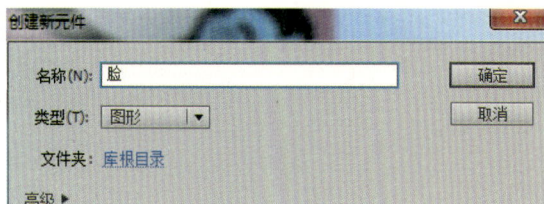

图7-51 创建元件

（3）执行【文件】→【导入】→【导入到舞台】命令，打开【导入到库】对话框，在对话框中选择图片，按【Ctrl】+【B】键打散图片，用【橡皮擦工具】擦除嘴巴。返回到场景中，把"脸"元件拖到场景中，用【滴管工具】吸取脸的颜色，按住【Ctrl】键并双击元件进入编辑区进行颜色的填充，如图7-52所示。

图7-52 "脸"图形元件

（4）按【Ctrl】+【F8】键建立名为"嘴"的图形元件。

（5）用【铅笔工具】绘制嘴巴的造型。每隔3帧绘制一个嘴的造型，绘制7个不同的嘴巴造型，可以根据"ABCDEFG"的口型进行绘制，口型绘制的越多说话越自然。第1帧为闭嘴的造型，最后为闭嘴造型，中间变化多样，如图7-53所示。

（6）回到场景中，把"脸"元件和"嘴"元件分别拖到不同的图层中，如图7-54所示。

（7）新建图层3，将其作为文字层，在第5帧按【F7】键建立空白关键帧，用【文本工具】输入"大"字，选择文字，将在【属性】面板中的【段落】格式设置为【左对齐】，如图7-55所示。

图7-53 绘制嘴巴造型

图7-54 时间轴　　　　　　图7-55 左对齐

（8）设置文字动画，在第9帧按【F6】键插入关键帧，并用【文本工具】输入"家"，在第12帧按【F6】键插入关键帧，并用【文本工具】输入"好"，用同样的方法在合适的帧上输入"现在播放新闻"。

（9）设置嘴巴动画。说完"大家好"后在第12帧要停顿一下，所以在"嘴巴"层的第12帧按【F6】键插入关键帧，选择"嘴巴"元件，将【属性】面板【循环】下面的【选项】设置为"单帧"，设置【第一帧】为"1"。这样嘴巴造型不会发生变化，第1帧的闭嘴造型如图7-56所示。

图7-56 停止说话

（10）在第25帧开始说下一句话，按【F6】键加入关键帧，选择"嘴"元件，将【属性】面板【循环】下面的【选项】设置为"循环"，设置【第一帧】为"5"，如图7-57所示。

（11）在第57帧结束说话，在嘴巴层的第57帧按【F6】键插入关键帧，选择"嘴"元件，将【属性】面板【循环】下面的【选项】设置为"单帧"，设置【第一帧】为"1"。

（12）按【Ctrl】+【Enter】键发布动画。

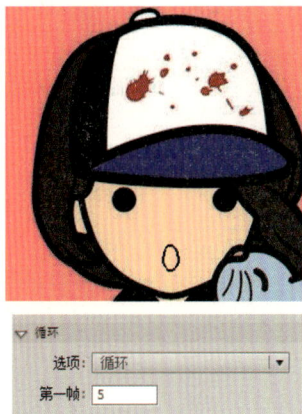

图7-57 说话

课后习题

一、填空题

（1）Flash元件类型主要有3种，分别是_____、_____和_____。

（2）Flash将创建的元件、声音和图像等元素存储在文档中的库中，通过_____进行管理。

（3）按钮元件的时间轴上主要有4种状态，分别是_____、_____、_____和_____。

二、选择题

（1）Flash的几种元件中，（   ）能独立于主时间轴播放。

A. 图形元件　　B. 影片剪辑元件　　C. 按钮元件　　D. 声音

（2）Flash元件的实例在颜色下拉框里不具备（   ）属性。

A. 透明度　　　B. 亮度　　　　　C. 色调　　　　D. 大小

三、问答题及上机练习

（1）Flash中如何创建元件的实例？元件与实例的关系如何？如何设置实例的属性？

（2）根据开关案例制作一个鼠标控制的电风扇的动画。要求动画发布后，屏幕上会出现一个不动的电风扇；将鼠标指针移到电风扇上，电风扇开始转动；当单击鼠标后，电风扇慢慢消失，同时出现文字"转动的电风扇"。

提示：做3个元件，一个是静态的电风扇图形元件；一个是转动的电风扇影片剪辑元件；一个是电风扇慢慢消失，文字出现的影片剪辑元件。把这3个元件放到按钮中即可，如图7-58所示。

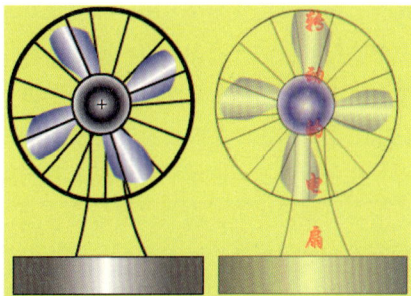

图7-58 电风扇

第八章
高级动画

本章将介绍Flash中特殊动画的制作原理及制作方法，主要包括引导动画、遮罩动画、动画编辑器的使用以及场景的设置和应用。从制作原理上来讲，它们都是由第三章所讲的基本动画演变而来的。因此，只要掌握好前面学习的知识，再学习本章的内容就很容易了。制作引导动画和遮罩动时，需要注意易产生操作错误的问题，并应结合实例进行练习和掌握。

第一节   引导动画

将一个或多个层链接到一个运动引导层，使一个或多个对象沿同一条路径运动的动画形式被称为"引导动画"。这种动画可以使一个或多个元件完成曲线或不规则运动。

一、引导动画的制作原理

在学习制作引导动画之前，必须先学习引导层的含义及引导层的创建方法。引导层是一种特殊的图层，它位于被引导层的上方。引导层是用来指示元件运行路径的，所以"引导层"中的内容可以是用【钢笔工具】、【铅笔工具】、【线条工具】、【椭圆工具】、【矩形工具】等绘制出的线段。

在引导层上可以绘制种种图形和元件，引导层只起引导对象的作用，因此在播放动画时，引导层上的对象不会显示出来，而"被引导层"中的对象是跟着引导线走的。被引导的对象可以是影片剪辑、图形元件、按钮、文字等，但不能是形状。引导线是一种运动轨迹，"被引导"层中最常用的动画形式是"传统补间动画"，当播放动画时，一个或数个元件将沿着运动路径移动。

（一）引导层的创建方法

创建引导层的方法主要有两种：

1. 利用菜单命令创建

选择图层，单击鼠标右键，在弹出的菜单中选择【添加传统运动引导层】选项，就可在所选图层上面创建一个空白的引导层，并且和原图层形成一种引导和被引导的链接关系，如图8-1所示。

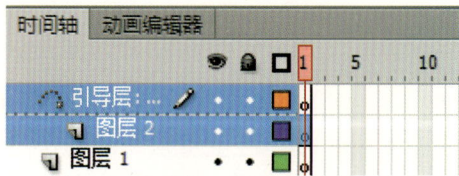

图8-1 引导层

2. 将已有图层修改为引导层

选择图层，单击鼠标右键，在弹出的菜单中选择【引导层】选项。此时图层图标由 形状变为 形状，再将其他图层拖到该引导层下，这时引导层与其下方的图层就创建了引导与被引导的链接关系，如图8-2所示。

图8-2　将图层拖到引导层下

（二）绘制引导线的注意事项

在制作引导动画时，如果制作过程不正确，将会造成引导动画创建不成功，从而使被引导的对象不能沿引导线路运动。在绘制引导线路时需要注意以下几点：

（1）引导路线应该是一条流畅的，从头到尾连续贯穿的线条，线条中间不能出现中断。

（2）引导路线的转折不应过多，并且转折处不应过急。

（3）引导路线不能出现交叉、重叠的现象。

（4）被引导的对象必须准确吸附到引导线路上，否则被引导对象无法沿路径运动。

（三）引导动画的制作方法

在掌握了上面一些细节问题后，下面介绍引导动画的制作方法。

（1）选择一个普通图层，单击鼠标右键，在弹出的菜单中选择【添加传统运动引导层】选项。在图层上方自动创建一个引导图层，普通图层自动转变为被引导层。

（2）选择引导层，用【铅笔工具】绘制引导线路，选择第30帧，按【F5】键延长动画。

（3）按【Ctrl】+【F8】键创建圆形图形元件，把元件拖到被引导层上。

（4）在第1帧把圆形图形元件的中心点移至引导线的起始位置，在第30帧把圆形图形元件的中心点移至引导线的结束位置，如图8-3所示。

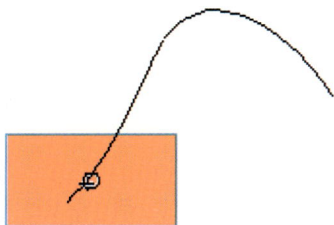

图8-3　元件中间点与引导线对位

（5）选择被引导层的任意一帧，单击鼠标右键，在弹出的菜单中选择【创建传统补间】选项，制作动画。

（6）引导动画制作完成，按【Ctrl】+【Enter】键测试动画，如图8-4所示。

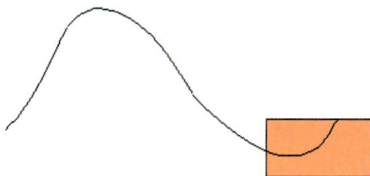

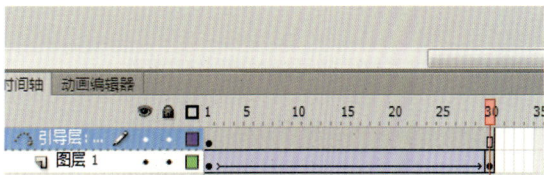

图8-4　引导动画的舞台工作区

（四）多层引导动画

一条公路上可以跑好多辆汽车，那么在Flash中一个引导层也可以为其创建多个被引导层，就是说一条引导线路可以引导多个对象的运动。在制作引导动画时，系统一般对引导层下面的一个图层建立引导和被引导的链接关系，如果要制作多层引导动画，可通过拖移普通图层到引导层下方或更改图层属性的方法添加需要被引导的图层。

为引导层添加多个被引导层的方法：选择图层，将其拖到引导层下方即可，如图8-5所示。

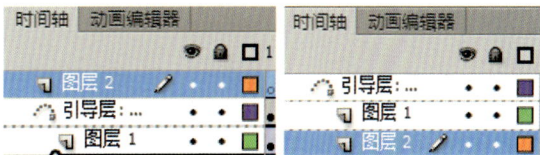

图8-5　将图层拖到引导层下方

被引导的图层想要变成普通图层的方法：选择被引导的图层，双击该图层图标，在弹出的【图层属性】对话框中的【类型】栏中选择【一般】选项，再单击【确定】按钮即可。

多层引导动画的制作方法和单层引导动画的制作

方法相同，这里就不再多讲。

二、实训练习

制作雪花飘动画，操作步骤如下：

（1）新建一个Flash文档。设置背景色为"黑色"，其他参数采用默认值。

（2）按【Ctrl】+【F8】键新建一个元件，设置类型为【影片剪辑】，名称为"雪花"。用【铅笔工具】画一个不规则的多边形，然后用【颜料桶工具】为它填上白色，如图8-6所示。

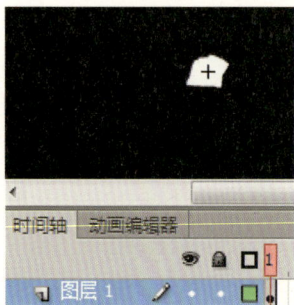

图8-6　绘制雪花

（3）再按【Ctrl】+【F8】键创建一个元件，类型为【影片剪辑】，命名为"前层"。

（4）在"前层"元件编辑区中，将图层1名称改为"雪花"，将"雪花"元件拖到"雪花"图层中，用【任意变形工具】中的【比例】功能把它缩小。

小技巧：先用【放大镜】功能将它放大，然后再用【比例】功能，可将图形缩得更小。

（5）选中"雪花"图层，单击鼠标右键，在弹出的菜单中选择【添加传统运动引导层】选项，创建引导层。在引导层上用【铅笔工具】绘制一弯曲的曲线。并在第60帧处按【F5】键插入普通帧。在"雪花"图层的第1帧将元件"雪花"放在曲线头部，在第60帧处插入关键帧，将元件"雪花"移到曲线尾部。然后在"雪花"图层的第1帧上单击鼠标右键，在弹出的的菜单中选择【创建传统补间动画】选项，如图8-7所示。

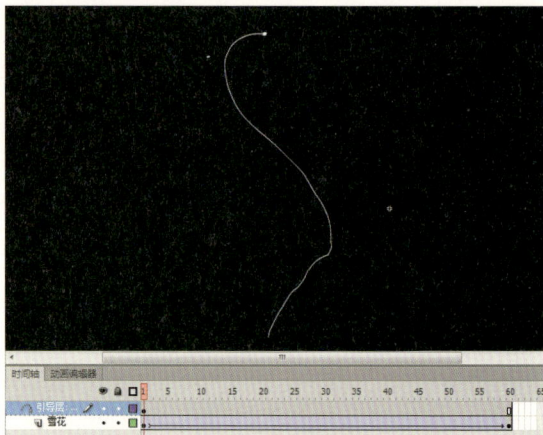

图8-7　一片雪花动画

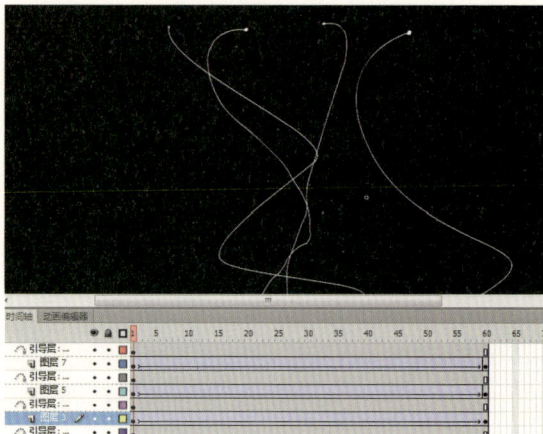

图8-8　多片雪花

（6）插入图层，将步骤（4）、步骤（5）重复做多次。做好后的效果如图8-8所示。

（7）创建影片剪辑元件，分别命名为"中层"和"后层"，制作方法与"前层"影片剪辑的制作方法相同。不同之处是"雪花"的大小和"引导线"的路径不要一样。这是为了多做几个图层，使动画效果更细腻。

（8）现在回到场景中，插入6个图层，分别命名为"后层1"、"后层2"、"中层1"、"中层2"、"前层1"、"前层2"。在对应的层上拖入对应的元件，并适当调整时间轴，让雪花飘得连贯起来，如图8-9所示。

（9）按【Ctrl】+【Enter】键观看动画效果了，如图8-10所示。

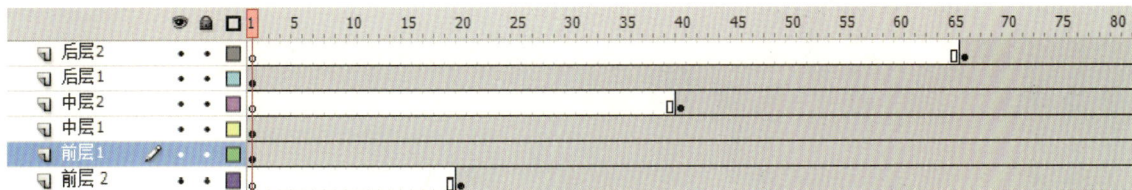

图8-9 新建图层并拖入元件

图8-10 整体效果

第二节　遮罩动画

一、遮罩动画的制作原理

遮罩动画是Flash中的一个很重要的动画类型，很多效果丰富的动画都是通过遮罩动画来完成的。在Flash的图层中有一个遮罩图层类型，为了得到特殊的显示效果，可以在遮罩层上创建一个任意形状的"视窗"，遮罩层下方的对象可以通过该"视窗"显示出来，而"视窗"之外的对象将不会显示。

在Flash动画中，"遮罩"主要有两种用途：一是用在整个场景或一个特定区域，使场景外的对象或特定区域外的对象不可见；二是用来遮罩住某一元件的一部分，从而实现一些特殊的效果，如图8-11所示。

遮罩层中的图形对象在播放时是看不到的，遮罩层中的内容可以是按钮、影片剪辑、图形、位图、文字等，但不能使用线条，如果一定要用线条，可以将线条转化为"填充"。被遮罩层中的对象只能透过遮罩层中的对象才能被看到。

在Flash中没有一个专门的按钮来创建遮罩层，遮罩层其实是由普通图层转化的。只要在某个图层上单击鼠标右键，在弹出的菜单中选择【遮罩层】选项，"层图标"就会从普通层图标 变为遮罩层图标 ，系统会自动把遮罩层下面的一层关联为"被遮罩层"，被遮罩层的标志为 ，如果想关联更多层被遮罩，只要将普通层拖到被遮罩层下面就可以了，如图8-12所示。可以在遮罩层、被遮罩层中分别或同时使用补间形状动画、补间动画、引导动画等动画类型，从而使遮罩动画变成一个可以施展无限想象力的创作空间。

图8-11 使用遮罩的效果

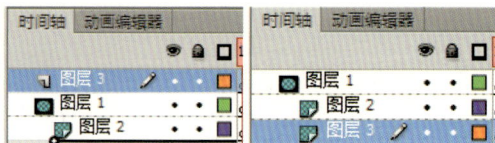

图8-12 将普通层变成遮罩层

一般情况下，制作简单遮罩动画可分为以下3个步骤：

（1）创建图层1、图层2。

（2）选择图层1，单击鼠标右键，在弹出的菜单中选择【遮罩层】选项。图层2会自动变成被遮罩层。

（3）把图片拖到图层2上，在图层1上用【椭圆工具】绘制圆形遮罩，如图8-13所示。按【Ctrl】+【Enter】键观看遮罩效果。

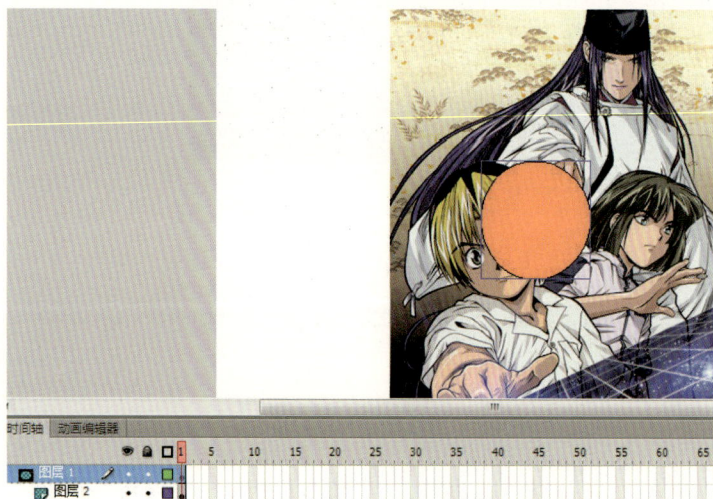

图8-13 遮罩制作过程与效果

二、实训练习

（1）启动Flash，创建一个空白的Flash文档，然后将其保存到指定的文件夹中，命名为"遮罩层动画"。

（2）将图层1改名为"图片"，按【F5】键延长图层的显示帧到第120帧。执行【文件】→【导入】→【导入到舞台】命令，将准备好的图片文件导入舞台中，调整好图片的大小和位置，如图8-14所示。

图8-14 导入图片

（3）单击 ⬚ 按钮，在"图片图层"的上方创建一个名为"遮罩层"的新图层，在遮罩层内绘制一个圆形，并将其移动到舞台的左上角，如图8-15所示。

（4）按【F6】键分别将"遮罩层"图层的第60帧、第120帧转换为关键帧，第60帧时圆移动到舞台的右下角，第120帧时圆移动到舞台左下角，选中遮罩层，单击鼠标右键，在弹出的菜单中选择【创建传统补间】选项，制作动画，效果如图8-16所示。

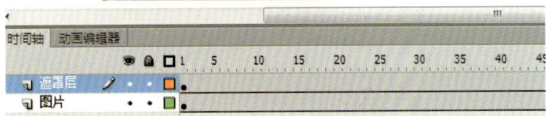

（5）选中遮罩层，单击鼠标右键，在弹出的菜单中选择【遮罩层】选项，如图8-17所示。

（6）按【Ctrl】+【Enter】键发布动画。

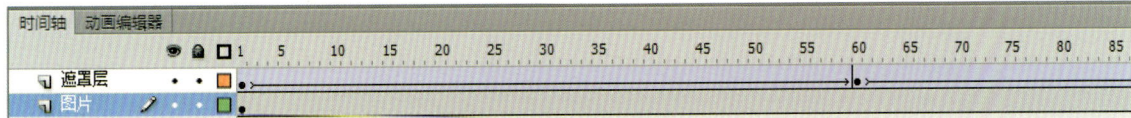

图8-15　绘制圆形遮罩

图8-16　创建动画补间动画

图8-17　制作遮罩动画

第三节　场景

戏剧由一幕幕的场景组成，和戏剧一样，利用场景可以将整个Flash影片分成一段段独立的、易于管理的组。每个场景都像是一段短影片，按照【场景】面板中的顺序一个接一个地播放，在场景间没有任何停顿和闪烁。场景的使用可以是无限的，仅仅受限于计算机的内存大小。

可以通过【场景】面板访问场景，【场景】面板不仅显示影片中场景的数量和组织的情况，还允许用户复制、删除和移动场景。还可以通过时间轴的编辑栏来访问场景，编辑栏位于菜单的下方。编辑栏显示的是当前场景。当切换到另外一个场景时，编辑栏会相应更改显示，如图8-18所示。

图8-18　编辑场景按钮

一、多个场景的建立

制作复杂Flash动画时，随着影片越来越大，越来越复杂，需要添加更多的场景来更好地控制影片的组织结构。利用【场景】面板可以根据需要添加任意数量的场景，具体操作步骤如下：

（1）执行【窗口】→【其他面板】→【场景】命令，打开【场景】面板。

（2）单击【场景】面板左下角的【添加场景】按钮，也可以执行【插入】→【场景】命令来添加场景，如图8-19所示。

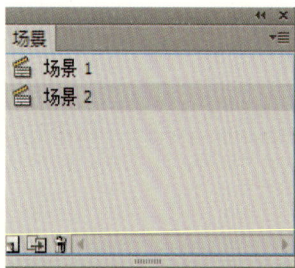

图8-19　添加场景

二、场景的编辑

（一）删除场景

删除场景的具体操作步骤如下：

（1）执行【窗口】→【其他面板】→【场景】命令，打开【场景】面板。

（2）选择要删除的场景。

（3）单击位于【场景】面板左下角的【删除场景】按钮。

（4）提示出现后，单击【确定】按钮即可。注意无法撤消删除的场景。

（二）复制场景

Flash还提供了一个简单的复制功能，使用户通过单击一个按钮就可以复制场景，具体操作步骤如下：

（1）选择【窗口】→【其他面板】→【场景】命令，打开【场景】面板。

（2）选择要复制的场景。

（3）单击位于【场景】面板左下角的【重制场景】按钮。在【场景】面板中将会出现选定场景的

副本，并在原来的名称上添加了"复制"字样，如图8-20所示。

（三）更改场景名称

对于大型的动画来说，使用Flash默认的场景名称不太方便，因此有必要给动画中所有的场景重新命名，具体操作步骤如下：

（1）执行【窗口】→【其他面板】→【场景】命令，打开【场景】面板。

（2）双击要命名的场景，双击后，就可以对场景名称进行编辑了，如图8-21所示。输入新的名称后按【Enter】键即可。

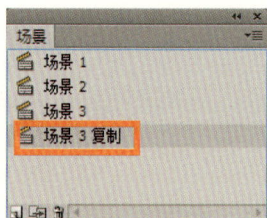

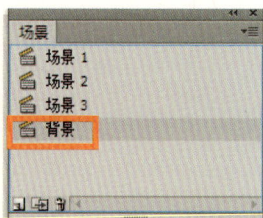

图8-20　复制场景　　　图8-21　更改场景名称

（四）改变场景播放顺序

场景是按照它们在【场景】面板中的排列顺序播放的，如果要更改场景的播放顺序，直接在【场景】面板中更改场景的排列顺序即可，具体操作步骤如下：

（1）执行【窗口】→【其他面板】→【场景】命令，打开【场景】面板。

（2）单击场景并将其拖到需要的位置，拖动鼠标时，指针将变成一条绿色的线，显示出场景将要被放置的位置，如图8-22所示。移动至合适位置处，释放鼠标左键即可。

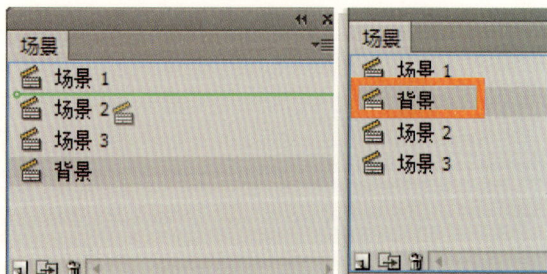

图8-22　更改场景顺序

（五）场景的切换与缩放

在制作场景动画时要经常在场景之间切换，场景切换方法如下：

（1）使用【场景】面板，在【场景】面板中单击要编辑的场景，就可以在不同的场景中切换。

（2）使用编辑栏右侧的■按钮，可以直接切换场景。

三、动画的输出

输出动画操作是将动画创建为能够在其他应用程序中进行编辑的文件。Flash每次只能将动画按一种格式输出。

执行【文件】→【导出影片】命令，可将整个动画输出为某种指定格式的动画文件，如SWF、AVI、MOV、GIF动画及一系列的图形文件，具体操作步骤如下：

（1）如果要输出一个图像，需首先选择某帧或某个图形；若输出影片，则不需要选择。

（2）执行【文件】→【导出影片】命令或执行【文件】→【导出图像】命令，弹出相应的对话框，如图8-23所示。

（3）在【文件名】文本框中输入文件名称，从【保存类型】下拉列表框中选择一种输出类型。

图8-23　【导出影片】对话框

（4）单击【保存】按钮，若所选择输出格式需要更多选项设置，会弹出相应的输出属性对话框。不同格式的文件会有不同的属性设置，设置好属性后，单击【确定】按钮即可按相应的设置导出影片或图像。

第四节　动画预设

通过【动画预设】面板可以提前了解动画在Flash中的效果。【动画预设】功能的使用方法很简单，只要选中对象，执行【窗口】→【动画预设】命令，打开【动画预设】面板，在"默认预览"文件夹中选择一个命令，即可预览动画，如果想要使用这个效果，单击【应用】按钮即可，如图8-24所示。

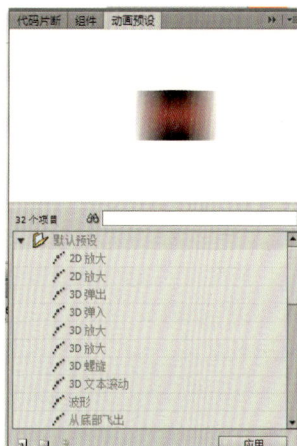

图8-24　【动画预设】面板

第五节　动画编辑器

"动画编辑器"是一个面板，通过该面板可以查看补间的属性及关键帧。在【时间轴】面板中创建补间动画后，在【动画编辑器】面板中允许以多种不同的方式来控制补间。注意传统补间动画是不能使用【动画编辑器】面板的。

一、认识【动画编辑器】面板

用补间动画制作一段50帧小球在舞台上从一边向另一边移动的动画，选择任意一帧，在【时间轴】面板上单击【动画编辑器】图标就可以打开【动画编辑器】面板，如图8-25所示。

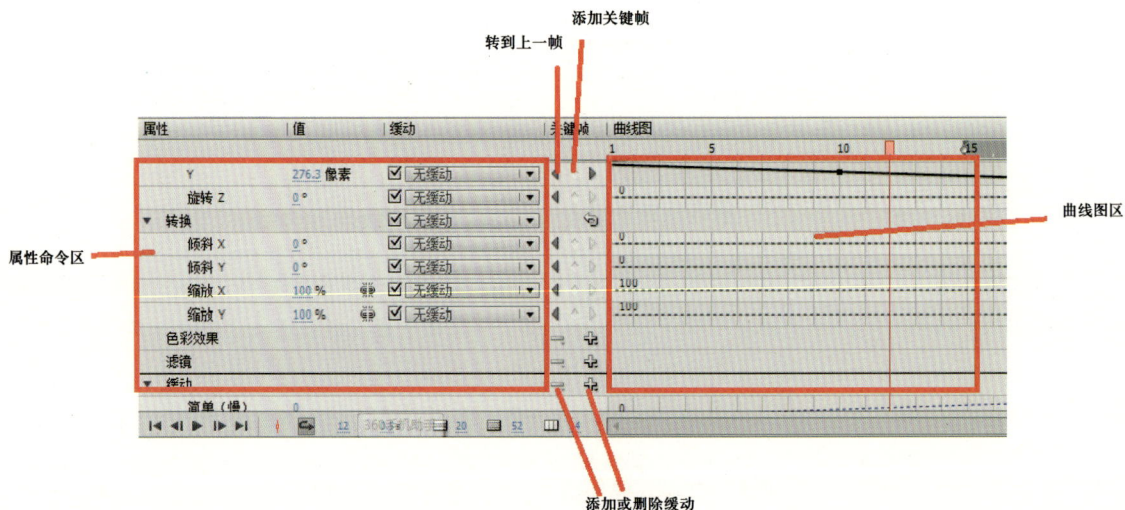

图8-25　【动画编辑器】面板

转到上一个/下一个关键帧 单击三角型按钮可以转到上一个或下一个关键帧，中间的菱形是添加或删除关键帧按钮。

添加或删除关键帧 单击该按钮可以在补间中添加帧，再次单击即可删除关键帧。

重置值 单击该按钮可以使参数恢复到默认值。

删除添加颜色、滤镜或缓动 在相应的选项上单击该按钮，即可删除或添加相应的属性值。

播放头 播放头可以在补间中移动，它的位置即是该动画播放到的位置。

当前帧/运行时间 提示动画目前在第几帧或第几秒。操作者可以移动播放头来预览动画，在时间轴上向前向后移动帧，或者单击当前帧输入数值

使播放头移动到当前位置。前面的单位是帧，后面的单位是秒。

图形大小/扩展图形大小 它们都可改变左边属性的垂直高度。不同之处是前一个单击拖曳数字即可更改所有属性高度值，后一个是单击拖曳数字即可更改所选的属性高度值。如图8-26所示。

可查看的帧 单击拖曳鼠标，即可改变右边时间轴中显示的帧数量。

二、认识动画编辑器的属性

动画编辑器包含了一个多列的列表，提供了已选的补间和缓动所能提供的所有属性的信息，在这里可以精确地调整动画的属性值。这里的动画属性

分为5类，分别是基本动画、转换、色彩效果、滤镜、缓动。

值为20

值为32

图8-26　不同参数的图形大小效果

基本动画　通过调整X、Y、Z关键帧的值来更改元件的位置。

转换　通过调整X、Y关键帧的值来更改元件的倾斜与缩放。

色彩效果　通过 🔲 为元件添加相应效果，并设置其属性值；通过 🔲 可以删除相应的效果，如图8-27所示。

图8-27　色彩效果

滤镜　通过 🔲 可以为元件添加滤镜效果，并设置其属性值；通过 🔲 可以删除所选的滤镜效果，如图

8-28所示。

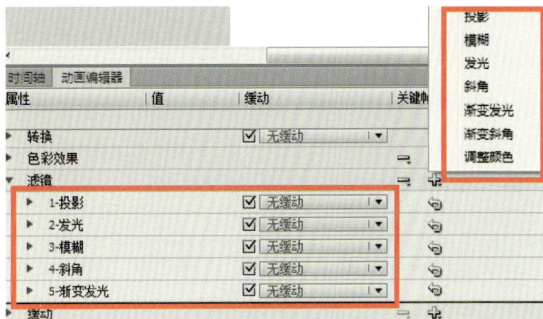

图8-28　滤镜效果

缓动　为补间动画添加缓动效果，可以使元件的运动过程更加逼真。在【缓动】选项中，已经预置有"简单（慢）"的缓动效果，并可以更改缓动的百分比。我们也可以添加其他的缓动效果。方法如下：通过为元件添加【回弹】缓动效果，然后在【基本动画】中选择【回弹缓动】，这样缓动效果就在基本动画中得到了应用，如图8-29所示。

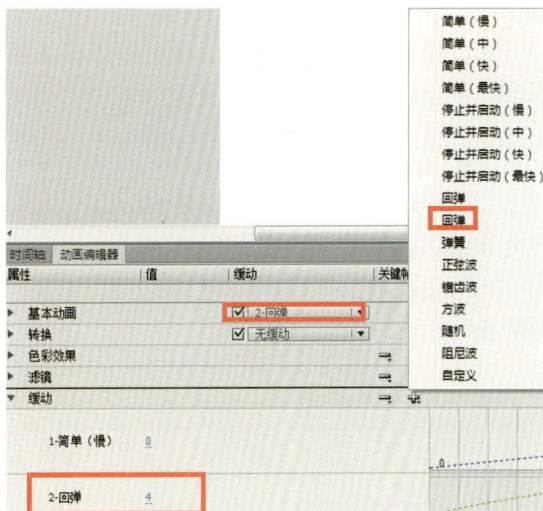

图8-29　缓动

三、如何使用动画编辑器

　　【动画编辑器】面板能够调整动画，添加新的颜色效果、滤镜，或者给接下来的补间添加新的缓动。它包含了一张图表使操作者能够控制补间的属性关键帧的值，了解Flash动画是如何利用关键帧之间的曲线

来实现的。

（一）使用时间轴

【动画编辑器】面板包含了一条跟Flash主时间轴很相似的时间轴，它有播放头可以用来在补间中移动；它有帧编号提示动画目前在哪个帧。操作者可以移动播放头来预览动画。如果想对属性进行编辑，可以通过添加或删除关键帧来控制属性值。

（二）添加关键帧的方法

在【动画编辑器】面板中，在播放头上单击，将

其拖到想要添加关键帧的位置，单击 ◄ ► 中间的菱形即可添加关键帧，如果想要删除关键帧，可以把播放头拖到想要删除的关键帧处，单击 ◄ ► 中间的菱形即可删除关键帧。选择曲线上的关键帧，当鼠标变成 时，单击鼠标右键，在弹出的对话框中选择【平滑点】选项，即可把直线变成曲线，或者按住【Alt】键单击关键帧，控制点可以在角点和平滑点之间来回切换。通过控制曲线使图形运动路径达到最佳效果，如图8-30所示。

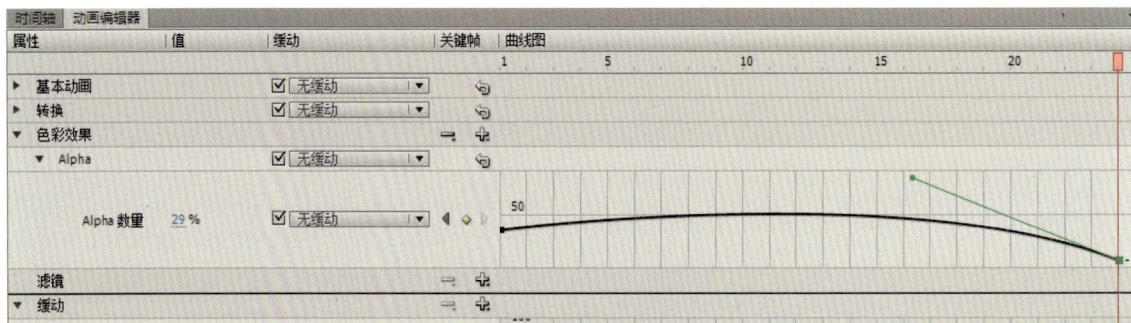

图8-30　曲线效果

三、【动画编辑器】的应用——"三年级四班"

（1）新建文件，执行【文件】→【导入】→【导入到库】命令，打开【导入到库】对话框，在对话框中选择人物、教室图片。

（2）选择图层1，打开【库】面板，把"教室"拖到场景中，如图8-31所示。

图8-31　拖入文件

（3）单击 按钮创建图层2，用【椭圆工具】 绘制圆形，然后按【F8】键把圆形转为影片剪辑元件。选择关键帧，单击鼠标右键，在弹出的菜单中选择【创建补间】命令。选择任意一帧打开【动画编辑器】面板。把播放头移动到第24帧，单击【转换】下面的【缩放X】、【缩放Y】后面的 ，在此位置添加关键帧。选择第1帧关键帧，调整【缩放X】、【缩放Y】值为0，选择第24帧关键帧，调整【缩放X】、【缩放Y】值，直到圆形罩住整个场景，如图8-32、图8-33所示。

（4）选择图层2，单击鼠标右键，在弹出的菜单中选择【遮罩层】选项，创建遮罩效果，如图8-34所示。

（5）单击 按钮创建图层3，选择图层3，把"人物"拖到场景中，按【Ctrl】+【B】键打散人物图片。用【套索工具】选项区中的"魔术棒" 单击白色，按【Delete】键删除白色部分，效果如图8-35所示。

（6）把人物转换成元件。用【选择工具】 框

选一个人物，按【F8】键把人物转换成影片剪辑元件。用同样的方法把其他人物也转换成影片剪辑元件，如图8-36所示。选择所有的图层的第150帧，按【F5】键延长动画。

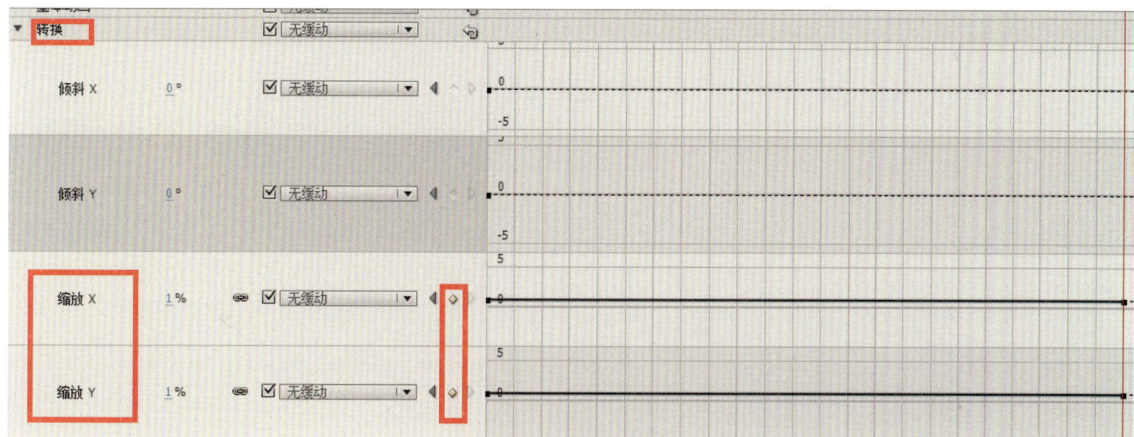

图8-32 动画编辑器

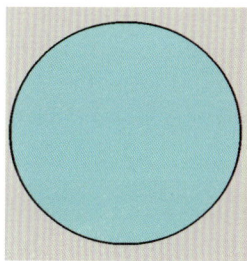

图8-33 放大圆形

图8-34 创建遮罩层

图8-35 删除白色

图8-36 转换为影片剪辑元件

（7）把图层3的第1帧删掉，按【F7】键在第25帧处插入空白关键帧，把一个女孩元件拖到场景中，选择关键帧，单击鼠标右键，在弹出的菜单中选择【创建补间动画】选项，建立动画。选择任意一帧，

打开【动画编辑器】面板，如果曲线图可看范围小，对"可查看的帧"的值进行调整，这样曲线范围将加大。

（8）把播放头移动到第50帧，单击【基本动画】下面的【X】、【Y】的，在此处添加关键帧。把播放头移动到第25帧，调整【基本动画】下面的【Y】的值，使人物移出画面，如图8-37所示。在第50帧时，人物在场景中央。

（9）给元件添加滤镜。单击按钮添加模糊滤镜，把播放头移动到第48帧、第50帧处，单击【滤镜】下面的【模糊Y】右边的，添加关键帧，如图8-38所示。

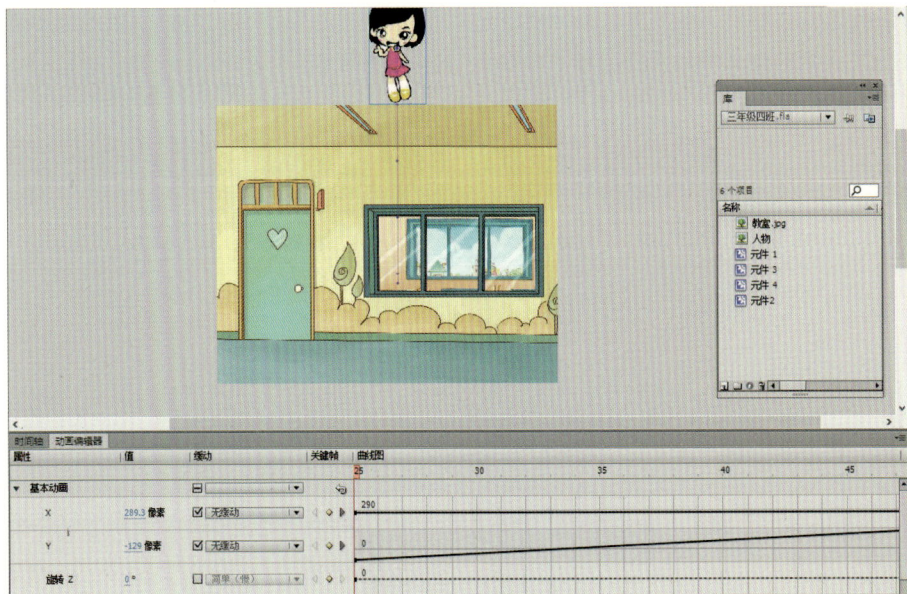

图8-37 第25帧动画效果

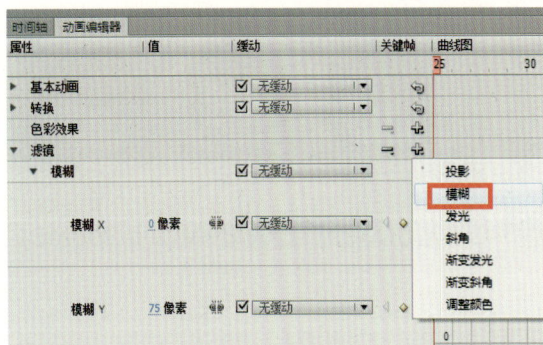

图8-38 添加模糊滤镜

（10）把播放头移动到第25帧处，设置【模糊Y】的值为"75"；设置第48帧处【模糊Y】的值为"75"；设置第50帧处【模糊Y】的值为"0"，如图8-39所示。

（11）新建图层4，在第51帧处按【F7】键插入空白关键帧，把"第二个女孩"拖到场景中，单击鼠标右键，在弹出的菜单中选择【创建补间动画】选项，建立动画，如图8-40所示。

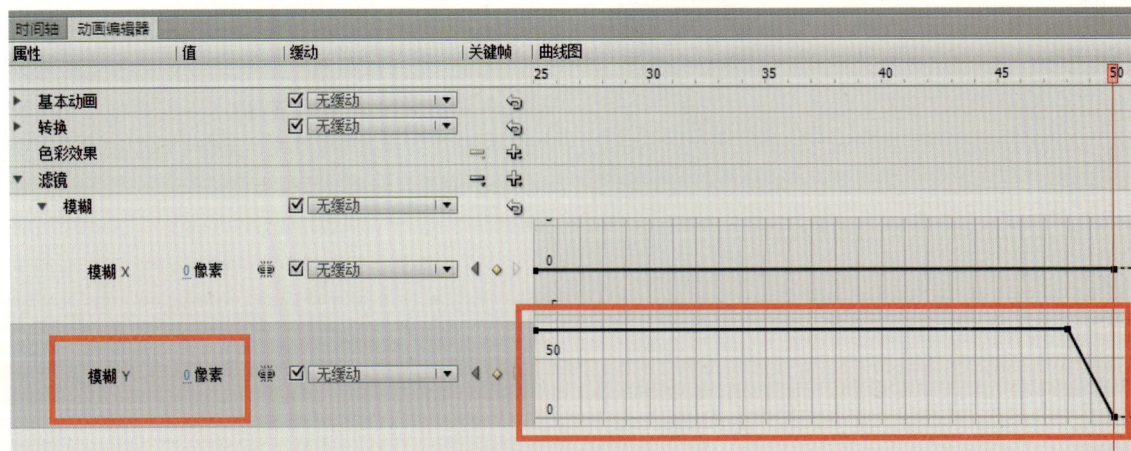

图8-39 设置【模糊Y】的值

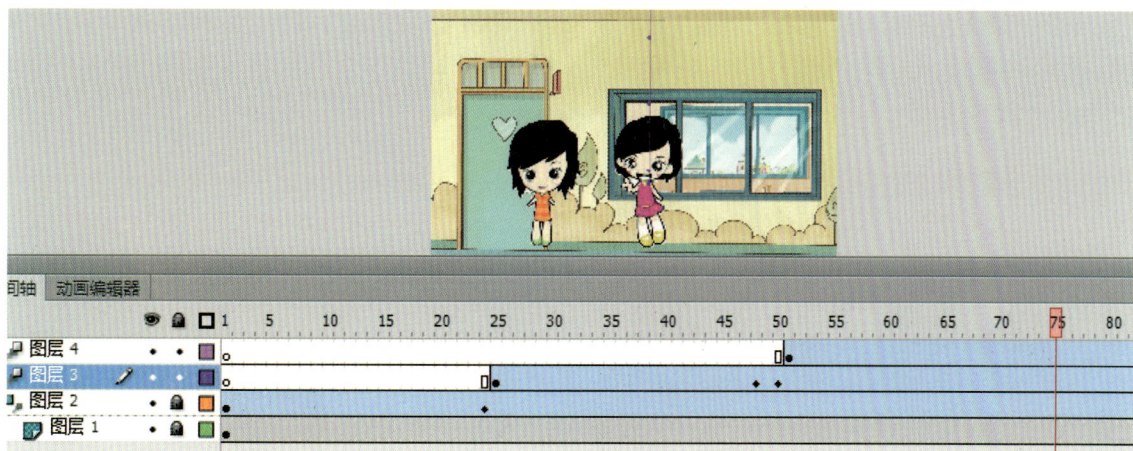

图8-40　创建补间动画

（12）选择任意一帧，打开【动画编辑器】面板，把播放头移到第75帧处，单击【基本动画】下面的【X】、【Y】后面的◇，在此处添加关键帧。

（13）把播放头移到第51帧处，调整【基本动画】下面的【X】的值，使人物移出画面，如图8-41所示。

（14）给元件添加滤镜。单击➕按钮添加模糊滤镜，把播放头移动到第73帧、第75帧处单击【滤镜】下面的【模糊X】后面的◇，添加关键帧。

（15）把播放头移动到第51帧处，设置【模糊X】的值为"75"；设置第73帧处【模糊X】值为

"75"；设置第75帧处【模糊X】值为"0"，如图8-42所示。

图8-41　第50帧处动画效果

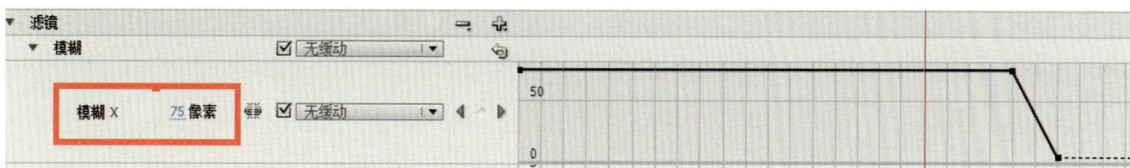

图8-42　模糊滤镜参数及曲线图

（16）新建图层5，在第76帧处按【F7】键插入空白关键帧，把"第三个女孩"拖到场景中，单击鼠标右键，在弹出的菜单中选择【创建补间动画】选项，建立动画，如图8-43所示。

（17）选择任意一帧，打开【动画编辑器】面板，把播放头移到第100帧处，单击【基本动画】下面的【X】、【Y】后面的◇，在此处添加关键帧。

图8-43　元件位置

（18）把播放头移到第76帧处，调整【基本动画】下面的【X】的值，使人物移出画面，如图8-44所示。

图8-44　第76帧动画效果

（19）给元件添加滤镜。单击 按钮添加模糊滤镜，把播放头移到第98帧、第100帧处，单击【滤镜】下面的【模糊X】后面的 ，添加关键帧。

（20）把播放头移到第76帧处，设置【模糊X】的值为"75"；设置第98帧处【模糊X】的值为"75"；设置第100帧处【模糊X】的值为"0"。

（21）新建图层6，在第100帧处按【F7】键建立空白关键帧，用【文本工具】T输入文字"三年级四班"。选择关键帧，执行【窗口】→【动画预设】命令，打开【动画预设】面板。在【默认预设】框中选择【脉搏】预设动画，单击【应用】按钮确认，如图8-45所示。

（22）选择图层6的第150帧，按【F5】键延长动画，如图8-46所示。

图8-45　【动画预设】面板

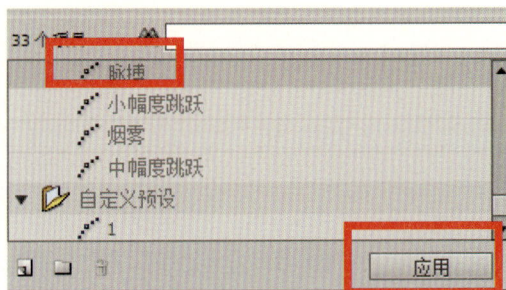

图8-46【时间轴】面板

（23）如果人物动画速度太平，可分别选择第25帧、第51帧、第76帧处，在【动画编辑器】面板中设置【缓动】下面的【简单(慢)】的值为"100"。如图8-47所示。在【基本动画】的【X】、【Y】值应用【简单（慢）】缓动。

（24）按【Ctrl】+【Enter】键测试动画。

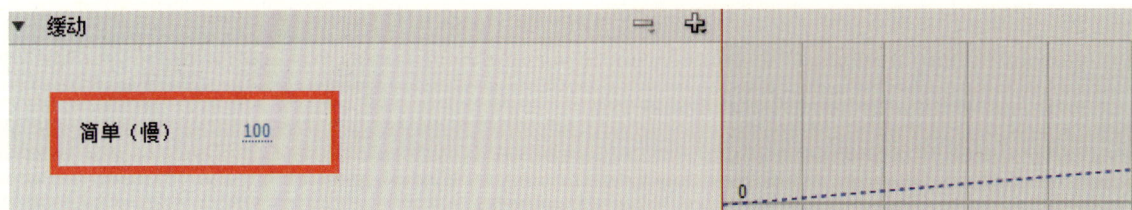

图8-47　调整缓动

第六节　实训练习

一、引导动画——太阳、地球、月亮相对运动

（1）新建Flash文档，场景大小默认，背景设为黑色。

（2）新建影片剪辑元件，命名为"地球月亮"。确定后就进入影片剪辑的编辑舞台，用【椭圆工具】制作一个由白到蓝渐变的正圆，调整大小为65×65（像素），使其居中于舞台，在第10帧按【F5】键插入普通帧。修改图层名为"地球"，如图8-48所示。

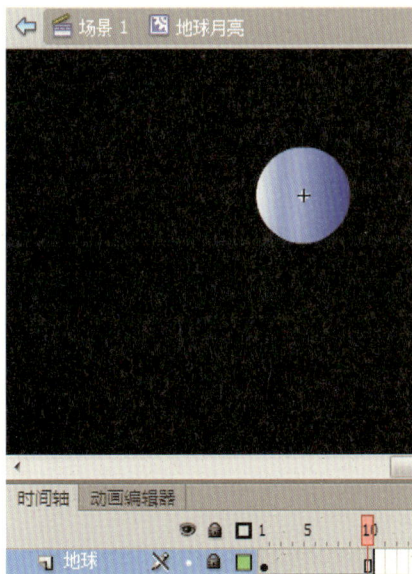

图8-48　绘制地球

（3）单击 新建一个图层，命名为"轨迹"，在"轨迹"图层第1帧，用【椭圆工具】画一个黄色椭圆，在【属性】面板中更改大小为95×45（像素），使其居中于舞台，如图8-49所示。

（4）连续建立3个图层，分别将图层命名为"月亮"、"引导线"、"地球1"。选择"地球"图层的第1帧，单击鼠标右键，在弹出的菜单中选择【复制帧】选项，再选择"引导线"层的关键帧，单击鼠

标右键，在弹出的菜单中选择【粘贴帧】选项。用同样的方法复制"地球"图层第1帧，并将其粘贴到"地球1"图层的第1帧，如图8-50所示。选择"引导线"层，单击鼠标右键，在弹出的菜单中选择【引导层】选项，把"月亮"层拖到引导线层中，建立引导动画，如图8-51所示。

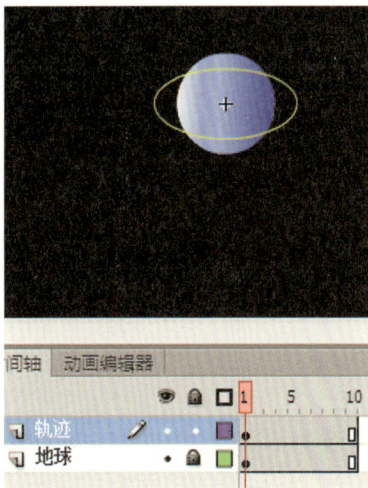

图8-49　绘制轨迹

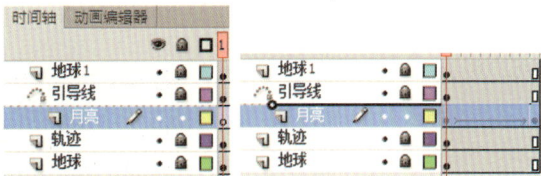

图8-50　图层　　　图8-51　建立引导动画

（5）用【选择工具】框选"地球1"，删除地球1的下半部分，如图8-52所示。选中"引导线"图层第1帧上的椭圆线，解除轨迹图层的锁定状态，用【橡皮擦工具】（最小号）在椭圆线的最右边擦出一个极小的缺口，如图8-53所示。

（6）选中"月亮"图层第1帧（其他图层上锁），用【椭圆工具】选择放射填充，在舞台空白处画一个正圆，大小为20×20（像素），如图8-54所示。

图8-52 地球1　　图8-53 绘制圆形轨迹

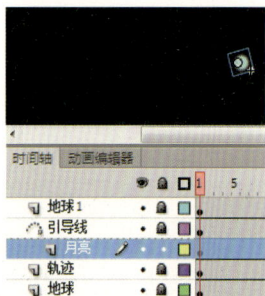

绘制一个放射状太阳，大小为150×150（像素），并使其于舞台居中对齐，在第80帧按【F5】键插入普通帧。在"轨迹"图层用【椭圆工具】画一个黄色椭圆线，大小400×250（像素），并使其与舞台居中对齐。复制这个椭圆线，将其粘贴到"引导线"图层的第1帧，选择图层的第80帧按【F5】键插入帧，用【橡皮擦工具】把"引导线"图层上的椭圆擦除一个小缺口，然后单击锁标志上锁，如图8-57所示。

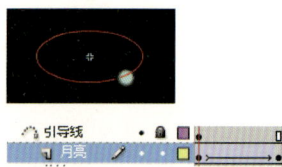

图8-54 绘制月亮

图8-55 制作月亮引导动画

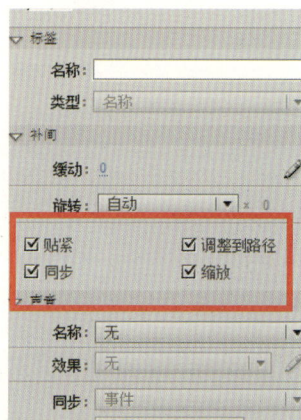

（7）按【F8】键将月亮转换为图形元件，在第1帧把"月亮"元件拖到引导线的前端，在第10帧按【F6】键插入关键帧，把月亮元件拖到引导线的后端，选中"月亮"图层，单击鼠标右键【创建传统补间动画】选项，制作动画，如图8-55所示。选择补间动画的任意一帧，在【属性】面板里勾选【调整到路径】、【同步】、【紧贴】，如图8-56所示。

（8）回到主场景，创建4个图层，自下而上分别将图层命名为"太阳"、"轨迹"、"地球月亮"、"引导线"。在"太阳"图层第1帧用【椭圆工具】

图8-56 【属性】面板

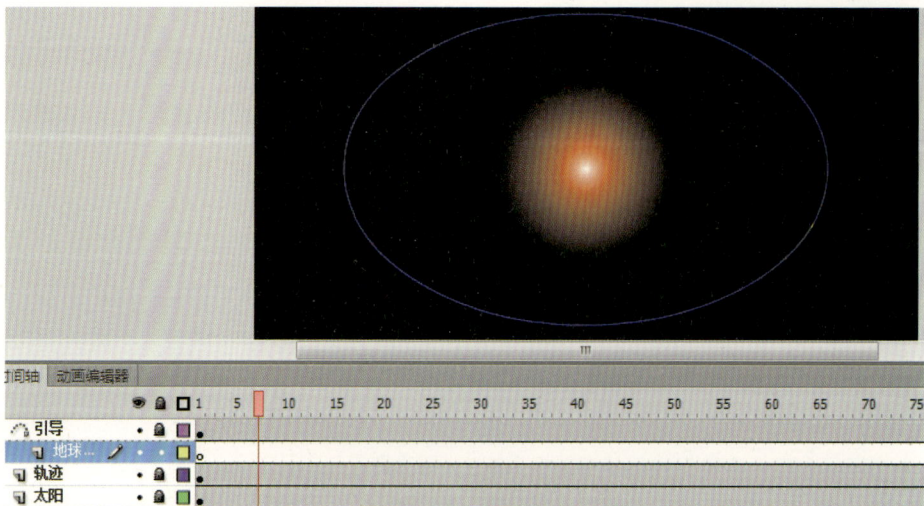

图8-57 绘制太阳和轨迹

（9）把【库】面板中的"地球月亮"元件拖到"地球月亮"图层的第1帧，中心点对准引导线缺口的前端，在第80帧按【F6】键插入关键帧，拖动"地球月亮"元件，让中心点对准引导线缺口的后端，选择任意一帧，单击鼠标右键，在弹出的菜单中选择【创建传统补间】选项。在【属性】面板里勾选【调整到路径】、【同步】、【紧贴】。把"引导线"图层的属性改为"引导层"，把"地球月亮"图层的属性改为"被引导层"，按【Enter】测试运动引导是否成功，如图8-58所示。

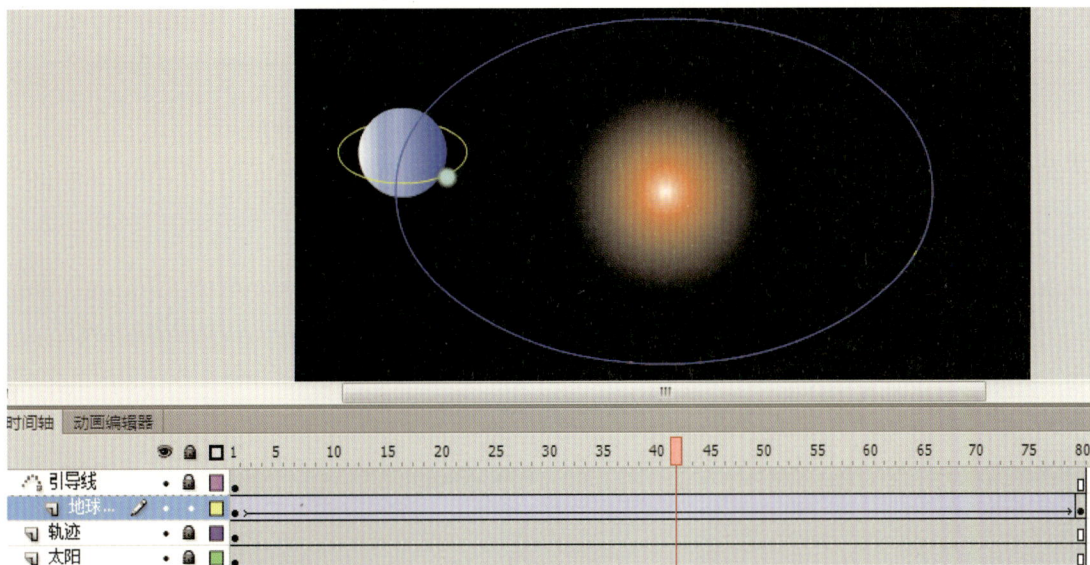

图8-58　动画效果

二、制作场景小动画

（1）建立一个Flash文档，设置大小为950×650（像素）。

（2）绘制小孩的背影元件。按【Ctrl】+【F8】键建立一个图形元件，在该元件里用【椭圆工具】和【线条工具】绘制小孩的背影，步骤如图8-59所示。

图8-59　小孩背影绘制步骤

（3）用【线条工具】绘制手的大概轮廓，然后用【选择工具】修改手的造型，在给手上色时一定要确定好手的亮部、暗部、固有色的关系，如图8-60所示。绘制好左手后，按【Ctrl】+【D】复制，用【任意变形工具】进行镜像变换，并移到合适位置，如图8-61所示。

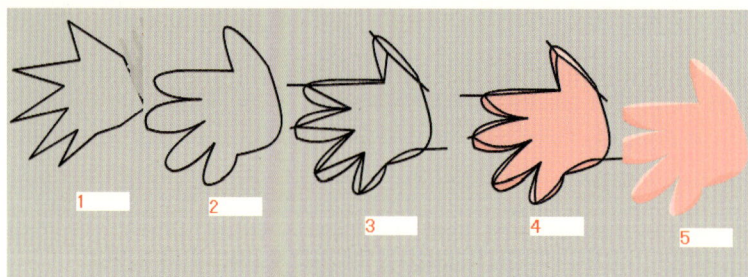

图8-60 手的绘制步骤

图8-61 双手效果

（4）制作小孩侧面元件。按【Ctrl】+【F8】键建立图形元件，在该元件里用【椭圆工具】和【线条工具】绘制侧面，步骤如图8-62所示。绘制时要注意明暗关系。

图8-62 侧面的绘制步骤

（5）绘制背景元件。先用【铅笔工具】 绘制大概图形，然后按【Ctrl】+【A】键全选图形，再单击【平滑】命令 使线条更顺畅，最后用【颜料桶工具】为图形上色 ，如图8-63所示。

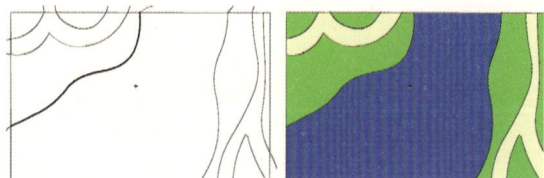

图8-63 绘制背景

（6）按【Ctrl】+【F8】键建立图形元件，并命名为"草"，用【椭圆工具】绘制"草"图形，步骤如图8-64所示。

图8-64 草的绘制步骤

（7）按【Ctrl】+【F8】键建立图形元件，并命名为"房子"，然后用【线条工具】绘制房子造型，如图8-65所示。

（8）双击背景元件，进入背景元件的编辑状态，把房子和草都拖到背景中，效果如图8-66所示。

（9）制作光线元件。按【Ctrl】+【F8】键建立图形元件，并命名为"光线"，用【椭圆工具】绘制光线，填充放射状渐变效果，如图8-67所示。

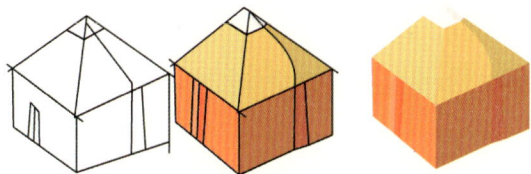

图8-65 房子绘制步骤

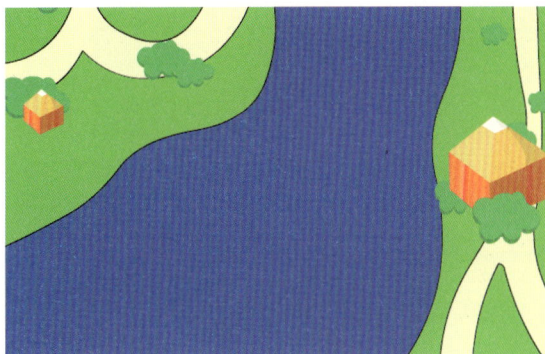

图8-66 完整背景

图8-67 绘制光线

（10）制作光线动画。在第15帧、第30帧处按【F6】键添加关键帧，第1帧、第15帧、第30帧光线形状如图8-68所示。光线的调整主要用到【任意变形工具】，【颜色】面板中的【Alpha】以及【移动工具】，最后选择任意一帧，单击鼠标右键，在弹出的菜单中选择【创建补间形状】选项，制作动画，如图8-68所示。

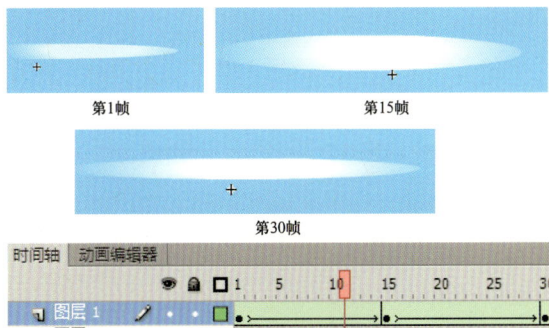

第1帧 第15帧

第30帧

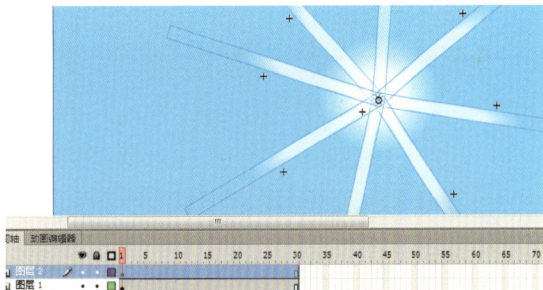

图8-68 【时间轴】面板

（11）制作太阳元件。按【Ctrl】+【F8】键建立图形元件，并命名为太阳，在图层1用【椭圆工具】绘制一个正圆，在图层2把光线元件拖到场景中，并在第30帧处按【F5】键插入帧，如图8-69所示。

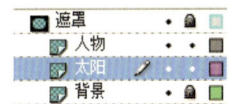

图8-69 制作太阳元件

（12）制作动画。单击 按钮建立4个图层，分别命名为"背景"、"人物"、"太阳"、"遮罩"，如图8-70所示。在"背景"层上用【矩形工具】绘制一个蓝色天空背景，如图8-71所示。

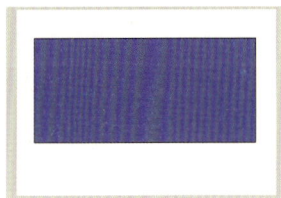

图8-70 新建图层 图8-71 绘制天空背景

（13）选择"人物"层，把人物拖到场景中，给人物制作以1～60帧从右移动到左的动画；选择"太阳"层把阳光元件拖到场景中，制作60帧太阳由左移动到右的传统补间动画，如图8-72所示。选择"背景"层的第1帧，将其复制粘贴到"遮罩"层上。选择"遮罩"层，单击鼠标右键，在弹出的菜单中选择【遮罩层】选项，其他图层设置为被遮罩层。设置完成后，单击"遮罩"层的【显示图像轮廓】按钮，这样就可以知道遮罩的位置和大小了。

（14）选择"太阳"层的第61帧，按【F7】键插入空白关键帧，把太阳拖到场景中；选择"人物"层的第61帧，按【F7】键插入空白关键帧，把人物侧面拖到场景中。在"人物"层第90帧按【F6】键插入　　　如图8-73所示。
关键帧，制作人物侧面从右移到左的传统补间动画，

图8-72　制作人物和太阳位移的传统补间动画

图8-73　制作人物侧面移动动画

（15）选择"人物"、"太阳"、"背景"图层的第91帧，按【F7】键插入空白关键帧，单击■按钮创建一个新图层，并命名为"场景"，选择"场景"层的第91帧，按【F7】键插入空白关键帧，把场景元件拖到舞台中间，用【任意变形工具】放大场景，在"场景"层的第140帧处按【F6】键插入关键帧后，再用【任意变形工具】缩小场景，然后该图层91~140帧之间的任意一帧，选择图层，单击鼠标右键，在弹出的菜单中选择【创建传统补间】选项，制作动画，如图8-74所示。

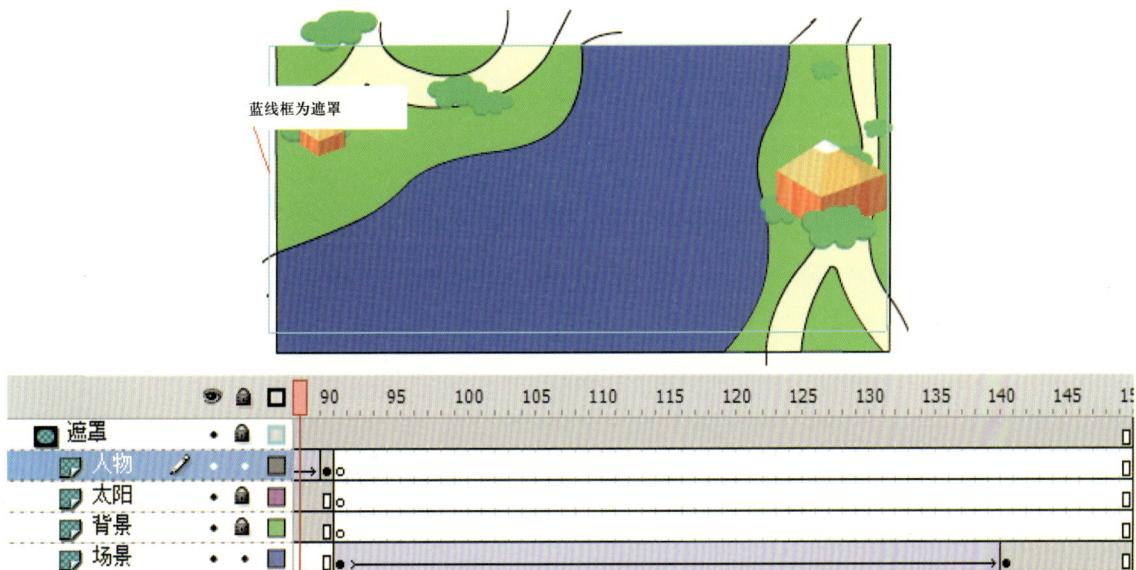

蓝线框为遮罩

图8-74　制作场景动画

（16）按【Ctrl】+【Enter】键发布动画。

三、动画编辑器的使用——制作世界杯动画

（一）制作小球落下与弹起动画

（1）新建文档，按【Ctrl】+【F8】键创建"小球"影片剪辑元件。然后用【椭圆工具】绘制小球。再用【颜料桶工具】为小球填充渐变颜色，效果如8-75所示。

图8-75　"小球"影片剪辑元件

（2）单击 场景1 按钮回到场景。把"小球"元件拖到场景中，然后选择关键帧，单击鼠标右键，在弹出的菜单中选择【创建补间】选项"，选择第25帧，单击鼠标右键，在弹出的菜单中选择【插入关键帧】→【位置】，这样创建一个位置关键帧。然后在关键帧处调整小球的位置，如图8-76所示。

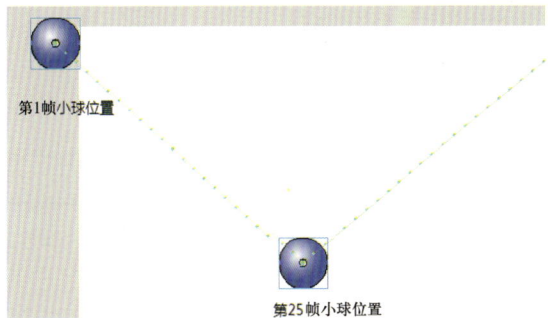

第1帧小球位置

第25帧小球位置

图8-76　小球动画

（3）经过测试发现小球弹跳不真实，可以给小球加入缓动效果。方法如下：选择任意一帧，打开

【动画编辑器】，通过 按钮添加【简单（慢）】缓动，调整数值为"–100"。这样小球掉落时进行加速度运动，曲线调整如图8-77所示。曲线的夹角越大说明速度越快。【基本动画】的【Y】轴也要使用【简单（慢）】缓动。小球运动路径效果如图8-78所示。

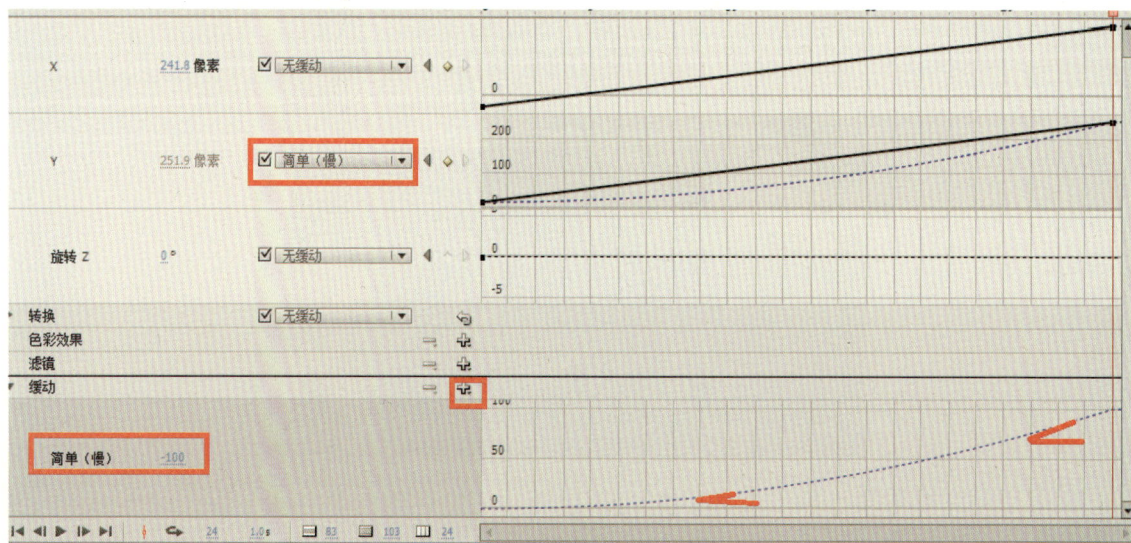

图8-77 利用【动画编辑器】面板调整缓动效果

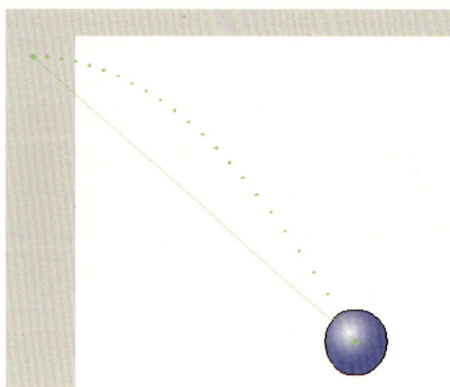

图8-78 小球运动路径

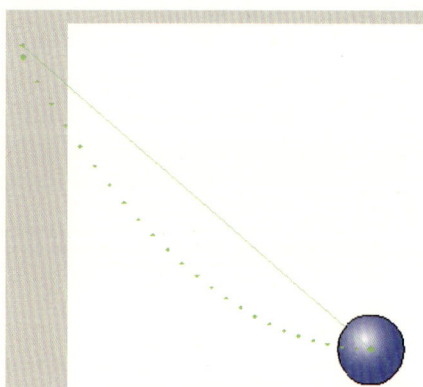

图8-79 翻转关键帧

（4）回到【时间轴】面板，按【shift】键选择1~25帧的动画，然后单击鼠标右键，在弹出的菜单中选择【复制帧】选项，在第26帧处单击鼠标右键，在弹出的菜单中选择【粘贴帧】选项。

（5）按【Shift】键选择复制出的动画，单击鼠标右键，在弹出的菜单中选择【翻转关键帧】选项，使动画首尾翻转，如图8-79所示。选择第50帧修改小球的位置，如图8-80所示。

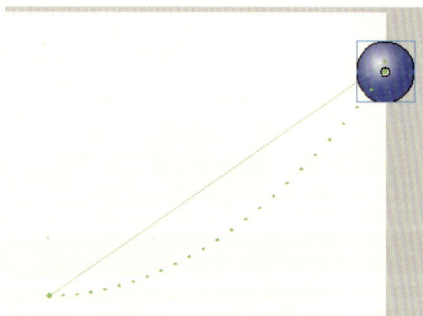

图8-80 第50帧小球的位置

（6）此时小球的缓动不正确。选择任意帧，打开【动画编辑器】面板，在缓动中修改【简单（慢）】缓动，调整数值为"100"，这样小球弹起动画为减速度。曲线夹角越来越小。在【基本动画】的【Y】轴也要使用【简单（慢）】缓动，如图8-81所示。小球弹起路径效果如图8-82所示。

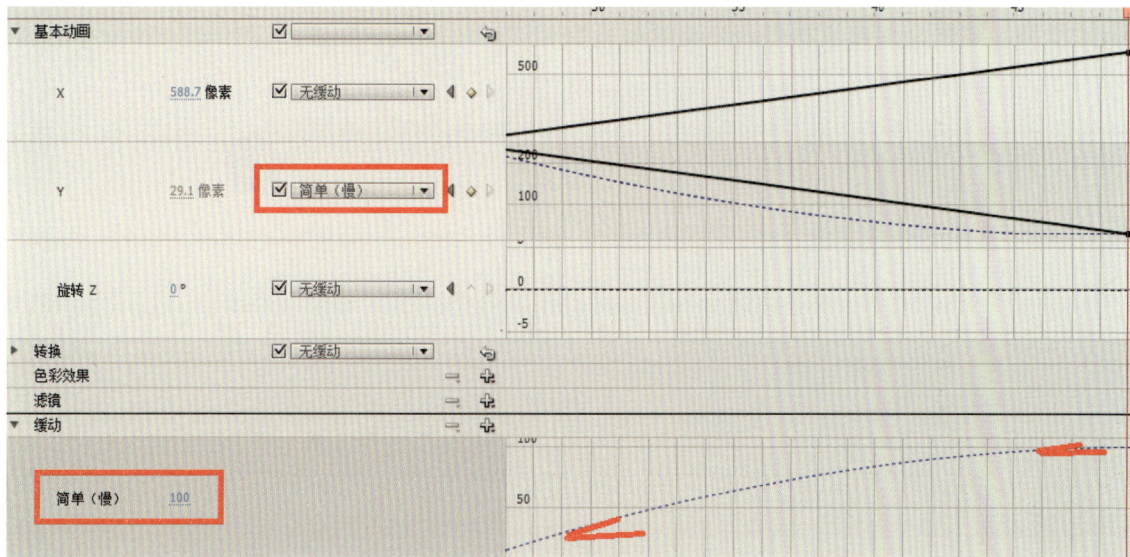

图8-81　利用【动画编辑器】面板调整缓动效果

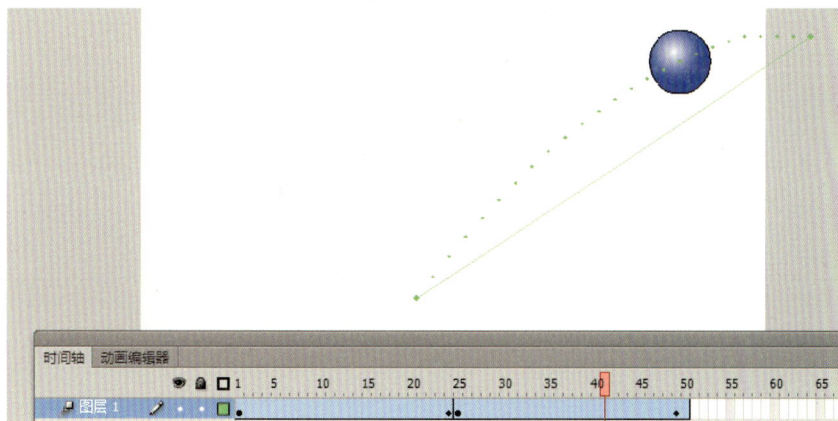

图8-82　小球弹起路径效果

（二）制作小球反弹动画

（1）单击按钮新建图层2，在第51帧按【F7】键插入空白关键帧。选择空白关键帧，把"小球"元件拖到场景中。选择第125帧按【F5】键延长动画。

（2）选择第51帧的关键帧，执行【窗口】→【动画预设】命令，打开【动画预设】面板，选择【默认预设】的【大幅度跳跃】后，单击【应用】按钮，即可应用这段动画，如图8-83、图8-84所示。

（3）单击按钮新建图层3，在第51帧按【F7】键插入空白关键帧，用【矩形工具】绘制栏杆图形，用【颜料桶工具】上色，如图8-85所示。

（4）如果小球运动路径不合适，可用【任意变形工具】选择路径，然后调整路径，效果如图8-86所示。

代码片断　组件　动画预设

图8-83　【动画预设】面板

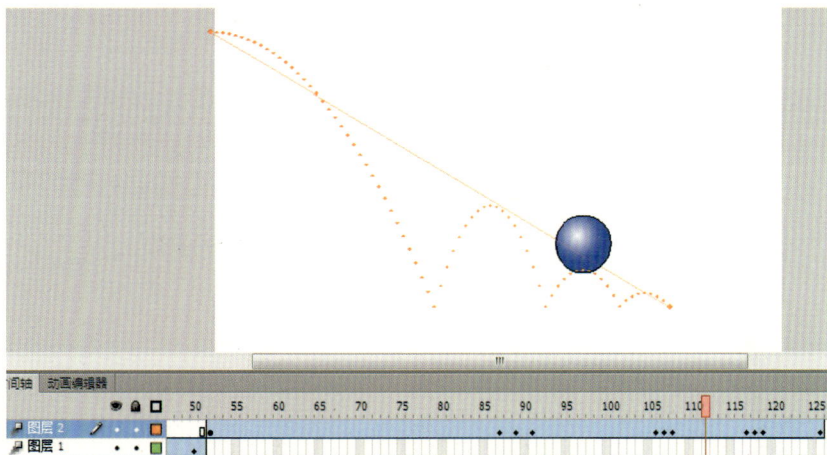

图8-84　应用动画预设后的小球运动路径

图8-85　绘制
栏杆

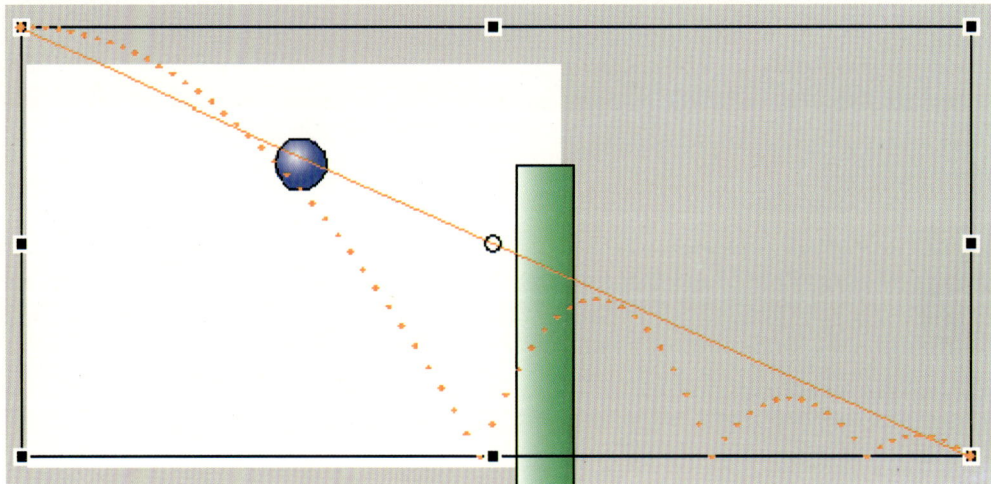

图8-86　调整路径

（5）为小球添加关键帧。选择图层2的任意一帧，打开【动画编辑器】面板，移动播放头观看效果，在小球碰到栏杆的地方，单击【基本动画】下面的【X】、【Y】后面的◇，在此位置添加关键帧，如图8-87所示。

（6）制作小球反弹效果。打开【动画编辑器】面板，把播放头移到第125帧，调整【基本动画】下面的【X】水平方向的值，效果如图8-88所示。

（三）小球跳动

（1）新建图层4，在第126帧处按【F7】键插入空白关键帧，选择空白关键帧，把"小球"元件拖到场景中。然后选择关键帧，单击鼠标右键，在弹出的菜单中选择【创建补间动画】。

（2）选择任意一帧，打开【动画编辑器】面板。在第150帧处单击【基本动画】下面的【X】、【Y】后面的◇，在第150帧处添加关键帧，在关键帧处调整小球位置，如图8-89所示。

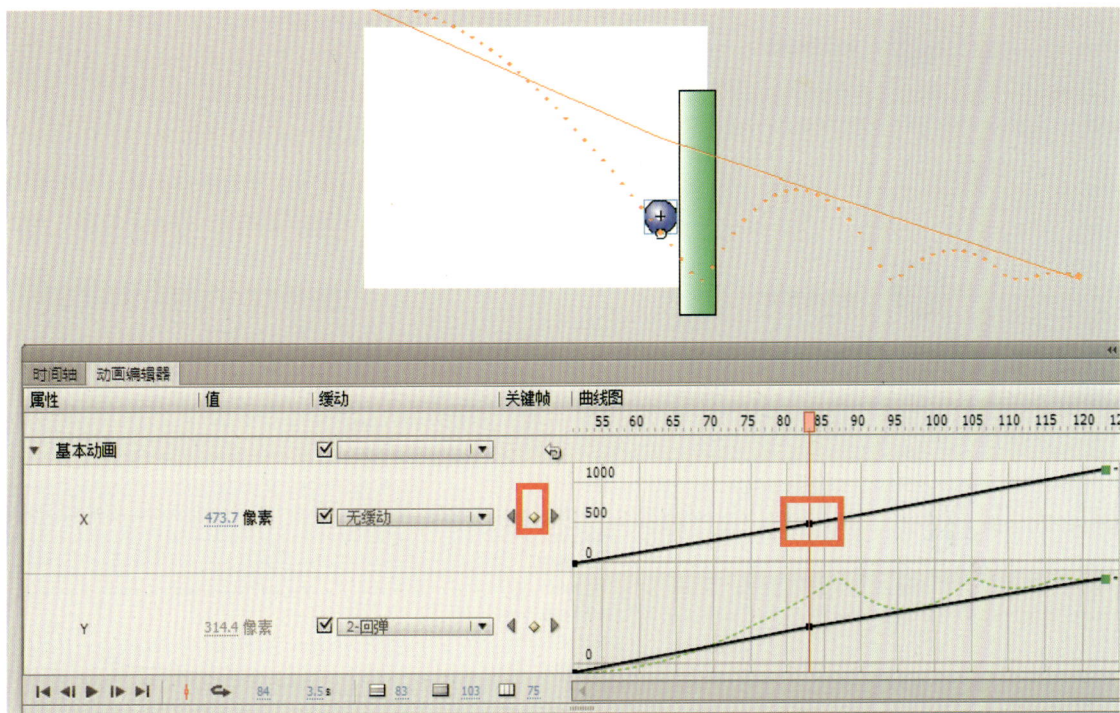

图8-87　添加关键帧

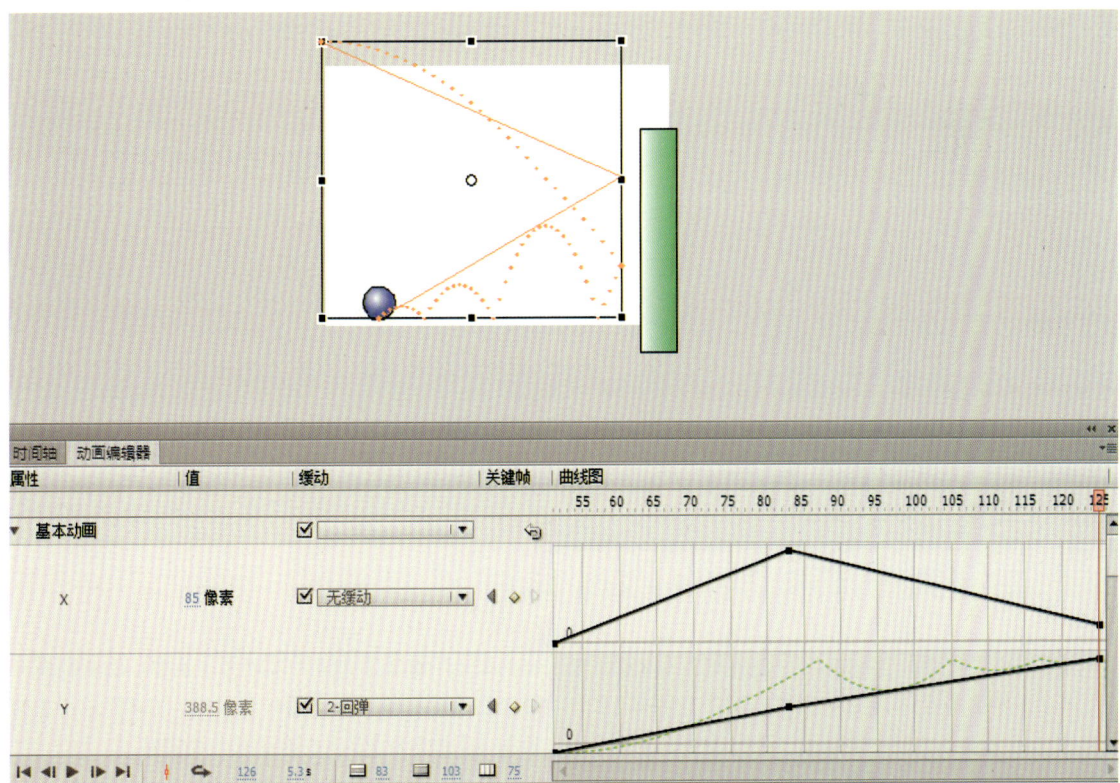

图8-88　小球运动路径

第126帧位置

第150帧位置

图8-89 小球上下补间运动

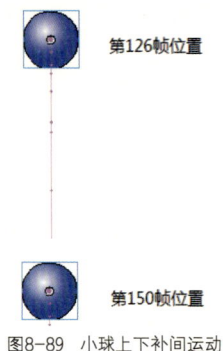

（3）制作小球弹跳。选择任意一帧，打开【动

画编辑器】面板。通过 按钮添加【回弹】缓动，然后在【基本动画】的【Y】轴使用【回弹】缓动，如图8-90所示。

（4）播放动画发现小球运动反了。按【Shift】键选择图层4的补间动画，单击鼠标右键，在弹出的菜单中选择【翻转关键帧】选项。并用【选择工具】 选择路径，把路径往下移动。

（5）在第151帧处按【F7】键插入空白关键帧，把第150帧的关键帧用【复制帧】、【粘贴帧】命令粘贴到第151帧处，并按【F5】键把动画延续到200帧，如图8-91所示。

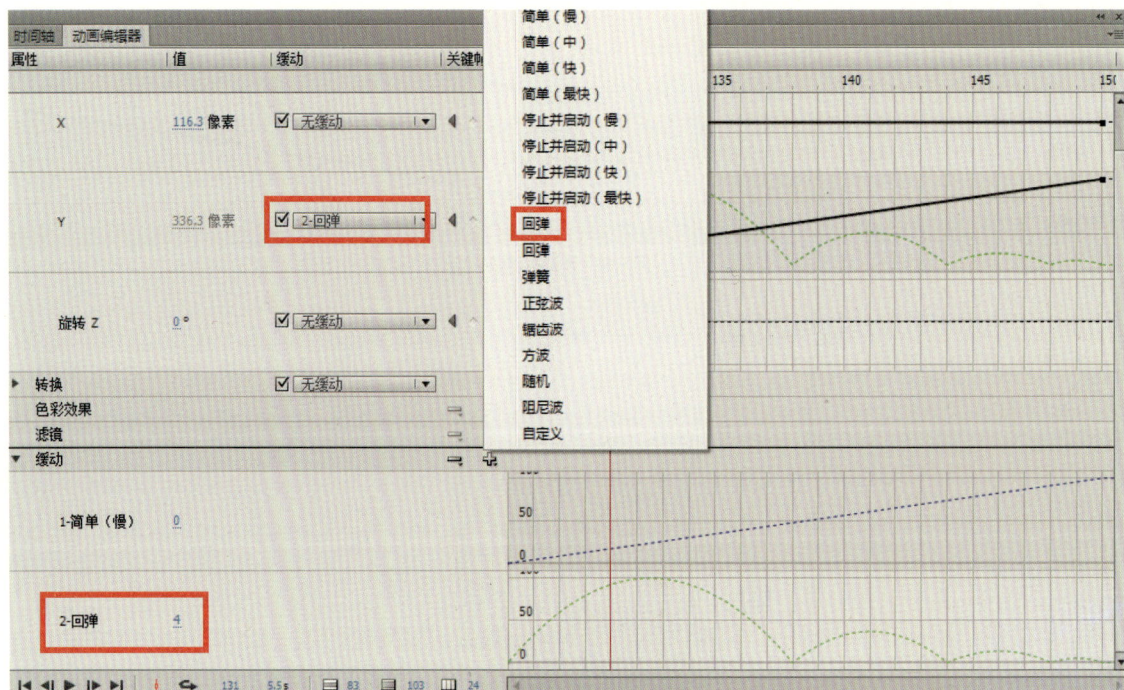

图8-90 使用【回弹】缓动

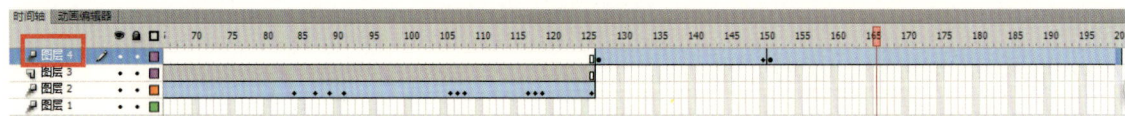

图8-91 时间轴

（四）文字动画

（1）新建图层5，重命名为"2014"，在第150帧处按【F7】键插入空白关键帧。使用【文本工具】 T 输入"2014"。选择关键帧，单击鼠标右键，在弹

出的菜单中选择【创建补间动画】选项。选择任意一帧打开【动画编辑器】面板，在第170帧处单击【转换】→【缩放XY】的 ，在此加入关键帧。

（2）把播放头移到第150帧处，调整【转

换】→【缩放XY】的数值为0，这样完成了文字的缩放动画。

（3）新建图层6，用【文本工具】T输入文字"世界杯"。选择文字按【Ctrl】+【B】键把文字打散成一个个独立的文字。一个个选择文字，按【F8】键把"世界杯"都转换成影片剪辑元件。选择"世界杯"，单击鼠标右键选择【分散到图层】命令。这样图层6就空了，如图8-92所示。

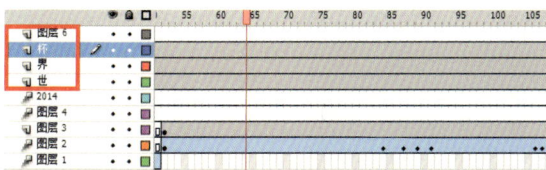
图8-92 将"世界杯"文字分散到图层

（4）分别选择"世"、"界"、"杯"图层的第170帧，按【F6】键加关键帧，单击鼠标右键，在弹出的菜单中选择【创建补间动画】选项。把"世"、"界"、"杯"的第1帧删除。选择"世"的任意1帧，打开【动画编辑器】面板，在第190帧处单击【基本动画】下面的【X】、【Y】后面的◇，在此处加入关键帧。

（5）把播放头移到第170帧，调整【基本动画】下面的【X】的值，把文字水平移出画面，如图8-93所示。

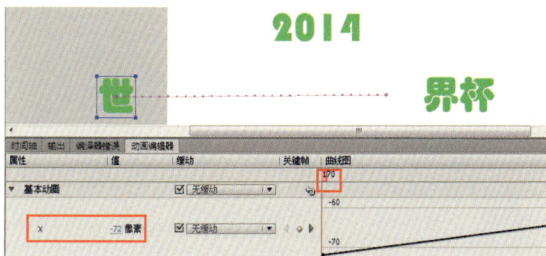
图8-93 调整【动画编辑器】参数

（6）单击按钮添加模糊滤镜。在第170帧处

整【模糊X】为200。在第190帧处单击【模糊】X轴的关键帧◇，在此加入关键帧，并调整【模糊X】轴的值为0，如图8-94所示。

图8-94 添加模糊滤镜

（7）"界"、"杯"的动画与"世"的动画效果一样。所以按【Shift】键选择"世"动画，单击鼠标右键在弹出的菜单中选择【复制动画】，然后分别选择"界杯"的关键帧，单击鼠标右键，在弹出的菜单中选择【粘贴动画】。这样完成"世界杯"的动画。

（8）在第190帧处"界杯"的位置不对，可用【移动工具】选择路径，然后调整位置，如图8-95所示。

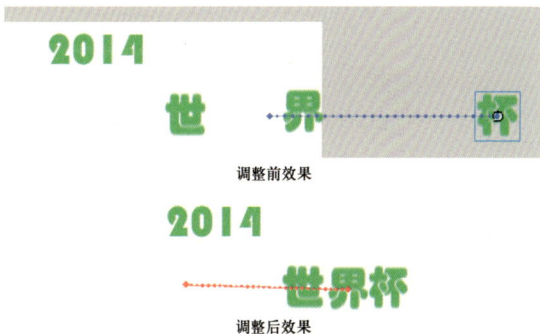
图8-95 调整路径位置

（9）现在"世界杯"的动画是同时的，我们把它们改成一个文字进来后，另一个文字再进来。按【Shift】键选择"界"动画，把它移动到第191帧处，按【Shift】键选择"杯"动画把它移动到第211帧处，如图8-96所示。

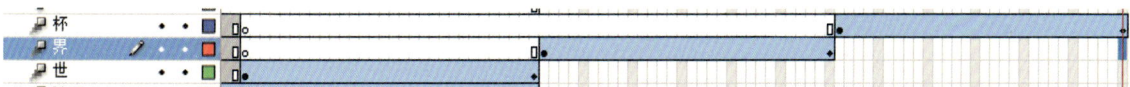
图8-96 时间轴

（10）选择"世界"、"2014"、图层4的第230帧，按【F5】键延续动画。

（11）新建一个图层，然后绘制背景，完成动画制作，如图8-97所示。

图8-97　绘制背景

课后习题

一、填空题

（1）Flash图层类型主要有＿＿＿＿、＿＿＿＿、＿＿＿＿、＿＿＿＿4种类型。

（2）Flash场景的缩放是通过＿＿＿＿工具实现的。

二、判断题

（1）作引导动画时，一条引导线路只能引导一个对象。（　　　　）

（2）传统补间动画也可以使用【动画编辑器】面板。（　　　　）

三、问答题及上机练习

（1）制作文字遮罩动画，如图8-98所示。

（2）制作文字引导动画。要求动画发布后，文字一个一个出现，并沿着"工"字运动，最后一个一个消失，如图8-99所示。

图8-98　文字遮罩动画

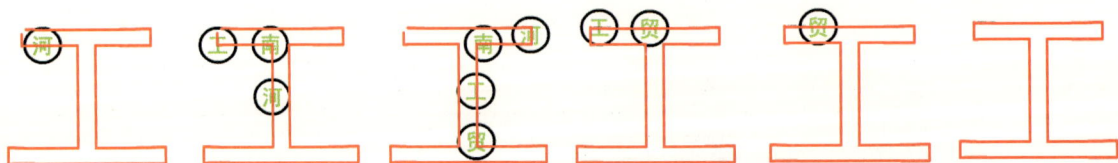
图8-99　文字动画效果

第九章
骨骼动画

第一节　创建骨骼

Flash提供了一个全新的骨骼工具，可以很方便快捷地把图形连接起来，形成父子关系，实现反向运动。反向运动就是当父对象进行位移、旋转或缩放等动作时，其子对象会受到这些动作的影响；反之，子对象的动作也将影响到父对象。Flash骨骼的运动原理就是反向运动。通过反向运动可以很轻松的创建人物动画，如胳膊与腿的运动等。

【骨骼工具】可以应用在元件上，也可以应用在图形形状上。一般来说，向图形形状添加骨骼比较适合于柔性物体，比如人体、动物等；向不同元件添加骨骼适合于刚性物体的添加，例如吊车与机器人。需要注意的是，【骨骼工具】要在ActionScript3.0版本中使用，不能在ActionScript2.0版本中使用。

一、为图形创建骨骼系统——制作尾巴摇摆动画

（1）创建Flash文档，并选择ActionScript3.0版，如图9-1所示。在【属性】面板中设置文档大小为550×600（像素）。

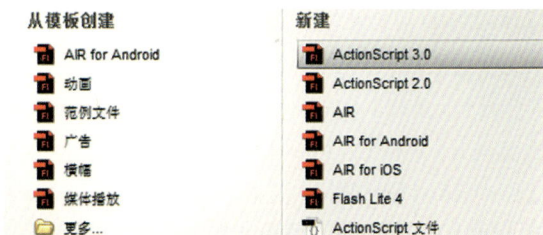

图9-1　创建Flash文档

（2）用【矩形工具】▢绘制一个矩形，用【选择工具】▶将矩形调整成尾巴的造型，如图9-2所示。

图9-2　尾巴造型

（3）选择【骨骼工具】✐，从尾巴的根部开始，在形状内单击拖动一节节创建骨骼。尾部关节很多，我们在创建骨骼时，骨骼逐渐变短，这样比较符合实际，如图9-3所示。骨骼创建成功后会自动出现一个骨骼图层，如图9-4所示。如果想对尾巴进行整体移动，可用【选择工具】选择尾巴，按住【Alt】键单击鼠标拖动尾巴即可。

图9-3　为尾巴添加骨骼

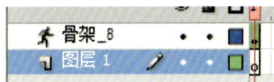

图9-4　骨骼图层

（4）尾巴创建完成后，如果对骨骼长度不满意，可以用【部分选择工具】▶点选骨骼根部，当鼠标光标变成▣时，可对骨骼的长短进行调整。

（5）如果想要调整尾巴，可用【选择工具】拖动尾巴的骨骼调整尾巴造型，如图9-5所示。

（6）在第60帧单击鼠标右键，在弹出的菜单中选择【插入姿势】选项即可创建关键帧，如图9-6所示。

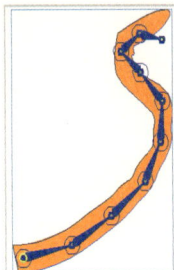

图9-5 调整尾巴

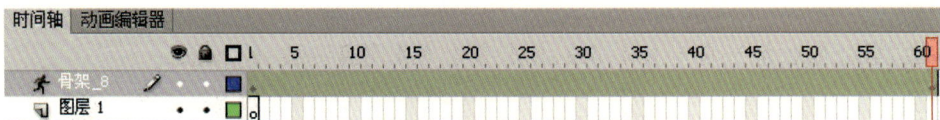

图9-6 插入姿势

（7）把播放头分别移到第10帧、第20帧、第30帧、第40帧、第50帧、第60帧，调整姿势会自动添加关键帧。在关键帧之间会自动形成动画。这样就完成了一个尾巴上下摆动的动画，如图9-7、图9-8所示。

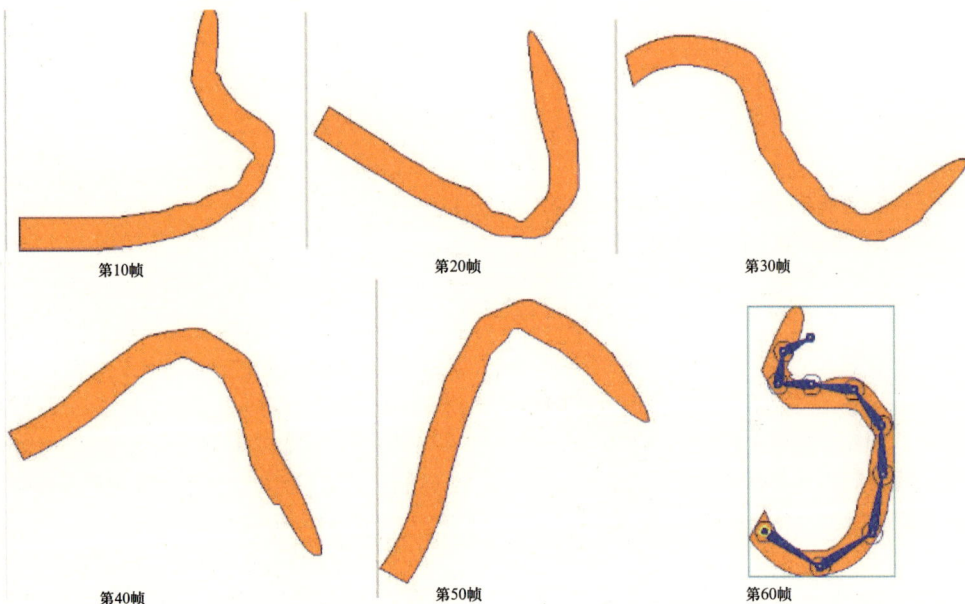

第10帧

第20帧

第30帧

第40帧

第50帧

第60帧

图9-7 关键动画

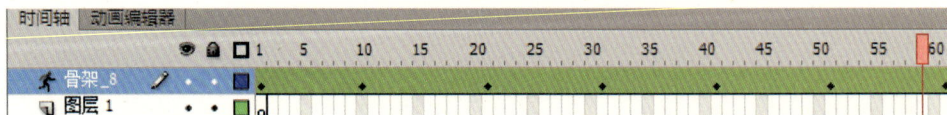

图9-8 骨架时间轴

二、为元件创建骨骼——挖土机

（1）创建Flash文档，并选择ActionScript3.0版，在【属性】面板设置文档大小为800×600（像素）。

（2）执行【文件】→【导入】→【导入到库】命令，在【导入到库】对话框中选择本书配套文件中的"源文件\第九章\素材\挖土机.jpg"文件，把挖土机导入到【库】面板中。

（3）把挖土机拖到场景中，用【选择工具】选择图片，按【Ctrl】+【B】键打散文件，然后用【套索工具】选项区的【魔术棒】和【多边形模式】选择背景，然后删除背景，如图9-9所示。

"手臂3"上，从"手臂3"拖到"挖土"上，创建骨骼，如图9-12所示。

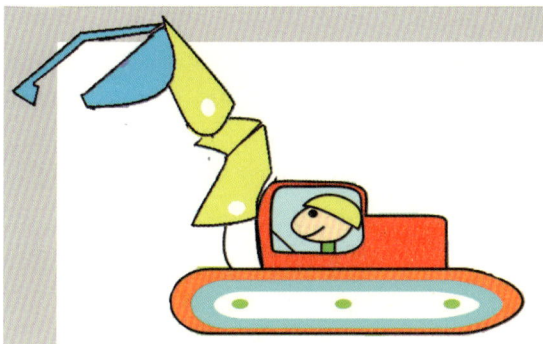

图9-9　删除背景

（4）用【多边形模式】选择挖土机，按【F8】键将其转化为影片剪辑元件，并命名为"手臂1"，如图9-10所示。

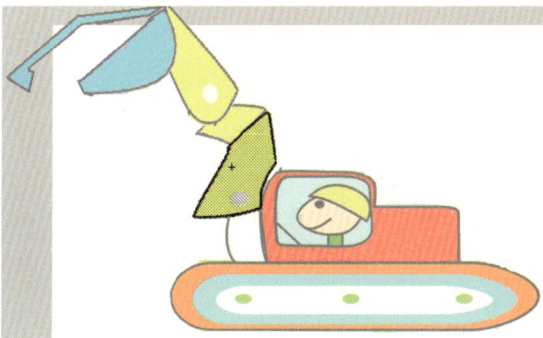

图9-10　手臂1影片剪辑元件

（5）用同样的方法把挖土机的其他部分选中，然后分别转换成影片剪辑元件，依次起名，如图9-11所示。

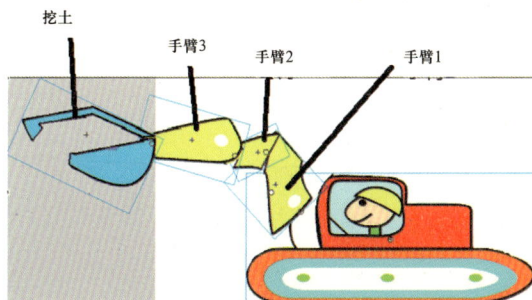

图9-11　命名

（6）选择【骨骼工具】，从挖土机"手臂1"开始单击，并拖到"手臂2"，再从"手臂2"拖到

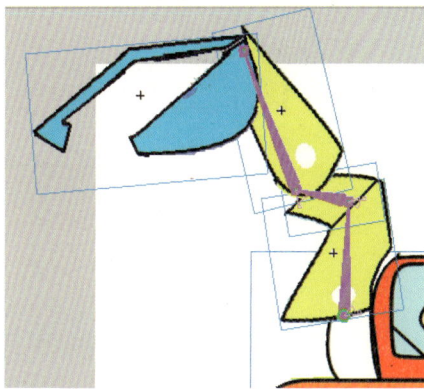

图9-12　创建骨骼

（7）骨骼的第一根骨骼为根骨骼，它的起始位置由一个圈包围，如果想要更改骨骼的长度，可以用【任意变形工具】选择挖土机元件，调整该元件的中心点位置即可改变骨骼的长度，如图9-13所示。

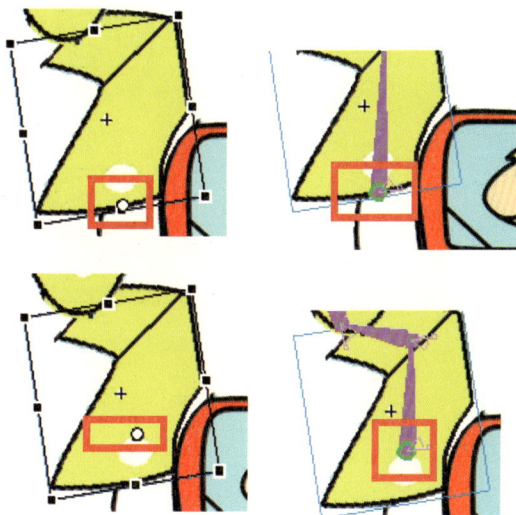

图9-13　改变中心点位置，骨骼长度发生变化

（8）用【选择工具】选择不同骨骼可调整挖土机的姿势，如果发现挖土机转得太厉害，可选择"骨骼"，在其【属性】面板中选择【旋转约束】可以设置旋转角度，给每个手臂都设置好旋转角度，如图9-14所示。

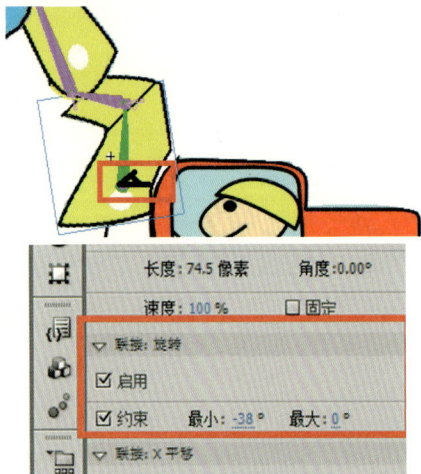

图9-14 设置骨骼旋转角度

键，在弹出的菜单中选择【插入姿势】选项。然后在"骨骼图层"的第10帧、第20帧、第40帧、第50帧调整姿势，软件会自动加入关键帧。在调整姿势时如果发现元件之间位置有空隙需要调整，可用【选择工具】选中元件，然后用键盘上的【↑】、【↓】、【←】、【→】键进行微调，如图9-15所示。

（10）第10帧和第40帧一样。我们可以调整好第10帧，然后选择第10帧，单击鼠标右键，在弹出的菜单中选择【复制姿势】选项，选择第40帧，单击鼠标右键，在弹出的菜单中选择【粘贴姿势】选项。用同样的方法把第1帧复制粘贴到第50帧。选择两个图层的第85帧，按【F5】键延长动画。

（11）完成骨骼动画，执行【文件】→【保存】命令保存文件。

（9）选择"骨骼图层"的第50帧，单击鼠标右

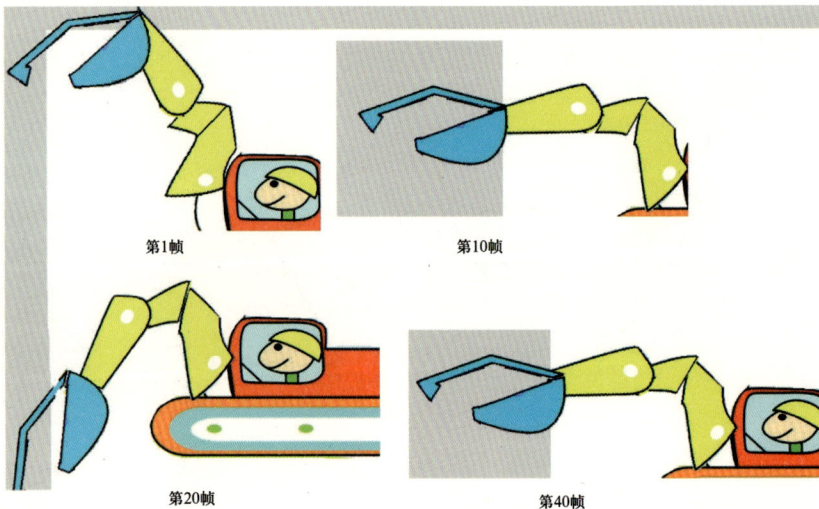

图9-15 设置动画

第二节　骨骼、骨架【属性】面板

一、骨架【属性】面板

使用【骨骼工具】为图形创建骨骼系统后，选择关键帧，在【属性】面板中可以设置骨架的参数，如

图9-16、图9-17所示。

缓动强度 通过该选项可以控制动画中某关键帧动画的速度，实现加速度和减速度动画效果。【强度】为0表示无缓动，【强度】为100表示为加速运

动，【强度】为−100表示为减速运动。

缓动类型 该下拉列表可以选择缓动的类型，包括4个简单缓动和4个停止并启动缓动，如图9-17所示。

图9-16 【属性】面板

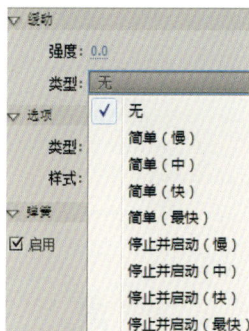

图9-17 缓动类型

选项类型 动画类型包括【创作时】和【运行时】两种。选择【创作时】，可以在一个时间轴图层中包含多个姿势；选择【运行时】选项，需要用脚本语言控制骨架，它不能在一个时间轴图层中包含多个姿势。

样式 在该选项的下拉列表中可以设置骨骼系统的显示方式，分别是【无】、【线】、【实线】、【线框】4种方式，如图9-18所示，默认为实线显示。

弹簧启用 默认是启用该选项，这样可以使骨骼动画显示逼真的物理效果。

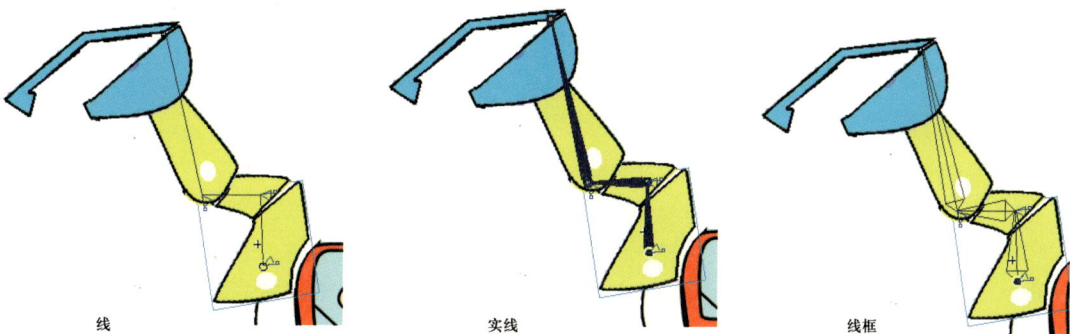

线　　　　　　实线　　　　　　线框

图9-18 骨骼系统显示方式

二、设置IK骨骼属性

使用【骨骼工具】为图形创建骨骼系统后，用【选择工具】选择骨骼，在【属性】面板中将会显示"IK骨骼"的参数，如图9-19所示。

级别操作按钮 可以快速地选择相邻的骨骼。表示"上一同级"骨骼；表示"下一同级"骨骼；表示"父级"骨骼；表示"子级"骨骼。如图9-20所示。

实例名称 用于设置所选骨骼的名称，可以通过脚本代码对骨骼进行控制。

位置 在该选项区中显示了当前所选骨骼的位置信息。其中【X/Y】显示当前所选骨骼的位置坐标。【长度】显示当前所选骨骼的长度。【角度】显示当前所选骨骼的角度。【速度】选项可以控制当前选中

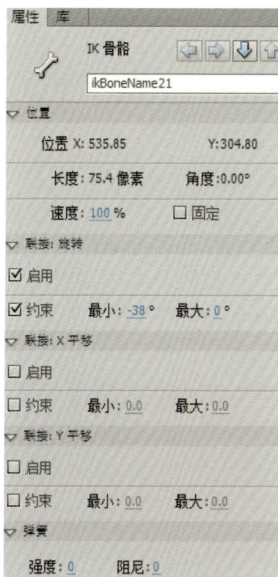

图9-19 IK骨骼参数

骨骼的运动速度。【固定】选项可以固定在当前所在位置，则当前选中的骨骼不可以进行调整。

最大值。

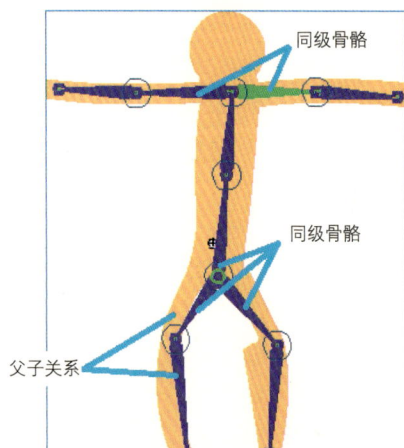

图9-20　骨骼级别

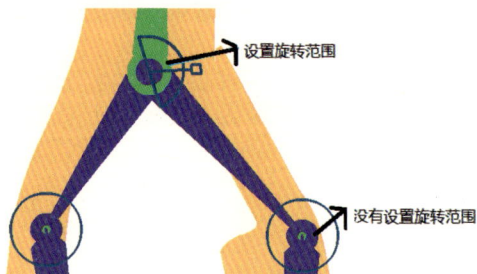

图9-21　设置旋转范围

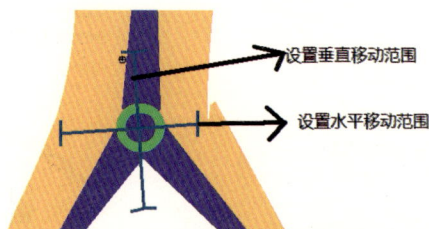

图9-22　设置移动范围

旋转　该选项可以对当前所选的骨骼进行旋转设置。【启用】选项可以对当前骨骼进行旋转操作。【约束】选项用于设置骨骼选转时的最小度数与最大度数，如图9-21所示。

X\Y平移　选中该项可以对当前所选的骨骼进行水平移动或垂直移动，如图9-22所示。【启用】选项可以对当前骨骼进行水平方向或垂直方向平移。【约束】选项用于设置骨骼在X轴或Y轴平移时的最小值与

弹簧　可将弹簧属性添加到IK骨骼中。最好在设置姿势前设置这些属性。【强度】选项用于设置弹簧的强度。值越高，创建的弹簧效果越强。【阻尼】选项用于设置弹簧效果的衰减速率。值越高，弹簧属性减小得越快。

第三节　编辑骨骼

一、创建骨骼

在图形中单击拖动鼠标即可创建第一个骨骼，第一个骨骼是父级骨骼，骨骼的头部有圆圈围绕，尾部为尖形；继续单击拖动即可创建子级骨骼。在创建骨骼后，Flash会将骨骼和图形移到同一个图层中，如图9-23所示。

二、选择骨骼

用【选择工具】单击骨骼即可选中该骨骼，在默认情况下骨骼的颜色与姿势图层的轮廓颜色相同，骨骼被选择后，将显示该颜色的相反色。用【选择工具】调整图形姿态，即可对子级骨骼进行姿态调整，也可对父级骨骼进行姿态调整。

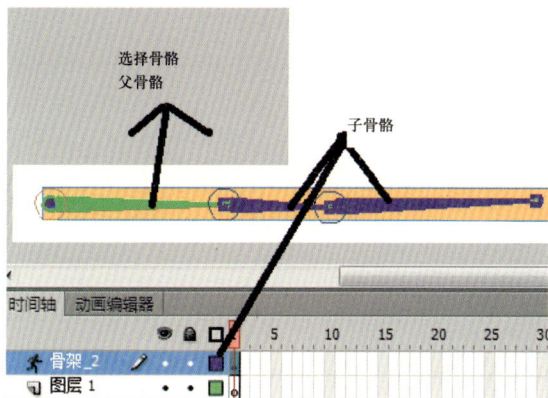

图9-23 创建骨骼

三、删除骨骼

创建骨骼后，如果想要删除某个骨骼，只需选择该骨骼后，单击【Delete】键即可。如果需要删除所有骨骼，可以选择骨骼图层上的任意一帧，单击鼠标右键，在弹出的菜单中选择【删除骨骼】选项即可。

四、调整骨骼

（1）如果是给图形添加骨骼，想要调整骨骼长度，用【部分选择工具】选择骨骼的头部或尾部单击拖动即可。

（2）如果是给元件添加骨骼，想要调整骨骼长度，用【任意变形工具】选择骨骼，调整元件的中心点的位置即可改变骨骼的长度，中心点的位置决定骨骼头部的位置。

（3）如果想要旋转某个子级骨骼而不影响父级骨骼，按【Shift】键移动该骨骼即可。

（4）如果需要更改元件的位置，按住【Alt】键移动该元件，链接元件的骨骼会变长变短适应元件的新位置；还可以用键盘上的【↑】、【↓】、【←】、【→】键微调元件的位置。

五、制作动画

骨骼创建完成，想要制作动画，在合适的帧上单击鼠标右键，在弹出的菜单中选择【插入姿势】选项，然后调整姿势即可，软件会自动生成中间动画。制作动画的命令还有【清除姿势】、【复制姿势】、【粘贴姿势】。

六、绑定工具

在移动骨架时，会发现对象扭曲的方式不是自己想要的效果，这是因为图形的控制点没有链接在合适的骨骼上，我们可以使【绑定工具】来编辑骨骼和形状控制点之间的链接，这样可以将多个控制点绑定在一个骨骼上或者将多个骨骼绑定在一个控制点上。

【绑定工具】的使用方法如下：

（1）使用【骨骼工具】给矩形绑定骨骼，如图9-24所示。

（2）用【绑定工具】选择骨骼，选定的骨骼会以红色高亮显示，链接到骨骼的控制点会以黄色高亮显示，没有链接到骨骼的控制点会以蓝色显示，如图9-25所示。如果想要向选定的骨骼添加控制点，按【Shift】键的同时单击蓝色控制点；如果想要取消控制点与骨骼的链接，按【Ctrl】键单击黄色高亮显示的控制点，即可取消链接。

（3）如果将一个控制点连接到多个骨骼上，控制点显示为三角形，如图9-26所示。

（4）如果要固定控制点，拖动选中的控制点，拖动的轨迹呈黄色说明固定成功。用【选择工具】移动骨骼发现控制点被固定住，不会随骨骼的运动而运动，如图9-27所示。

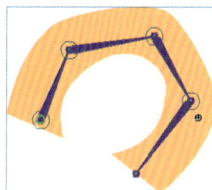

图9-24 绑定骨骼

图9-25 控制点

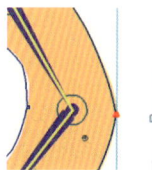

图9-26 将控制点连接到多个骨骼上

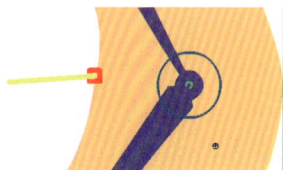

图9-27 固定控制点

（5）如果需要向选定的控制点添加骨骼，则按【Shift】键单击骨骼；如果需要向选定的控制点删除骨骼，则按【Ctrl】键单击骨骼。

第四节　实训练习

下面进行小熊走路的动画练习。

（1）在Photoshop中运用【套索工具】把主体形象的各个身体部分一一抠出，并复制到不同的图层，如头部、身子、腰、双手、双腿，如图9-28所示。

命令，找到我们做好的小熊PSD文件，在弹出的对话框中勾选需要的图层，单击【确定】，如图9-30所示。这样所需要的图层都导入到Flash中，效果和在Photoshop中一样。

图9-28　小熊的各个肢体图层

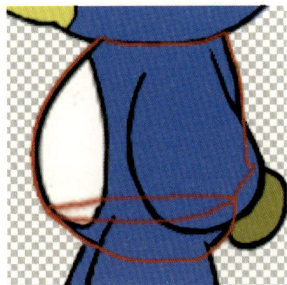

图9-29　关节的部分要有相交的区域

（2）注意关节的部分要有相交的区域，如身子与腰，目的是在做关节动画时不穿帮，如图9-29所示。由于小熊胳膊短、腿短所以没有分开，如果腿长可以把腿分为大腿与小腿两部分。

（3）制作完成后将文件保存为PSD格式。

（4）在Flash中建立ActionScript3.0文档，这是因为【骨骼工具】只有在ActionScript3.0文档中才可以使用。

（5）按【Ctrl】+【F8】键新建元件，建立影片剪辑元件，命名为"整体小熊"。选择元件的第1帧，执行【文件】→【导入】→【导入到舞台】

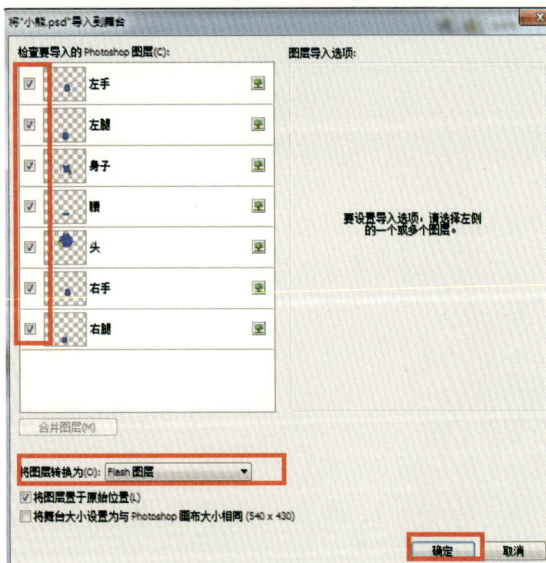

图9-30　导入PSD文件

（6）在Flash时间轴上的效果如图9-31所示。

（7）选择各个图层上的位图，单击鼠标右键，在弹出的菜单中选择【转换为元件】选项,把位图转换成影片剪辑元件,元件名字与图层的名字一样。注意不要更改图片的位置。

图9-31 导入到Flash时间轴上的效果

(8)现在开始链接骨骼。把图层上的所有眼睛都关上,然后打开"腰"与"身子"图层的眼睛图标。选择【骨骼工具】,单击"腰"的元件,然后拖到"身体"元件上,这样就产生了第一根骨骼。在"时间轴"上自动产生了一个"骨架"图层,"腰"与"身体"两个元件也自动合并到"骨架"图层上,如图9-32所示。

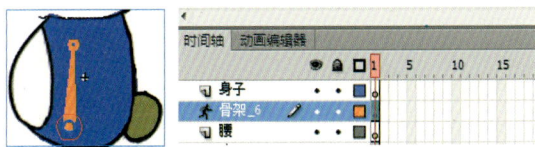

图9-32 创建骨骼

(9)用同样的方法链接"身子—头",第二个

骨骼创建完成,如图9-33所示。

(10)链接手,顺序是"身子—手",如果手被身子挡住,可以用【选择工具】将"手"移到一边,然后再添加骨骼,这样便于链接,如图9-34所示。

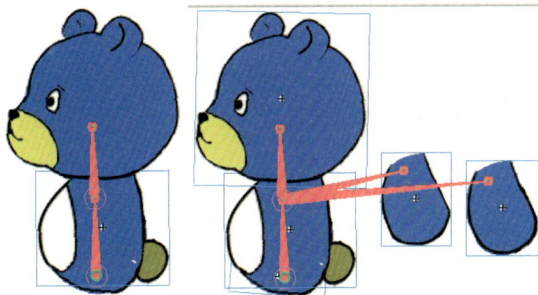

图9-33 链接身子与头   图9-34 链接胳膊

(12)用【任意变形工具】选择"手"元件,当鼠标光标变成▶时可将"手"元件移到身子合适的位置,骨骼会根据需要自动调整长短,或者选择元件后用键盘上的【↑】、【↓】、【←】、【→】键移动元件。

(13)如果图形的排列顺序不对,按【Ctrl】+【↑】键即可往上移动一层,按【Ctrl】+【↓】即可往下移动一层,如图9-35所示。

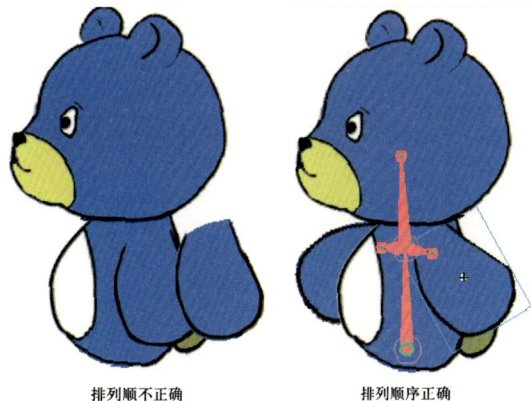

排列顺序不正确   排列顺序正确

图9-35 调整图形的排列顺序

(13)链接腿,顺序是"腰—腿",注意把腿移开一些距离以便于链接,链接完后用【↑】、【↓】、【←】、【→】键将腿移到合适的位置,如图9-36、图9-37所示。选择"左腿",按【Ctrl】

+【↑】键把左腿移动到最上面，选择"右腿"，按【Ctrl】+【↓】键把右腿移到最下面。

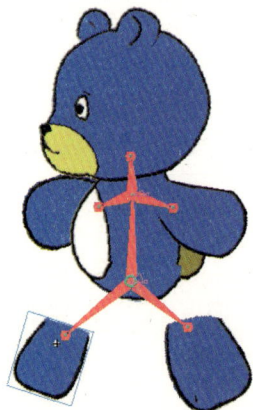

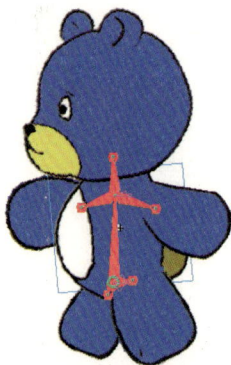

图9-36 链接腿　　　　图9-37 调整好形体

（14）骨骼链接完毕，现在各个图层上的所有元件都自动移到"骨架"图层上，如图9-38所示。我们可以删除空白关键帧图层，只留下骨架图层即可。

图9-38 时间轴骨架图层

注意：在链接骨骼时，会出现链接错误，无法准确链接位置。这是由于元件的位置重叠，或元件太小不好选择造成的。我们可以使用【任意变形工具】修改元件的位置拉大它们的距离，以方便链接。当然我们要记得移动了多少位置，按了多少下键盘，因为还要把元件放回原来的位置上。我们可以使用【任意变形工具】修改元件的中心点，这样就可以修改骨骼的长度决定骨骼起始的位置。如果元件排列顺序不对，可以使用【Ctrl】+【↑】或【↓】键进行调整，也可以执行【修改】→【排列】命令调整。

（15）如果对骨骼的长度不满意，可以用【任意变形工具】修改元件的中心点，如图9-39所示。

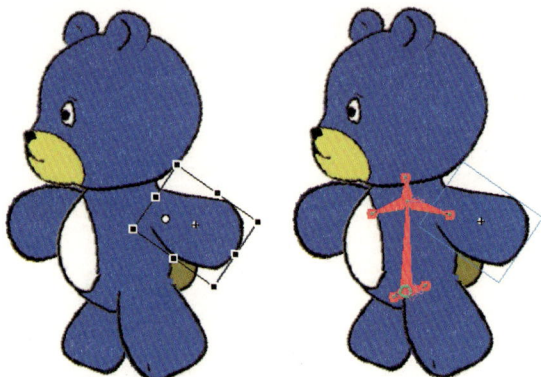

图9-39 更改元件中心点的位置

（16）如果小熊身子太灵活，选择骨骼在【属性】面板中设置【旋转约束】参数，如图9-40所示。如果觉得其他地方过于灵活，可以选择骨骼，调整【旋转约束】参数。

图9-40 设置骨骼旋转约束

（17）执行【视图】→【标尺】命令打开标尺，从标尺中拉出辅助线。用【任意变形工具】调整第1帧姿势，如图9-41所示。

（18）制作动画。在第40帧单击鼠标右键，在弹出的菜单中选择【插入姿势】选项，将播放头移到第10帧，配合【任意变形工具】调整小熊的姿势。【任意变形工具】可以对小熊元件进行移动或旋转，如图9-42所示。将播放头移到第20帧调整小熊姿势。第10帧与第30帧的姿势一样，所以选择第10帧，单击鼠标右键，在弹出的菜单中选择【复制姿势】选项，选择第30帧，单击鼠标右键，在弹出菜单中选择【粘贴姿势】选项，如图9-43所示。

（19）走路的时候，双腿交叉位置最低，所以分别全选第1帧、第20帧、第40帧，用键盘的【↓】键头向下调整小熊的位置，如图9-44所示。

（20）走路有快有慢，可单击第10帧、第30帧的关键帧，在【属性】面板中调整【缓动】的【强度】

图9-41　第1帧动作　　　　图9-42　第10帧动作　　　　图9-43　第20帧动作　　　　图9-44　调整小熊的位置

为"40"，如图9-45所示。

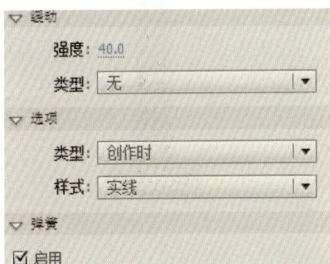

图9-45　调整【缓动】的【强度】参数

（21）在走路过程中发现右腿骨骼运动有点问

题，所以根据需要在第7帧与第33帧调整姿势，增加关键帧，如图9-46所示。

（22）小熊影片剪辑动画制作完成，回到场景中，把"整体小熊"影片剪辑拖到场景中，为其制作传统补间动画，如图9-47所示。

（23）由于是用位图制作的动画，所以在调整姿势时，关节部分会出现穿帮问题，我们可以在舞台上双击要修改的元件，进入位图编辑区，选择图形，打开其【属性】面板，如图9-48所示。单击【编辑】按钮即可打开Photoshop文件，在里面修改图片后保存，Flash文件中会自动更新图片。

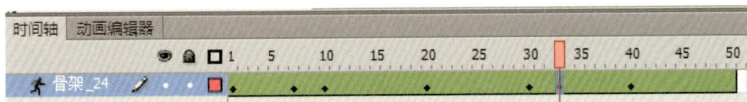

图9-46　调整骨骼姿势

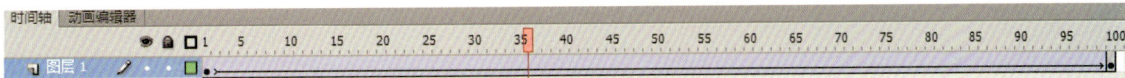

图9-47　制作传统补间动画

图9-48　【属性】面板

课后习题

（1）制作一段火柴人动画。火柴人的骨骼如图9-49所示。火柴人是由头、身子、腰、胳膊组成。胳膊由前臂、上臂两部分组成，腿也由大腿、小腿两部分组成。

（2）制作秤。秤由3个元件组成，由两个骨架链接，如图9-50所示。

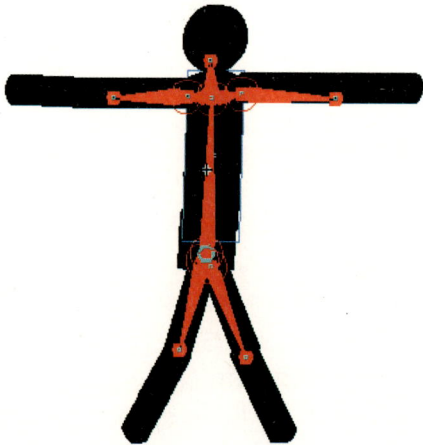

图9-49　火柴人骨骼

图9-50　秤的构成元件

第十章
给动画添加声音

Flash动画最突出的特点之一就是可以为动画添加声音。在Flash动画中为了使人物或对象更加生动有趣，可以为其添加声音，以增强Flash作品对欣赏者的吸引力。在Flash中，既可以使声音独立于时间轴连续播放，又可以使声音和动画保持同步。

第一节　声音的添加

声音对Flash素材来说是一种外部资源，在制作动画时首先要将其转化为内部元件才可以使用。可以将声音文件直接导入到当前影片的时间轴中，也可以导入到【库】面板中，导入到时间轴中的声音也将添加到影片的【库】面板中。在Flash中可以导入AIFF、WAV、MP3、QuickTime等多种类型的声音文件，由于同一音乐的MP3类型存储空间小，音质也不错，所以我们在添加声音的时候应尽量选择MP3格式的音乐。

一、添加声音

（一）导入音频

Flash本身没有制作音频的功能，一般情况下，用户可以先用其他音频工具录制一段音频文件后，再将其导入Flash中。

例如：将名为"祝福"的音频文件导入到【库】面板中，操作步骤如下：

（1）执行【文件】→【导入】→【导入到库】命令，打开【导入到库】对话框。从中找到所需要添加的音频文件，如图10-1所示。

（2）选择需要导入的音频文件"祝福.mp3"，单击【打开】按钮将其导入。

图10-1　导入声音

（3）按【F11】键打开【库】面板，在【库】面板中可以看到显示为🔊图标的音频文件，表示已导入音频文件。🔊图标后的字符串是导入的音频文件名，如图10-2所示。

（二）添加音频

将声音导入到【库】面板后，即可为按钮和帧添加声音。

例如：为第七章中的按钮元件添加声音效果，操作步骤如下：

（1）打开"按钮"文档，双击"按钮"元件进入到元件编辑区，如图10-3所示。

图10-2 导入到【库】面板中的声音文件

图10-3 按钮元件编辑区

（2）执行【文件】→【导入】→【导入到库】命令，打开【导入到库】对话框。将"祝福"、"朝气"等音频文件导入到【库】面板中。

（3）新建一个图层，选中"指针经过"帧，按【F7】键添加空白关键帧，选择关键帧，在它的【属性】面板上【声音】选项区中设置【名称】为"朝气"，在【同步】下拉列表框中选择【事件】选项，这样就给"指针经过"帧添加了音频文件，如图10-4、图10-5所示。

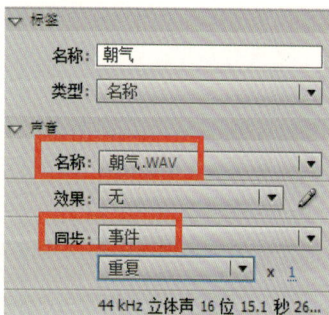
图10-4 声音设置

图10-5 时间轴

（4）用同样的方法给"按下"帧添加"祝福"音频文件。

（5）单击 场景1 按钮，从元件编辑区切换到场景中。

（6）将"按钮"元件从【库】面板中拖到场景舞台上，按【Ctrl】+【Enter】键测试动画。

二、编辑声音

将声音直接添加到动画的效果常常都不能满足动画的需要，在这种情况下需要对导入的声音进行编辑，可以在【属性】面板中编辑声音，也可以在【编辑封套】对话框中编辑声音。

（一）在【属性】面板中编辑声音

选取音频图层后，可在【属性】面板中添加编辑声音，【属性】面板如图10-6所示。

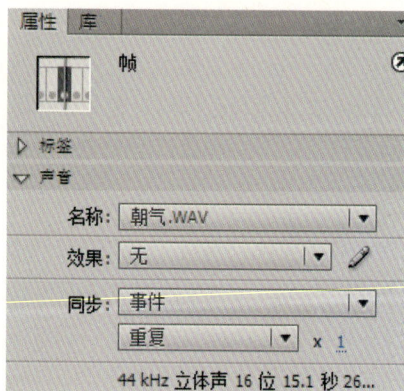
图10-6 【属性】面板

（1）名称。从下拉列表中选择需要的音频文件，选择后可以看到添加的音频文件名。

（2）效果。该选项用来设置音频的效果，下拉列表框中各项的含义如下：

无 此选项表示不使用任何效果，选择此选项后将删除以前使用的效果。

左声道　此选项表示只在左声道播放音频。

右声道　此选项表示只在右声道播放音频。

向右淡出　此选项表示声音从左声道传到右声道。

向左淡出　此选项表示声音从右声道传到左声道。

淡入　此选项表示会在声音的持续时间内逐渐增加音量。

淡出　此选项表示会在声音的持续时间内逐渐减小音量。

自定义　此选项表示可以自己创建声音效果，并可通过【编辑封套】对话框编辑音频。

（二）在【编辑封套】对话框中编辑声音

在【编辑封套】对话框中编辑声音，首先要打开【编辑封套】对话框，其方法有两种：

一种是通过【效果】下拉列表框中的【自定义】选项打开，如图10-7所示；另一种方法是在【属性】面板中单击✐按钮也可以打开【编辑封套】对话框，如图10-8所示。

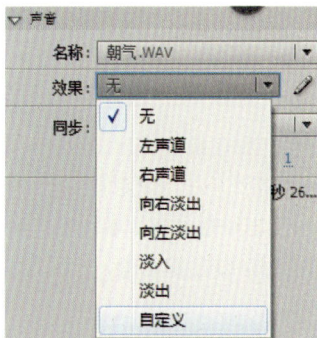

图10-7　【效果】下拉列表

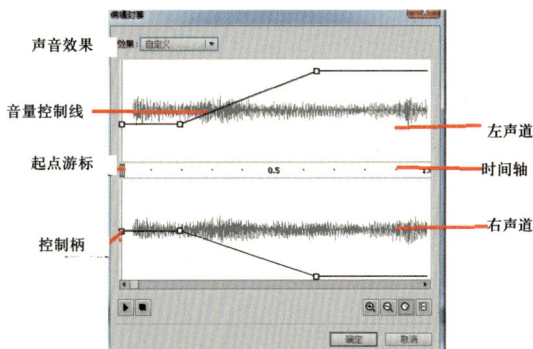

图10-8　【编辑封套】对话框

【编辑封套】对话框中各组成部分的作用如下：

起点游标　调整其位置可以定义声音开始和终止的地方。

控制柄　上下调整控制柄，可以升高或降低音调，左右声道可以独立调整。单击控制线可以增加控制柄，最多可以达到8个手柄，如果想要删除控制柄，单击拖动控制柄到窗口外面。

音量控制线　显示声音播放时的音量。

🔍🔍　缩放音频窗口内音频的显示大小。

⏱🎞　改变时间轴的单位。前者单位为秒，后者单位为帧。

▶■　控制音频的播放。前者播放，后者停止。

（三）声音同步方式

向当前场景中添加的声音最终要体现在生成的作品中，声音和动画采取什么样的形式关系到整个作品的整体效果和质量，这就要用到【属性】面板中的【同步方式】，【同步方式】一共有4个选项。

事件　该选项是默认的声音模式，选择了它以后，可使声音与事件同步。当动画播放到引入声音的帧时，开始播放声音，声音不受时间轴的限制，直到声音播放完毕。如果在【循环】文本框中输入了播放次数，则将按给出的次数循环播放声音。

开始　在同一个动画中使用了多个声音并且在时间上有重合时，如果应用【事件】方式，就会造成声音的重叠，音效杂乱。如果将声音设置为【开始】方式，到了声音开始播放的帧时，如果有其他声音在播放，就会自动取消将要播放的声音；如果此时没有其他的声音，选择的声音才会开始播放。

停止　该方式是用于停止声音的播放。

数据流　数据流常用于网络传输。在此方式下，Flash将强制声音与动画同步，即当动画开始播放时，声音也随之播放；当动画停止时，声音也随之停止。

（四）设置声音重复的次数

如果在一个动画中引用了多个声音文件，就会造成文件过大。让一个文件在动画中重复播放，就会减小文件的体积。

添加声音后，如果要使这个声音重复播放4次。首先选择声音帧，然后在【属性】面板中将【重复】次数设为"4"，如图10-9所示。

如果要使一个声音文件在动画中反复播放，可将声音设置为循环播放 ☑ 循环 ，这样时间轴上就不再显示波形。测试影片，音乐从头播放到尾。

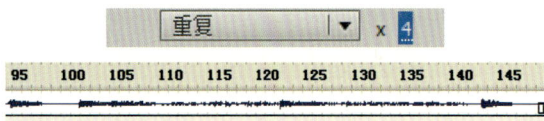

图10-9　复制的4个波形

三、压缩音频

双击【库】面板中的声音图标🔊，可以打开【声音属性】对话框，如图10-10所示，可以对声音进行导出设置。

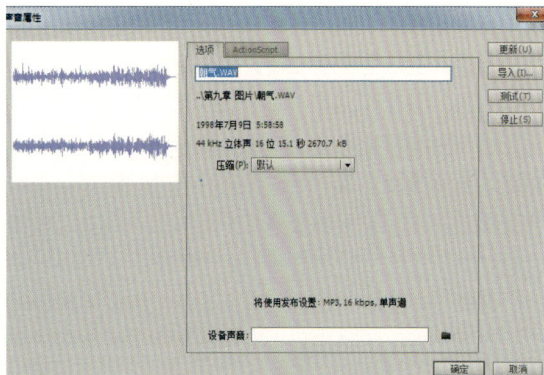

图10-10　【声音属性】对话框

通过选择【声音属性】对话框中的【压缩】设置栏里的选项，可以为声音选择不同的压缩品质。根据选择不同的压缩方法，选项内容也有所不同。还可以使用【更新】按钮更新由外部编辑过的声音文件的属性，也可以通过【导入】按钮导入新的声音文件，也可以测试声音、停止声音。

取样速率和压缩水平的不同可导致输出电影中的声音的体积大小和品质的巨大差异。压缩率越高，取样速率越低，则声音的体积越小，品质越差。我们应该多次测试，求得声音文件大小及品质之间的最佳平衡点。

设置声音属性的具体操作步骤如下：

（1）双击【库】面板中的声音图标🔊，打开声音【属性】面板。

（2）如果声音经由外部程序编辑过，则单击声音属性对话框中的【更新】按钮。

（3）选择压缩方式，如ADPCM、MP3、Raw或者默认。关于各个选项的详细内容，下文将具体讲解。

（4）单击【测试】按钮，测试该选项下的声音，然后单击【停止】按钮，中止测试。

（5）如果有必要，可以执行【文件】→【发布设置】命令，在弹出的对话框中按需进行设置，直到取得预期的声音品质，再单击【确定】按钮。

下面介绍几个压缩选项。

（一）默认压缩

输出动画时，如果选择【默认】，则用【默认】模式压缩声音，如图10-11所示。

图10-11　默认压缩

（二）ADPCM压缩

ADPCM压缩是为8-BIT或者16-BIT声音数据设置压缩率的。当导出较短的声音事件时，如"按钮"事件时，可以使用ADPCM压缩选项，如图10-12所示。

图10-12　ADPCM压缩选项

将立体声转为单声道　如果本来就是单轨声音则不受该选项的影响。

采样率　采样率越高，声音越好，体积越大。

相反低速率可以有效地减小文件体积，但是也会降低声音的品质。无论单声道还是立体声，Flash都提供了4种采样率：①5kHz：说话声音最低标准；②11kHz：对一段短音乐来说，11kHz是最低的接受标准，11kHz是标准CD速率的四分之一；③22kHz：是供Web播放的通用选择，是标准CD速率的二分之一；④44kHz：是标准的CD音频速率。

ADPCM位　决定在ADPCM编辑中使用的位数，位数少，音效差；2位是最小值，5位是最大值，音质最好。

（三）MP3压缩

当输出较长的流式声音，如乐曲时，可使用MP3压缩选项，如图10-13所示。

图10-13　MP3压缩

选择MP3压缩方式后，将显示【预处理】、【比特率】、【品质】选项。

预处理　比特率为16kbps时或是更低时，【将立体声转为单轨声音】不可用，只有在比特率高于16kbps时，该选项才有效。

比特率　由MP3解码器生成的声音的最大位速率。Flash支持的比特率是从8kbps到160kbps。输出声音时，应选择16kbps或更高以获得较好的效果。

品质　决定了质量的好坏与速度的快慢。如果影片是在本地硬盘上运行，可以使用最佳选项。品质提供了3个选项：①快速：压缩速度快，但声音质量不好；②中：压缩速度较慢，但声音质量较好；③最佳：压缩速度慢，但声音质量最好。

（四）RAW和语音压缩

RAW压缩选项，导出的声音是不经过压缩的。语音压缩选项，适合语音的压缩，11kHz为推荐的语音质量，如图10-14所示。

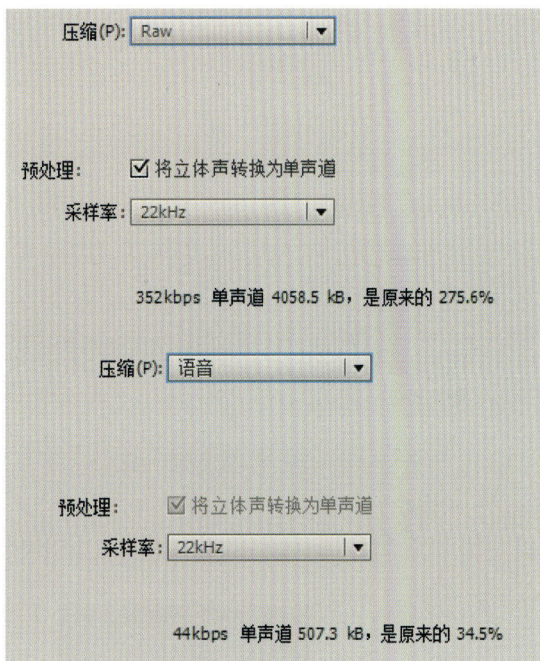

图10-14　RAW压缩和语音压缩

第二节　视频的添加

Flash增强的视频处理功能是一个亮点，如果安装了QuickTime7或者DirectX9的版本或更高的版本，则可以导入更多视频格式，例如MOV、AVI、MPG等格式。

一、导入视频

（1）执行【文件】→【导入】→【导入视频】命令，打开【选择视频】对话框，如图10-15所示。

（2）单击 浏览... 按钮，调出【打开】对话框，

选择要导入的视频后单击【打开】按钮，打开【设定外观】对话框，选择不同的外观，如图10-16所示。

（3）单击 下一步> 按钮，进入【完成视频导入】对话框，单击 完成 按钮，完成导入，如图10-17、图10-18所示。

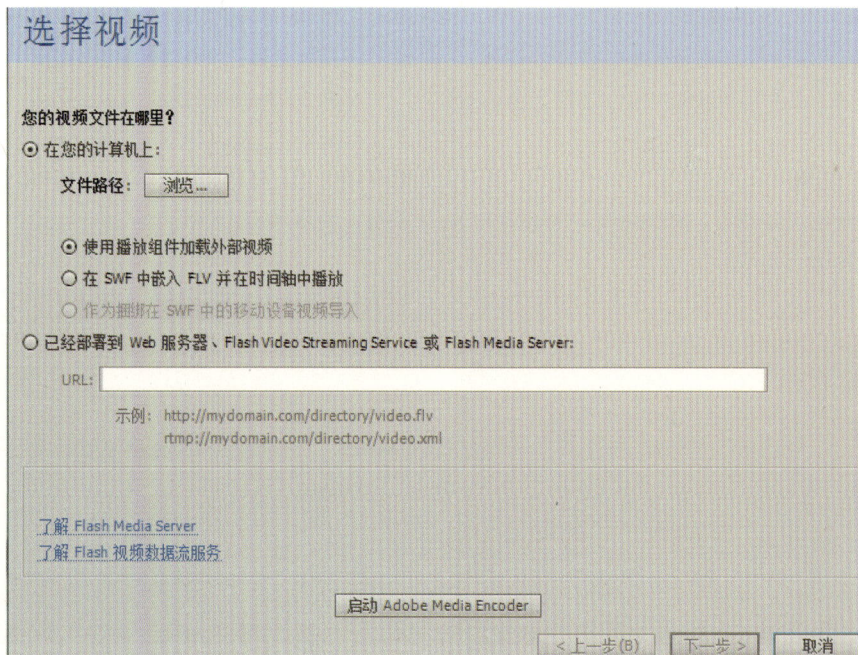

图10-15 【选择视频】对话框

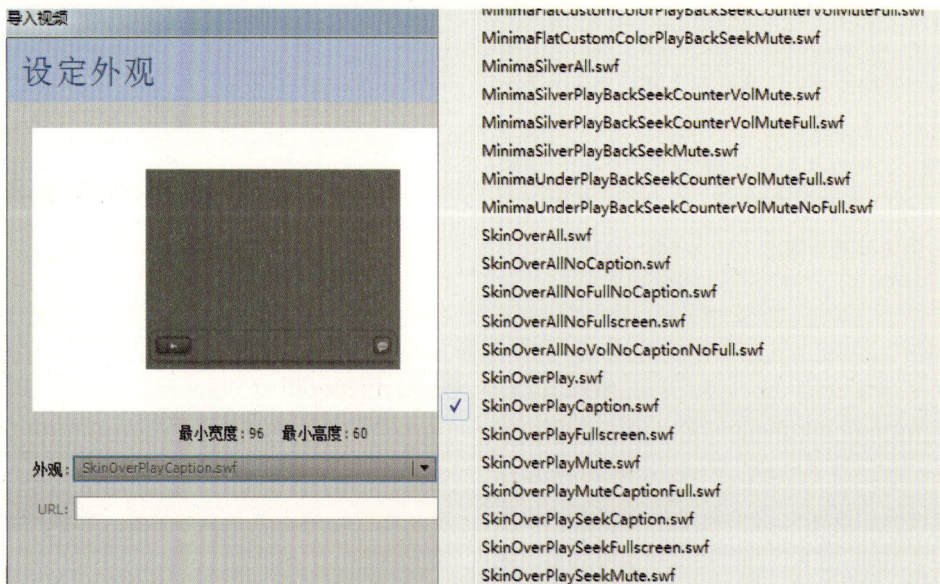

图10-16 【设定外观】对话框

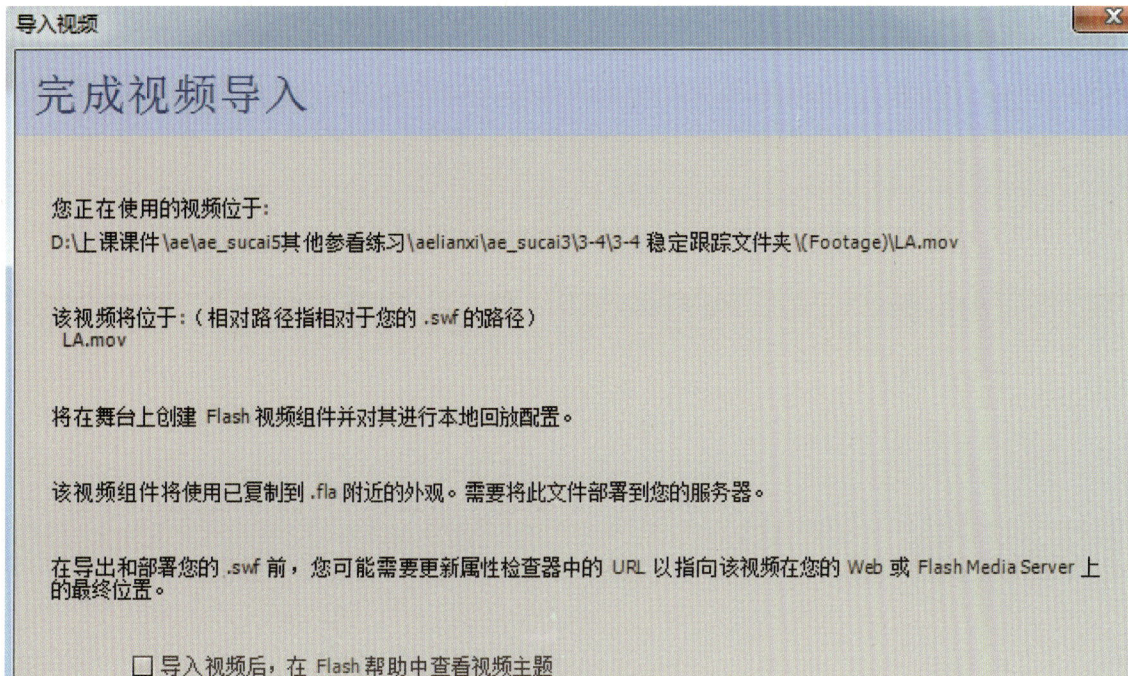

图10-17 【完成视频导入】面板

图10-18 导入视频效果

二、嵌入视频文件

（1）执行【文件】→【导入】→【导入视频】命令，打开【选择视频】对话框，在对话框中勾选【在swf中嵌入FLV并在时间轴中播放】。

（2）单击 浏览... 按钮，调出【打开】对话框，选择要导入的视频后单击 下一步> 按钮。

（3）在【嵌入】对话框中选择【符号类型】。如果选择【嵌入的视频】选项则直接将视频导入到时间轴上；如果选择【影片剪辑】选项则将视频置于影片剪辑实例中，这样可以很好的控制影片剪辑；如果选择【图形】选项，则视频将置于图形元件中，通常这种方法无法使用脚本语言与该视频进行互换，如图10-19所示。

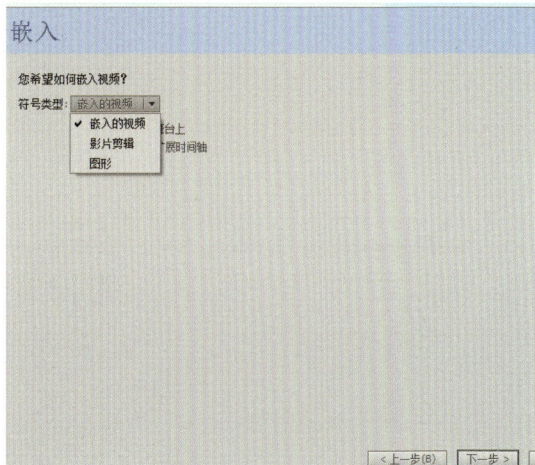

图10-19 【嵌入】对话框

（4）完成视频导入，如图10-20、图10-21所示。

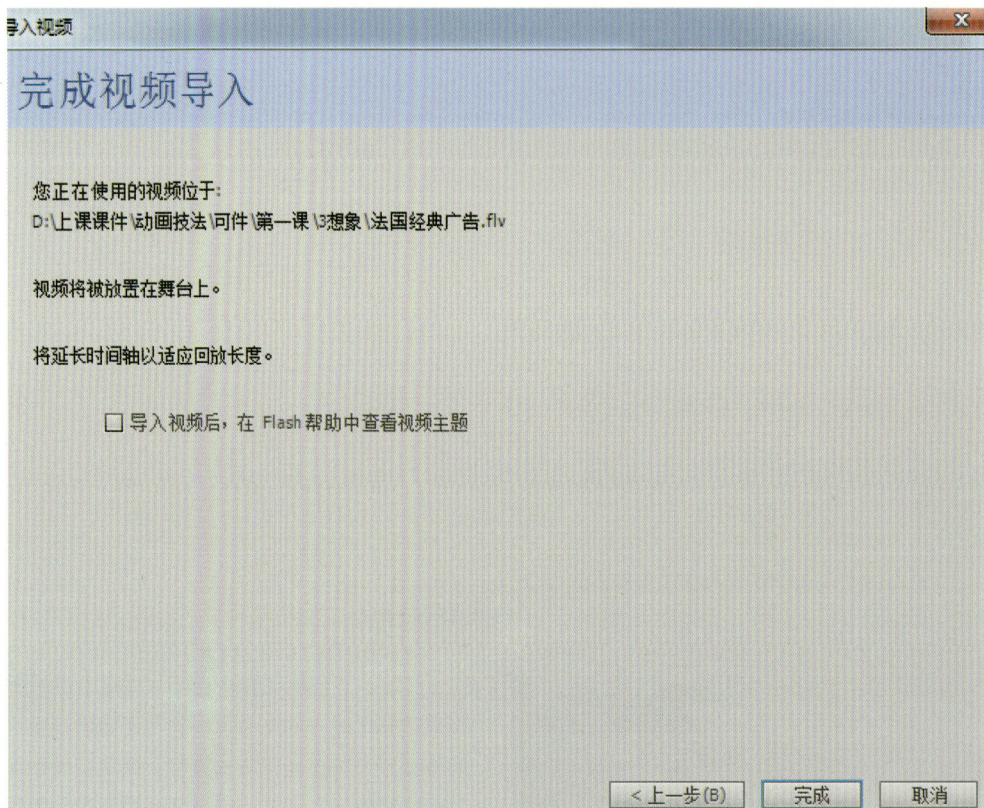

图10-20 【导入视频】对话框

图10-21 导入不同类型后的图标

第三节 动画的优化

随着影片文件体积的增加，其下载速度也会变慢。为了使用户下载影片的时间最短，在发布SWF文件前，对Flash中的各种元素进行优化是很有必要的。

（1）如果某元素在影片中被多次使用，那么就将其做成元件，然后在影片中调用该元件的实例。

（2）在可能的情况下，尽量使用补间动画而避免使用逐帧动画。对于补间动画，系统只需要计算补间两端的关键帧中的相关数据，这样其所占的资源就远远小于逐帧动画。使用逐帧和补间可以制作出一个完全相同的动画效果，但应该尽量使用第二种方法。

（3）尽量避免使用位图。使用位图时也应尽量避免对位图元素进行动画处理，一般将其作为背景或者静态元素。

（4）尽可能限制使用特殊的线条类型，例如虚线、点线等。实线相对来说比虚线和点线所占用的资源更少，而用【铅笔工具】绘制的线条要比用【刷子工具】绘制的线条占用的资源少。

（5）在动画播放过程中用层把发生变化的元素同那些没有发生任何变化的元素分开。例如，对一个运动着的人物来说，其身体的各个部位都可以参照动或静来分开，给每个动的部分单独分配一个图层，静的部分独自一个图层，这样不但大大方便了编辑，还能够避免大量重复使用一些不必要的元素，减小文件体积。

例如，一个人物的两手、眼睛、嘴是动态的，而其他的身体部位从始至终是静的，因此将其身体躯干放在一个图层中，手、眼睛以及嘴各自放在一个图层中。

（6）使用【修改】→【形状】→【优化】命令可以最大限度地减少用于描述图形轮廓的单个线条的数目。当然，对图形进行优化后，显示效果会发生变化，因此此功能适用于某些特定的情况。

（7）对于组成一个特定图形的某些元素，尽量使用【Ctrl】+【G】组合键将其编成组。

（8）减少字体和字样的数量。大量使用特殊字体和多种字样会大大增加文件所占资源。另外，将一个文本块打散会增大动画的数据量。

（9）影片中的音乐尽量采用MP3格式。声音在文件中占有很大一部分的体积，在允许的情况下，最好把立体声等转换成单声道的MP3后再导入Flash中。

一般在人声对话中，建议采用最低的取样率、比特率和品质等，以便缩小文件的体积并产生较低的保真度。

（10）利用【效果】命令改变实例的颜色以及透明度；用【变形】命令改变实例的外形，用单一元件制作出多种变化的实例。而大量使用渐变色、对元件实例应用Alpha值会增加文件的体积。

（11）将【库】面板中没有用到的元件删除掉；使用Flash做GIF动画时用尽量少的帧数做效果；对打散的图形，可以将被别的图形覆盖而不显示的区域直接删除，这样不影响任何视觉效果，但图形所占的资源，或者数据量就会减少。

通过上述几种方法，可以大大减少Flash文档的大小，需要我们注意的是，Flash的优化不是在完成动画制作后的工作，而是在制作Flash动画的过程中的优化。

第四节　实训练习

下面进行制作有声情人贺卡动画的实训练习。做贺卡动画不需要很复杂，表达了祝福之意即可，关键是要有匠心独运的创意和精美的图片以及动人的音乐。本例主要讲述如何构思一张贺卡、如何高效地管理数量巨大的元件、如何布置场景、如何巧妙运用颜色、如何营造气氛、如何巧妙合理地使用素材等。

一、设计"背景"影片剪辑元件

（1）新建一个Flash文档。打开【属性】面板，设置场景【大小】为500×350（像素），【舞台背景色】为黑色，帧频【FPS】为12fps，如图10-22所示。

（2）按【Ctrl】+【F8】键打开【创建新元件】对话框，新建一个名为"背景"的影片剪辑元件。

图10-22 【属性】面板设置

（3）打开【颜色】面板，设置填充为【线性渐变】，选择【矩形工具】□，在"背景"元件中绘制一个大小为500×350（像素）的矩形，如图10-23所示。

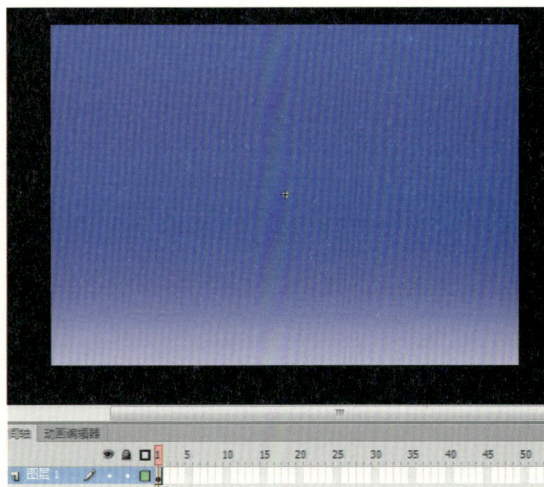

图10-23 绘制"背景"影片剪辑元件

二、设计上、下遮挡板

很多贺卡、片头、MTV中都使用了这种手法，遮挡可以遮住许多"内幕"，使作品看上去更有风格。按快捷键【Ctrl】+【F8】键，新建一个名为"遮挡"的影片剪辑元件，选择【矩形工具】□，绘制一个500×55（像素）的黑色矩形就可以了，如图10-24所示。

三、设计星星

做贺卡时，点缀的元件越多，效果看上去就越生动活泼。

（1）按快捷键【Ctrl】+【F8】键打开【创建新元件】对话框，新建一个名为"星星"的图形元件，用【多角星形工具】○绘制一个星星，如图10-25所示。因为星星主要是用来点缀的，所以不要太大。

（2）按快捷键【Ctrl】+【F8】键打开【创建新元件】对话框，新建一个名为"星星运动"的影片剪辑元件。按【F11】键打开【库】面板，把"星星"元件拖到"星星运动"元件的场景中。按【F6】键在第10帧和第20帧插入关键帧，选择任意一帧单击鼠标右键，在弹出的菜单中选择【创建传统补间动画】选项，如图10-26所示。

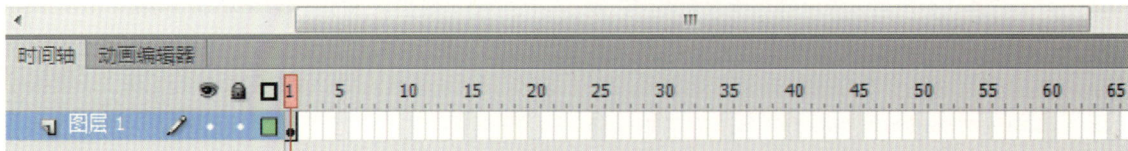

图10-24 绘制"遮挡"影片剪辑元件

图10-25 绘制星星图形元件

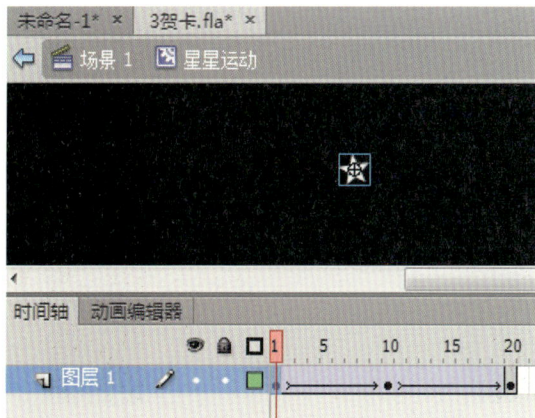

图10-26 设置"星星"元件的传统补间动画

（3）选择第10帧的关键帧，选择"星星"影片剪辑元件，在【属性】面板中设置Alpha值为4%，如图10-27所示。最后选择第1帧、第10帧关键帧，设置【旋转】为【自动】，如图10-28所示。

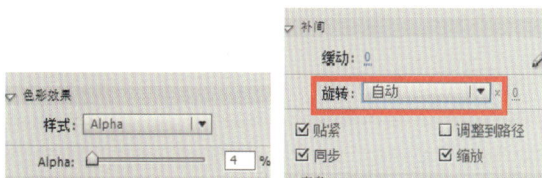

图10-27 调整Alpha值　　图10-28 调整"星星"旋转参数

四、设计人物

按快捷键【Ctrl】+【F8】键打开【创建新元

件】对话框，创建名为"人物"的图形元件，用绘图工具在场景中绘制人物，如图10-29所示。

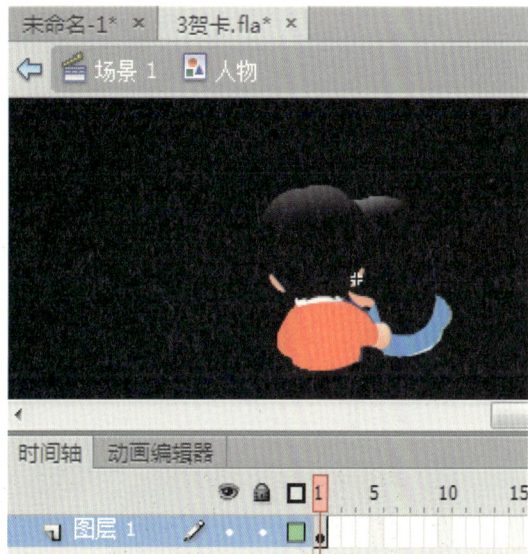

图10-29 绘制"人物"图形元件

五、设计月亮

（1）按快捷键【Ctrl】+【F8】键打开【创建新元件】对话框，创建名为"月亮"的图形元件，用【椭圆工具】◐绘制月亮，如图10-30所示。

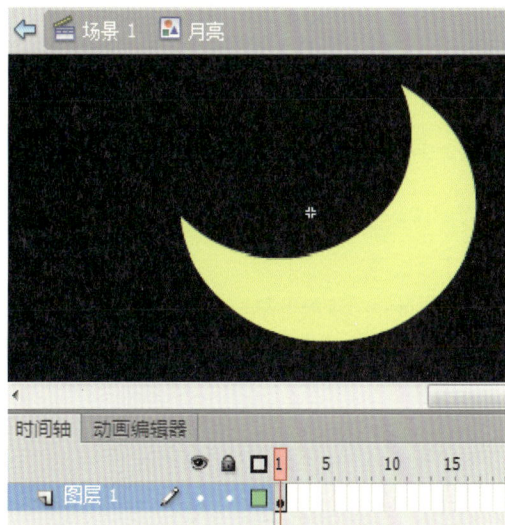

图10-30 绘制"月亮"图形元件

（2）按【F11】键打开【库】面板，把"人物"元件拖到"月亮"元件中，如图10-31所示。

（3）按快捷键【Ctrl】+【F8】键打开【创建新元件】对话框，创建一个名为"月亮运动"的影片剪辑元件，把"月亮"元件拖入场景中。按【F6】键在第15帧、第30帧、第45帧、第60帧处插入关键帧，并创建传统补间动画。然后按快捷键【Ctrl】+【T】打开【变形】面板，分别选择第15帧、第30帧、第45帧、第60帧，设置【旋转】值，使月亮像秋千一样左右摇晃，如图10-32所示。

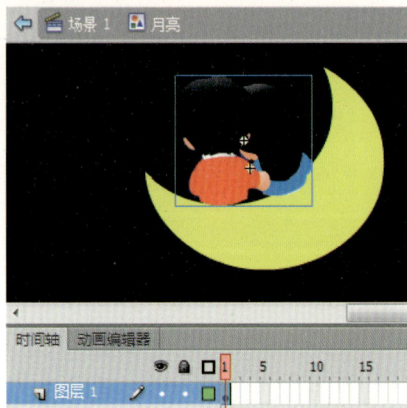

图10-31 把"人物"元件拖到"月亮"元件中

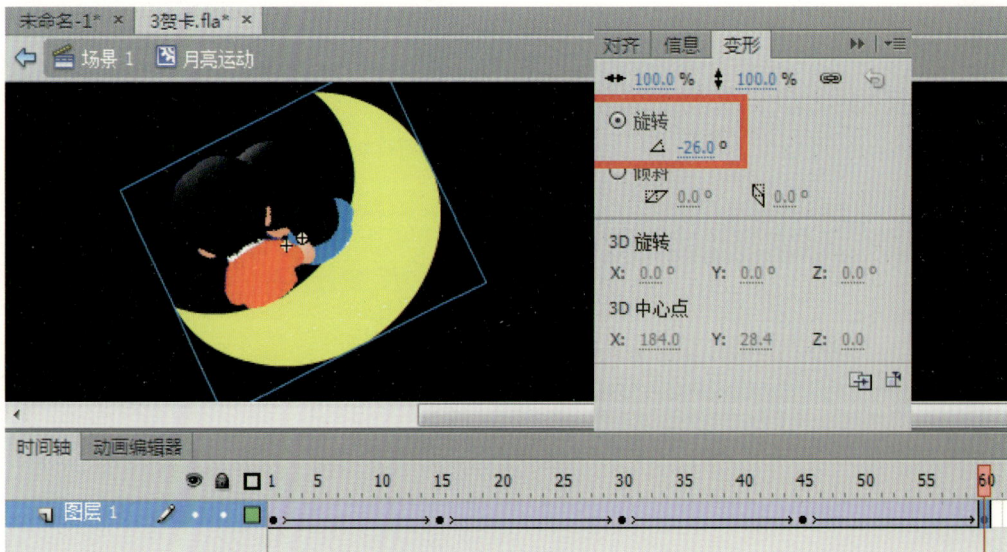

图10-32 设置月亮运动动画

六、导入音乐

音乐是作品的灵魂，把事先准备好的音乐素材导入【库】面板中。

（1）设计"背景"层。回到"场景1"。双击"图层1"的名字，将其重命名为"背景"。打开【库】面板，把"背景"元件拖到该层的场景中。

（2）设计"上遮挡板"、"下遮挡板"层。新建"上"图层和"下"图层。打开【库】面板，分别将"遮挡"元件拖到这两层中，并打开【对齐】面板进行对齐。

（3）设计"星星"、"月亮"层。打开【库】面板，分别将【库】面板中的"星星"、"星星运动"元件拖到场景的"星星"层中，要多少个星星就拖动多少次。然后把个别星星缩小一点。这样效果中就可以有大大小小的星星眨眼了，使效果看上去很浪漫。把"月亮运动"元件拖到"月亮"层中适当的位置，如图10-33所示。

（4）设计"声音"层。新建"音乐"图层，打开"音乐"层的【属性】面板在【名称】下拉菜单中选择"最浪漫的事"MP3文件，把它应用到该图层上。

图10-33　图层设置

（5）设计文字层。文字效果是很重要的，贺卡中如果没有了文字，即使贺卡本身设计得再好，别人也会看得一头雾水。但是文字也不易过多，字体不要过于花哨，否则文件的体积会变大，甚至会影响到文件的流畅播放。

课后习题

一、填空题

（1）声音采样过程中，决定音质的因素有两个，分别是_____和_____。

（2）【淡入】设定声音_____播放，【淡出】设定声音_____播放。

二、选择题

（1）声音文件导入后显示在（　　）中。

　　A. 库　　B. 时间轴　C. 工作区　　D. 以上都不是

（2）音量控制线倾斜向上，音量逐渐（　　）。

　　A. 增大　B. 减小　　C. 不变　　D. 以上都不是

三、问答题及上机练习

（1）如何将声音文件导入到Flash库中？

（2）制作音乐MTV。

第十一章
脚本语言

第一节 【动作】面板

如果用户想通过鼠标单击或键盘按钮控制动画，那么我们就要使用到【动作】面板。【动作】面板是编写脚本语言的地方，脚本语言是在Flash运行过程中起计算或控制作用的程序代码，这些代码是使用ActionScript编程语言编写的。ActionScript编程语言与Java语言基本一样，也具有语法规则，其结构与JavaScript语言结构基本相同。在Flash中打开【动作】面板的方法是执行【窗口】→【动作】命令或按【F9】键，如图11-1所示。

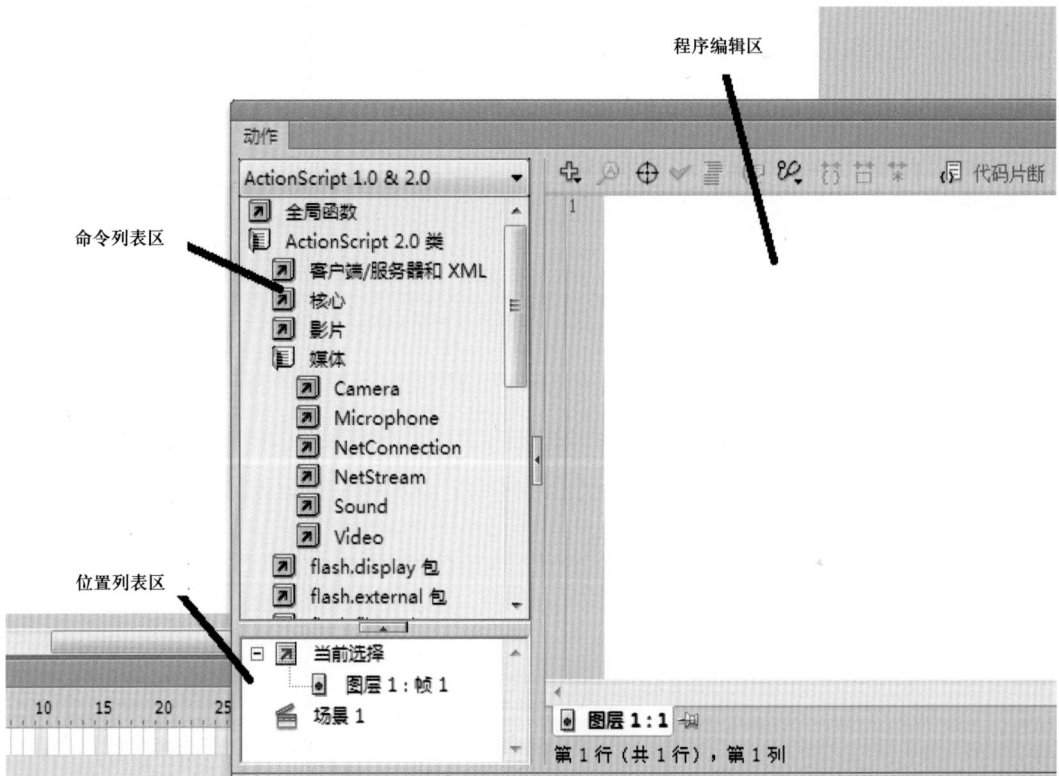

图11-1 【动作】面板

【动画】面板的组成

【动作】面板由"命令列表区"、"程序编辑区"和"位置列表区"3部分组成，其作用如下：

（一）命令列表区

在【动作】面板左上方的"命令列表区"中列出了Flash的所有命令。这里所说的命令是指程序中的运算符号、函数、语句、属性等统称。

（二）程序编辑区

【动作】面板右侧的整个区域都是程序编辑区，是用于编写程序的。

（三）位置列表区

位置列表区也叫脚本导航器，它在【动作】面板左下方，用来显示当前选择对象的具体信息。例如名称、位置等；以及在哪些帧上添加了脚本，使用它可以在各个脚本之间快速切换。

在【动作】面板的"程序编辑区"中可以看到一排按钮，如图11-2所示，用户输入语句之后这些按钮将被激活，各按钮功能如下：

图11-2 按钮区域

将新项目添加到脚本按钮 单击该按钮可在弹出的下拉菜单中选择需要的命令。

查找 单击该按钮可以查找或替换指定的字符串。例如在程序编辑区中写入代码"gotoAndPlay(1)"，如想查找"Play"这个字符，单击【查找】按钮可以调出【查找和替换】对话框，如图11-3所示，在【查找内容】的文本框中输入想要查找的字符"Play"，单击【查找下一个】按钮，即可找到它。如果想把"Play"字符替换为"Stop"，可在【替换为】文本框中输入"Stop"，然后单击【替换】按钮即可，这样"gotoAndPlay(1)"语句就改变成"gotoAndStop(1)"。如果单击【全部替换】按钮，即可将找到的所有字符串"Play"都替换为"Stop"。

插入目标路径 单击该按钮可在编辑语句时插入一个目标对象路径。目标路径的层次结构有两种选

择：一种是绝对路径，可用关键字"_root"表示，它的意思是指主时间轴下的某个对象；另一种是相对路径，可用"_this"表示，它的意思是指当前影片剪辑实例和变量。

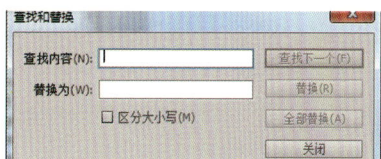
图11-3 【查找和替换】对话框

语法检查 单击该按钮可检查当前语句的语法是否正确，并给出提示。

自动套用格式 单击该按钮可使当前语言按照标准格式排列。

显示代码提示 将鼠标光标定位到某一位置，单击该按钮可弹出参数提示列表框，供用户选择参数。例如在"on"的括号里单击此按钮显示出的参数提示，如图11-4所示。

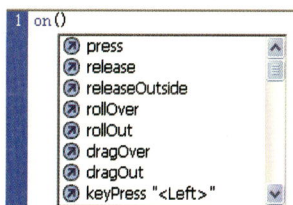
图11-4 显示代码提示按钮

调试选项 单击该按钮可以弹出一个调试程序的菜单，此菜单用来设置断点。设置断点的作用是程序运行到断点处会暂停，断点设置成功的话，会显示一个红点，如图11-5所示。可以使用断点来测试代码中可能的错误点。如果要移除选中的断点，可以选择【切换断点】命令；如果选择【删除所有断点】，就可以将设置的所有断点都删除。

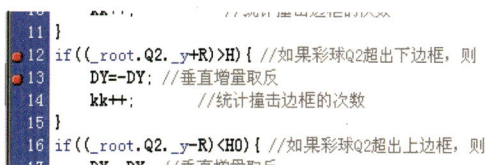
图11-5 成功设置两个断点

折叠成对大括号 单击该按钮，可以将脚本代码中的"{}"的内容折叠起来，方便对脚本代码阅读。

折叠所选 在【动作】面板中选中任意部分脚本代码，单击该按钮可以将所选代码折叠。

展开全部 在【动作】面板中编写的代码有折叠的部分，单击该按钮可以展开所有折叠的代码。

代码片段 单击该按钮可以打开【代码片段】面板，双击需要使用的代码片断，即可将该片断插入到【动作】面板中。但需要注意的是，"代码片段"适用于ActionScript3.0文档，Flash ActionScript 2.0文档不支持"代码片断"。

脚本助手 单击该按钮可以使程序进入具有脚本帮助的程序编辑区内，它将给用户提供一个参数界面来帮助生成脚本，如图11-6所示。这样可以帮助规范脚本，以避免新手用户编写脚本时可能会遇到的语法和逻辑错误。

帮助 在程序编辑区中选择程序中的关键字，例如"gotoAndPlay"，然后单击该按钮，即可调出【帮助】面板，并显示相应的帮助信息。

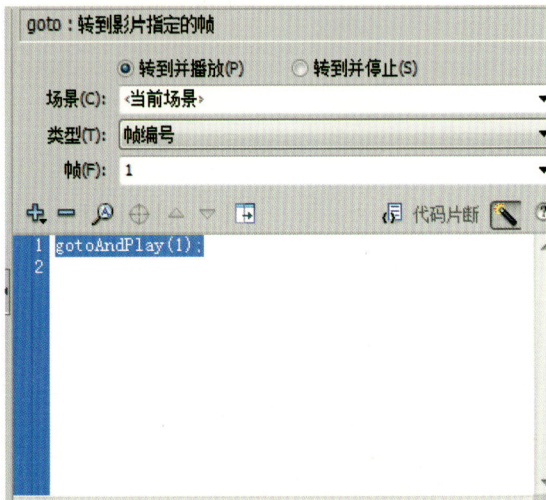

图11-6 具有脚本帮助的程序编辑区

第二节   ActionScript 2.0的应用

一、在【动作】面板中添加脚本语言的方法

在【动作】面板中添加脚本语言（也称为ActionScript语句）的方法有如下3种：

（1）双击命令列表区中的动作命令。

（2）在程序编辑区内直接输入ActionScript语句。

（3）单击按钮，在弹出的下拉菜单中选择所需命令。

二、事件与动作

交互式动画包含两个内容：一个是事件，另一个是事件产生时所执行的动作。

事件是触发动作的信号，动作是事件的结果。在Flash中，播放指针到达某个指定的关键帧、用户单击按钮或影片剪辑、用户按下键盘按键都可以引发动作。动作可以有很多，可以由用户发挥创造，可以认为动作是由一系列语句组成的程序。

在Flash中有3种事件，分别是帧事件、按钮和按键事件、影片剪辑事件。

（一）帧事件

帧事件就是当影片播放到某一指定帧时执行某项动作。注意只有在关键帧处才能设置动作。例如我们制作一个小球移动动画，我们要求它在第30帧处停止播放，制作步骤如下：

（1）制作小球从第1帧移到第30帧的传统补间动画。

（2）选择第30帧，按【F9】键打开【动作】面板，在【动作】面板的命令列表区中双击【全局函数】→【时间轴控制】→【stop】命令，如图11-7所示。

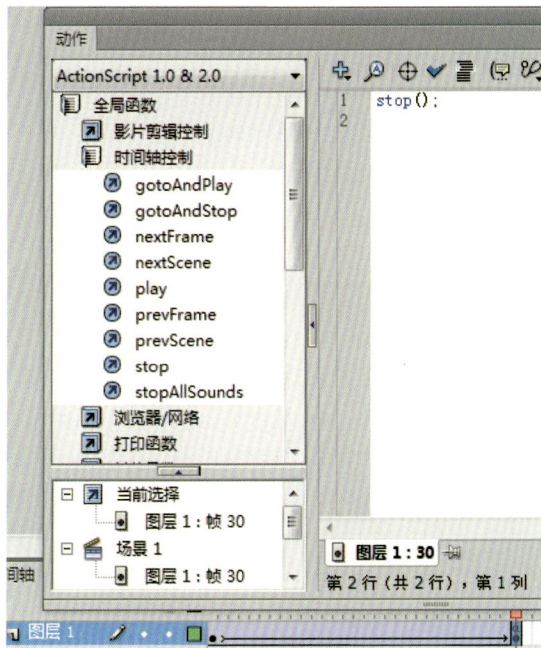
图11-7 添加stop语句

中发生的动作写在"{}"里。"stop()"表示停止，这里的"()"是为了保持语法结构的统一，不需要添加任何参数。这个语句的意思是鼠标单击按钮，影片停止播放，制作步骤如下：

（1）制作小球动画。在图层1上制作小球从第1帧移动到第30帧的传统补间动画。

（2）添加按钮。创建图层2，然后执行【窗口】→【公用库】→【Buttons】命令打开面板，从中选择一个按钮并将其拖到场景中，如图11-9所示。

（3）编写脚本。编写脚本有两种方法：①利用"脚本助手"编写脚本，在选中按钮的情况下，按【F9】键打开【动作】面板，然后按下【脚本助手】按钮后，执行【全局函数】→【时间轴控制】命令，然后双击【stop】命令，脚本添加完成，如图11-10所示；②直接输入脚本，我们直接在程序编辑区中输入"on(release){stop();}"语句，语句编写完成后可单击✔检查脚本语句是否正确，正确的话，再按一下 ，使语句按标准格式排列。

（3）脚本语句添加完后，可单击✔按钮检查脚本语句是否正确。如果语句正确，系统会弹出一个提示框提示此脚本没有错误，如图11-8所示；如果不正确，系统会提示哪些地方有错。

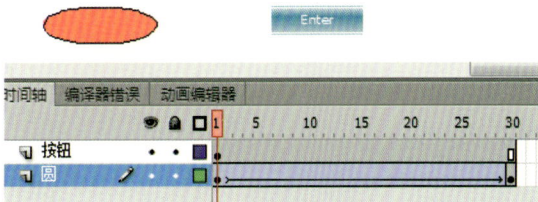
图11-9 小球移动动画

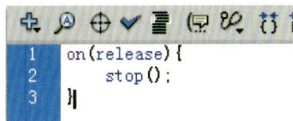
图11-10 脚本语句

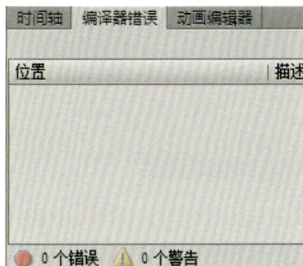
图11-8 检查脚本是否正确

注意：脚本语句一定要在英文输入模式下输写，否则会出现错误。

在"on"小括号内单击一下 按钮，就会出现很多引发动作的事件，该菜单各选项的含义如下：

press（按） 当鼠标指针移到按钮上，并单击按下鼠标左键时引发动作。

release（释放） 当鼠标指针移到按钮上，单击鼠标左键，松开鼠标左键时引发动作。

releaseOutside（外部释放） 当鼠标指针移到按

（二）按钮和按键事件

按钮和按键事件是指通过单击按钮或单击键盘时所引发的动作。在为按钮元件指定动作时，必须将动作嵌套在"on"处理函数中，并指定触发该动作的事件是鼠标或键盘。例如"on(release){stop();}"就是一个按钮事件。"on( ){ }"是一个语法，用来给按钮指定动作。在Flash中，"release"指鼠标左键单击动作。"on(release)"的意思是鼠标单击按钮，在单击钮上，并单击按下鼠标左键，不松开左键，将鼠标指针移出按钮范围，再松开鼠标左键时引发动作。

keypress（按键） 当键盘上的指定按键被按下时引发动作。

rollOver（滑过） 当鼠标指针由按钮外边移到按钮内部时引发动作。

rollOut（滑离） 当鼠标指针由按钮内部移到按钮外部时引发动作。

dragOver（拖过） 当鼠标指针移到按钮上，并单击按下鼠标左键，不松开左键，然后将鼠标指针拖出按钮范围，接着在拖回按钮上时引发动作。

dragOut（拖离） 当鼠标指针移到按钮上，并单击按下鼠标左键，不松开左键，然后把鼠标指针拖出按钮范围时引发动作。

上述命令可以直接输入，也可以在【脚本助手】的状态下，用鼠标双击【全局函数】→【影片剪辑控制】→【on】命令，方便选择一个或多个按钮事件，如图11-11所示。

图11-11 【脚本助手】下on的参数面板

（三）影片剪辑事件

影片剪辑事件是可以通过鼠标、键盘、帧等的触发而引发一系列动作。在为影片剪辑指定动作时，必须将动作嵌套在"onClipEvent"处理函数中，并指定触发该动作的事件是影片剪辑。例如"onClipEvent(mouseDown){this.startDrag();}"就是一个影片剪辑事件。"onClipEvent( ){}"是一个语法，是用来给影片剪辑指定动作。在Flash中，"mouseDown"指鼠标左键按下的动作。"onClipEvent(mouseDown)"意思是鼠标左键按下时，要发生的动作写在"{}"里。"this.startDrag()"表示开始拖曳影片剪辑，"this"指影片剪辑，这里的"()"是为了保持语法结构的统一，

不需要添加任何参数。这个语句的意思是当鼠标左键按下时，开始拖曳影片剪辑。那么"onClipEvent(mouseUp){this.stopDrag();}"的意思就是当释放鼠标时停止拖曳影片剪辑，制作步骤如下：

（1）制作矩形影片剪辑，然后拖到场景中。

（2）编写单击鼠标拖动影片剪辑的程序代码。在选中影片剪辑的情况下，单击【脚本助手】按钮，然后用鼠标双击【全局函数】→【影片剪辑控制】→【onClipEvent】命令，这样我们就可以看到影片剪辑的参数面板。选择【鼠标向下】选项，这样小括号里就会显示"mouseDown"语句，如图11-12所示。接着关闭【脚本助手】，把鼠标移到大括号里，输入"this."然后用鼠标双击【全局函数】→【影片剪辑控制】→【startDrag()】命令，如图11-13所示。语句编写完成后可单击✔按钮检查脚本语句是否正确，正确的话再按一下▤，使语句按标准格式排列。

（3）编写释放鼠标时停止拖曳影片剪辑的程序代码。把上一段复制粘贴后，修改小括号里的内容为"mouseUp"，大括号里的内容为"this.stopDrag();"，如图11-14所示。

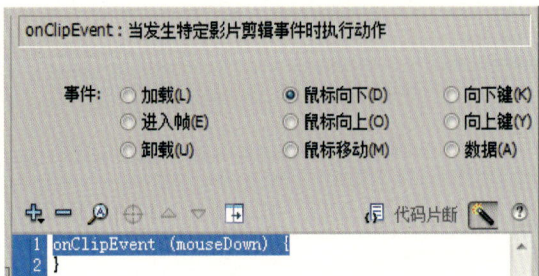

图11-12 【脚本助手】下onClipEvent的参数面板

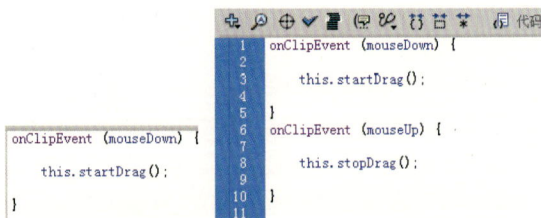

图11-13 脚本①   图11-14 脚本②

在"onClipEvent"小括号内单击一下🔽按钮即会出现很多引发动作的事件，该菜单各选项的含义如下：

load（加载） 当影片剪辑下载到舞台中时引发动作。

enterFrame（进入帧） 当导入帧时引发动作。

unload（卸载） 当影片剪辑从舞台中被卸载时引发动作。

mouseDown（鼠标按下） 当鼠标左键按下时引发动作。

mouseUp（鼠标弹起） 当鼠标左键释放时引发动作。

mouseMove（鼠标移到） 当鼠标在舞台中移动时引发动作。

keyDown（向下键） 当键盘的某个键按下时引发动作。

keyUp（向上键） 当键盘的某个键释放时引发动作。

data（数据） 当"LoadVariables"或"LoadMovie"收到了数据变量时引发动作。

上述命令可以直接输入，也可以在脚本助手的状态下，用鼠标双击【全局函数】→【影片剪辑控制】→【onClipEvent】命令，方便选择一个或多个影片剪辑事件。

三、脚本的语法规则

ActionScript有自己的语法规则，所以在编写脚本之前，我们应该了解一下它的规则，这样才能使代码在Flash中正确地编译和运行。

（一）点操作符

"."用于指定一个对象或影片剪辑的相关属性、路径或方法。点操作符的左边是名称，右边是属性或方法。例如在场景的舞台上放入了一个名为"juxing"的影片剪辑元件，指定它的x属性写法为"juxing._x"。

（二）关于语言标点符号

在Flash中有几种语言标点符号，最常用的标点符号种类有小括号"()"、大括号"{}"、分号";"、冒号":"。这些标点符号中的每一种在Flash语言中都有特殊的含义，它们的含义如下：

括号主要包括大括号"{}"和圆括号

"()"两种，大括号"{}"用于放置动作代码，圆括号"()"则用于放置动作的参数。例如"onClipEvent(enterFrame){this._alpha=20}"意思是当影片剪辑被触发时当前的影片剪辑的透明值为20。

分号用在语句结束处，表示该语句的结束。如省略分号字符，脚本编译器会认为每行代码表示一个语句，并自动添加上。例如"var i:Number = 50;"、"juxing._alpha = 90;"就是完整的两句代码。

冒号是用来为变量指定数据类型。例如"var i:Number = 7"，意思是为变量i指定了一个数字类型值为7。

（三）关键字

在脚本中保留了一些具有特殊含义的单词，这些单词即称为关键字。在 ActionScript中关键字用于执行特定种类的动作，系统是不允许使用这些关键字作为变量、函数以及标签的名字，以免发生脚本混乱。在脚本中主要有如下关键字：

"freturn"、"unction"、"void"、"if"、"delete"、"in"、"break"、"var"、"for"、"new"、"continue"、"else"、"this"、"while"、"with"。

（四）字母大小写

代码是区分大小写的，这意味着变量的大小写稍有不同就会被视为是彼此不同的，大小写正确的语言元素在默认情况下为蓝色。在连接单词时请使用混合大小写以便区分每个单词，增强可读性，例如"myPelican"而不要写成"mypelican"。

（五）注释

注释是一种使用简单易懂的句子对代码进行介绍的方法。在脚本的编辑过程中，给程序添加注释便于脚本的阅读和理解，注释并不参与语句的执行。在脚本中使用单行注释的方法是直接输入"//"然后输入语句，多行注释是输入"/*"和"*/"，如图11-15所示。

（六）代码提示

在使用【动作】面板或【脚本】窗口时，可以使用代码提示功能来帮助编写正确的代码，代码提示包括工具提示和菜单提示。

1. 工具提示

单行注释

```
AN4.onPress=function(){
    gotoAndStop(10);  //转至第10帧停止
    TEXT=10;          //给动态文本框变量TEXT赋值10
}
```

多行注释

```
on(rollOver){
    _parent.gotoAndStop(10);
    this.gotoAndPlay(2);
    /*这句脚本的意思是当鼠标光标移到到按钮时，将
    上一级动画跳转到第10帧停止，将本影片剪辑
    跳转到第2帧并播放。*/

}
```

图11-15 注释

在需要小括号的元素后键入一个左括号"（"就可显示出代码提示，要使代码提示消失，请键入右小括号"）"即可，如图11-16所示。

```
if{
    if ( condition ) {
    }
}
```

图11-16 工具提示

2. 菜单提示

通过在变量或者对象名称后键入点"."来显示代码提示，但这对命名有一定要求。我们在命名时可以使用后缀来触发代码提示，Flash支持自动代码提示的后缀有很多，常用的有按钮后缀"_btn"、影片剪辑后缀"_mc"、文本后缀"_txt"、颜色后缀等，如图11-17所示。

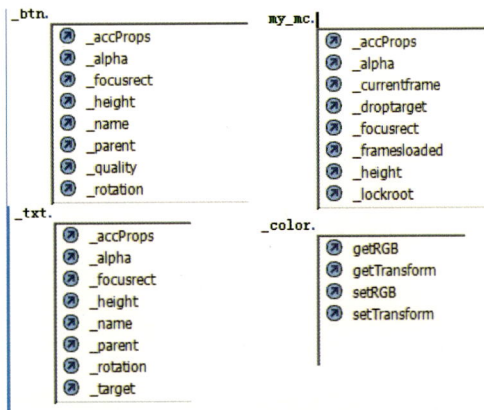

_btn.		my_mc.	
_accProps		_accProps	
_alpha		_alpha	
_focusrect		_currentframe	
_height		_droptarget	
_name		_focusrect	
_parent		_framesloaded	
_quality		_height	
_rotation		_lockroot	
_txt.		_color.	
_accProps		getRGB	
_alpha		getTransform	
_focusrect		setRGB	
_height		setTransform	
_name			
_parent			
_rotation			
_target			

图11-17 菜单提示

第三节 时间轴控制函数

时间轴控制函数是使用率很高的一组函数，它由9个命令组成，在【全局函数】→【时间轴控制】目录下可以找到。这组函数的主要功能是用来控制时间轴的，可以完成对场景中的时间轴，影片剪辑里的时间轴的播放、停止、跳转等控制。

一、时间轴控制函数功能介绍

stop(); 指暂定当前动画的播放，使播放头停止在当前帧。

play(); 使当前暂停的动画，从暂停处继续播放。

gotoAndPlay([scene,]frame); 使播放头跳转到场景中指定的帧处并从该帧开始播放。参数"scene"表示将转到的场景名称，如果没有设置，则默认为当前场景；参数"frame"表示将转到的帧号。例如"gotoAndPlay("场景2"，30)；"意思是跳转到场景2的第30帧，并从此处开始播放。

gotoAndStop([scene,]frame); 使播放头跳转到指定的帧，并停止在该帧上。参数"scene"表示将转到的场景名称，如果没有设置，则默认为当前场景；参数"frame"表示将转到的帧号。例如"gotoAndStop(10);"意思是跳转到当前场景的第10帧并停止。

nextFrame(); 使播放头跳转到当前帧的下一帧，并停止在该帧上。

prevFrame(); 使播放头跳转到当前帧的前一帧，并停止在该帧上。

nextScene(); 使播放头跳转到当前场景的下一个场景的第一帧，并停在该帧上。

prevScene(); 使播放头跳转到当前场景的前一个场景的第一帧，并停在该帧上。

stopAllSounds(); 关闭目前Flash动画的所有声音。

二、应用举例

（一）控制动画播放

用按钮控制动画播放，可以控制动画的播放、停止、继续、向前一帧和向后一帧。

（1）新建一个ActionScript2.0文档。在场景中制作一段30帧的形状补间动画。

（2）创建按钮层。单击□按钮创建"按钮层"，然后执行【窗口】→【公用库】→【Button】命令打开【按钮】面板，如图11-18所示，从中选择一款按钮拖到场景中，如图11-19所示。

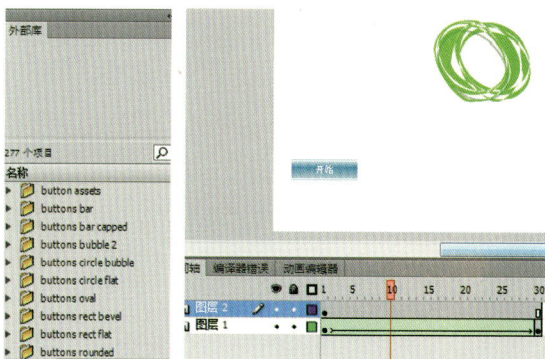

图11-18 【按钮】面板

图11-19 动画和按钮

（3）复制按钮。按【Ctrl】+【L】键打开【库】面板，在【库】面板中选择按钮元件后单击鼠标右键，在弹出的菜单中选择【直接复制】选项，如图11-20所示，再复制出4个按钮。把【库】面板中的5个按钮分别拖到场景中，然后选择一个按钮双击进入按钮编辑区。选择【文本工具】A修改按钮的名字为"开始"。其他4个按钮也做相同的操作，把按钮的名字分别改为"停止"、"继续"、"前一帧"、"后一帧"，如图11-21所示。

（4）编写代码。按【F9】键打开【动作】面板，接着选中"开始"按钮，然后在【动作】面板的程序编辑区中输入如下脚本：

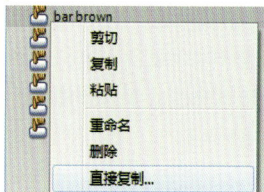

图11-20 复制按钮

图11-21 修改按钮名称

```
on (release) {
    gotoAndPlay(1);    /*意思是当鼠标点击开始按钮后，动画跳到第1帧并开始播放。*/
}
```

选择"停止"按钮，在【动作】面板内输入如下脚本：

```
on (release) {
    stop();    //当鼠标点击停止按钮后动画停止播放
}
```

选择"继续"按钮，在【动作】面板内输入如下脚本：

```
on (release) {
    play();    //当鼠标点击继续按钮后动画继续播放
}
```

选择"前一帧"按钮，在【动作】面板内输入如下脚本：

```
on (release) {
    prevFrame();    //当鼠标点击前一帧按钮后动画向前播放一帧
}
```

选择"后一帧"按钮，在【动作】面板内输入如下脚本：

```
on (release) {
    nextFrame();    //当鼠标点击后一帧按钮动画向后播放一帧
}
```

（5）发布动画。

（二）鼠标触发彩球

鼠标触发彩球的效果是当鼠标指针移到哪个圆柱体顶部之后，哪个圆柱体会自动伸长，小球会上下弹跳，如图11-22所示。

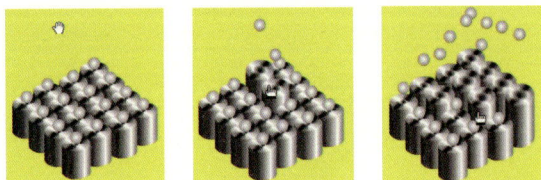
图11-22　鼠标触发彩球的效果

（1）新建ActionScript2.0文档，设置场景的背景色为黄色。

（2）按【Ctrl】+【F8】键建立影片剪辑元件。

（3）在影片剪辑中绘制圆柱体，在影片剪辑的图层1中绘制一个矩形，使用【选择工具】调整矩形的形状。执行【窗口】→【颜色】命令调出【颜色】面板，选择【线性填充模式】，设置渐变色，如图11-23所示，用【颜料桶工具】填充图形。再绘制一个椭圆，圆柱体制作完成，如图11-24所示。选中圆柱体后按【Ctrl】+【K】键打开【对齐】面板，使圆柱体和舞台底对齐，如图11-25所示。

图11-23　颜色设置

图11-24　圆柱体制作步骤

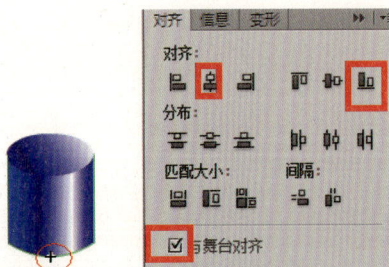
图11-25　【对齐】面板参数设置

（4）在影片剪辑元件中制作圆柱体伸缩动画。先用【任意变形工具】把圆柱体的中心点位置移动到底部，如图11-26所示，然后制作圆柱体第1帧到第15帧，再到第30帧的传统补间动画。第1帧和第30帧一样，第15帧用【任意变形工具】增加高度。

（5）在影片剪辑中制作小球弹跳动画。新建一个小球层，选择【椭圆工具】绘制一个球，用【径向渐变】填充类型填充图形。用同样方法制作小球从第1帧到第15帧再到30帧的传统补间动画。第1帧和第30帧一样，第15帧的小球垂直上移一些，如图11-27所示。

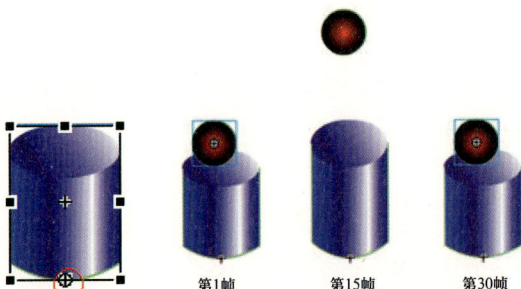
图11-26　中心点的位置　　图11-27　小球弹跳动画效果

（6）制作透明按钮元件。按【Ctrl】+【F8】键建立一个按钮元件，选中"点击"帧，绘制一个椭圆形，用于确定按钮的响应区域，在其他帧中创建空白关键帧，不加任何对象，如图11-28所示。

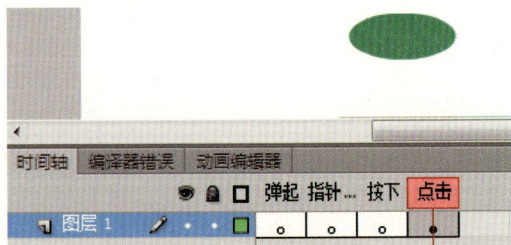
图11-28　透明按钮

（7）在影片剪辑中加入透明按钮。在影片剪辑元件中再创建一个按钮图层，把按钮元件放到圆柱体的上面，如图11-29所示。由于按钮元件内只有按钮响应区中绘制了一个椭圆形，所以我们看到了一个透明的浅蓝色的椭圆。

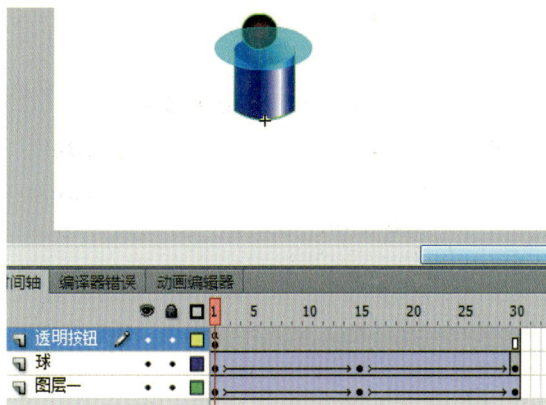

图11-29　添加透明按钮

（8）为透明按钮编写代码。选中浅蓝色的透明按钮，调出【动作】面板，在该面板中输入如下代码：

```
on (rollOver) {
    play();
} //当鼠标滑过按钮时动画从停止处继续播放
on (rollOut) {
    play();
} //当鼠标滑离按钮时动画从停止处继续播放
```

（9）选中按钮层的第1帧，在【动作】面板中输入代码"stop();"，暂停播放。

（10）拖曳多个影片剪辑到场景中，按【Ctrl】+【Enter】键发布动画。

第四节　浏览器/网络函数

浏览器/网络函数是使用率很高的一组函数，它由8个命令组成，在【全局函数】→【浏览器/网络】目录下可以找到。这组函数的主要功能是用来设置播放器窗口和链接网络。

一、浏览器/网络函数功能介绍

（一）fscommand

fscommand给播放器传递信息，传递信息内容如表11-1所示。

表11-1

命　令	参　数	说　明
quit	无	关闭放映文件
fullscreen	true或者false	指定true可将Flash播放器设置为全屏模式。指定false可将播放器返回到标准菜单视图
allowscale	true或者false	指定false可设置播放器始终按SWF文件的原始大小绘制SWF文件，从不进行缩放。指定true会强制将SWF文件缩放到播放器的100%大小
showmenu	true或者false	true启动或false关闭右键菜单选项
exec	应用程序的路径	在放映文件内执行应用程序
trapallkeys	true或者false	指定true可将所有按键事件（包括快捷键）发送到Flash播放器中的onClipEvent(keyDown/keyUp)处理函数

fscommand命令使用步骤如下：

（1）绘制图形。绘制一个矩形，然后执行【窗口】→【公用库】→【Buttons】命令打开【按钮】面板，从面板中拖出两个按钮，双击进入修改区，修改字为"标准"和"全屏"。创建按钮元件，并制作一个圆形关闭按钮，效果如图11-30所示。

图11-30　窗口效果

（2）编写脚本。选择【全屏】按钮，打开【脚本助手】，选择【全局函数】→【浏览器/网络】→【fscommand】命令，双击【fscommand】后，在提示面板中的独立播放器中选择【fullscreen[true/false]】选项，如图11-31所示。

图11-31　全屏按钮的脚本

（3）选择"标准"按钮，打开【脚本助手】，选择【全局函数】→【浏览器/网络】→【fscommand】命令，双击【fscommand】后，在提示面板中的【独立播放器命令】的下拉菜单中选择【fullscreen[true/false]】选项，如图11-32所示。

（4）选中圆形关闭按钮，打开【脚本助手】，选择【全局函数】→【浏览器/网络】→【fscommand】命令，双击【fscommand】后，在提示面板中的【独立播放器命令】的下拉菜单中选择

【quit】选项，如图11-33所示。

图11-32　标准按钮的脚本

图11-33　退出按钮的脚本

（5）新建图层2。选中图层2上的第1帧，双击【fscommand】后在提示面板中的【独立播放器命令】的下拉菜单中选择【showmenu[true/false]】选项，如图11-34、图11-35所示。

图11-34　关闭右键菜单的脚本

（6）执行【文件】→【导出】→【导出影片】命令，选择SWF格式，命名后按【保存】按钮即可。

注意： 如用【Ctrl】+【Enter】键发布，还要关闭当前的Flash文档，刚才生成的SWF文件才有效。

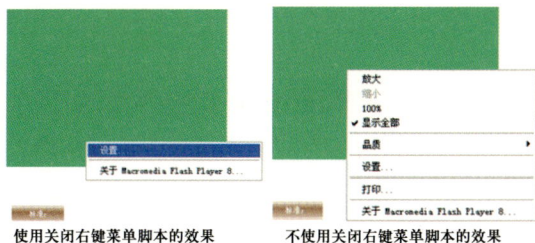

使用关闭右键菜单脚本的效果　　不使用关闭右键菜单脚本的效果

图11-35　showmenu脚本语言使用前后对比

（二）getURL

"getURL（url[，window]）；"用于链接网页或实现发送邮件。参数url是输入需要链接的地址。窗口window是设置浏览器打开的方式。打开的方式有4种，分别如下：

_blank　在新窗口中打开链接。选中该选项，单击按钮链接地址时，新建一个浏览器窗口。

_self　在自身窗口中打开链接。选中该选项，单击按钮链接地址时，在当前浏览器窗口中打开新网页。

_parent　在上级窗口中打开链接。选中该选项，单击按钮链接地址时在上级浏览器窗口中打开新网页。

_top　在顶级窗口中打开链接。选中该选项，单击按钮链接地址时，在顶级浏览器窗口中打开新网页。

"getURL();"命令使用步骤如下：

从【窗口】→【公用库】→【Buttons】中拖出一个按钮。选中按钮，打开【脚本助手】，执行【全局函数】→【浏览器/网络】→【getURL】命令。双击【getURL】，在URL中输入网址，例如http://www.baidu.com，在【窗口】中选择"_blank"，如图11-36所示。

图11-36　getURL参数面板

（三）loadMovie

"loadMovie（"url"，target）；"用于加载外部的SWF、JPEG、GIF或PNG文件到正在播放的SWF动画影片剪辑中。"url"是加载文件的绝对和相对路径。绝对"url"必须包括协议引用，例如"http://"或"file://"。通常我们把加载的文件和文档放到同一个文件夹下，这样我们就可以只写加载文件的名称和文件格式，例如"小球.SWF"。目标"target"是可选项，表示目标影片剪辑实例的路径。

"loadMovie();"命令的使用步骤如下：

（1）新建一个ActionScript2.0文档，从【窗口】→【公用库】→【Buttons】面板中拖曳4个按钮到场景中。

（2）保存文档。按【Ctrl】+【S】键保存文档，给文档命名为"加载"。把文档和要加载的文件放在同一个文件夹下，如图11-37所示。

（3）创建影片剪辑。按【Ctrl】+【L】键建立一个没有图像的影片剪辑元件，然后拖到场景中放到合适的位置上，注意影片剪辑元件中心十字的位置是加载影片的左上角的位置。选中影片剪辑，在其【属性】面板中给影片剪辑元件实例名称命名为"mc"，如图11-38所示。

图11-37　文件夹里的文件

图11-38　空影片剪辑元件

（4）编写脚本。选中按钮1，打开【脚本助手】。执行【全局函数】→【浏览器网络】→【loadMovie】命令，双击【loadMovie】命令，在提示面板的【URL】中输入"1.swf"，在【位置】中选择"目标"，设置目标为"mc"，如图11-39所示。

（5）制作其他两个按钮。选中按钮2，打开【脚本助手】，双击【loadMovie】命令，在提示面板的【URL】中输入"2.jpg"，在位置中选择"目标"，设置目标为"mc"，如图11-40所示。选中按钮3，打开【脚本助手】，双击【loadMovie】命令，在提示面板的【URL】中输入"3.swf"，在【位置】中选择"目标"，设置目标为"mc"，如图11-41所示。

图11-39 按钮1脚本

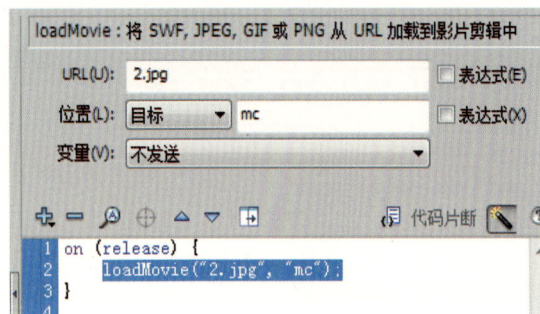

图11-40 按钮2脚本

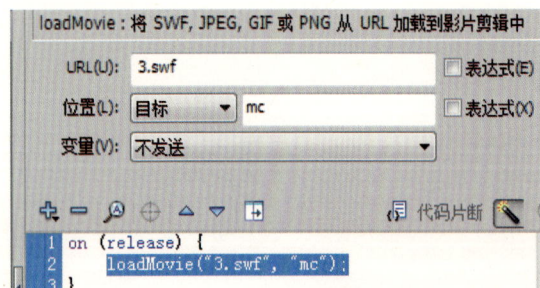

图11-41 按钮3脚本

（6）打开【脚本助手】，选中按钮4，双击【unloadMovie】，在【位置】中选择"目标"，设置目标为"mc"，如图11-42所示。

（7）保存，按【Ctrl】+【Enter】键测试动画，如图11-43所示。

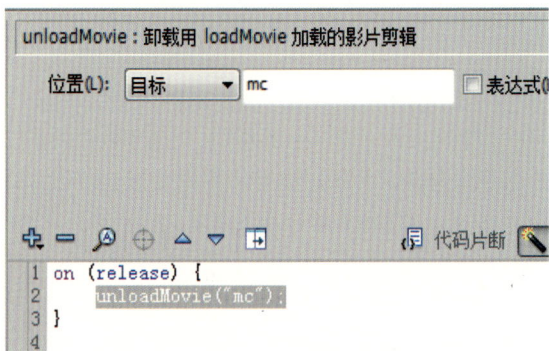

图11-42 按钮4脚本

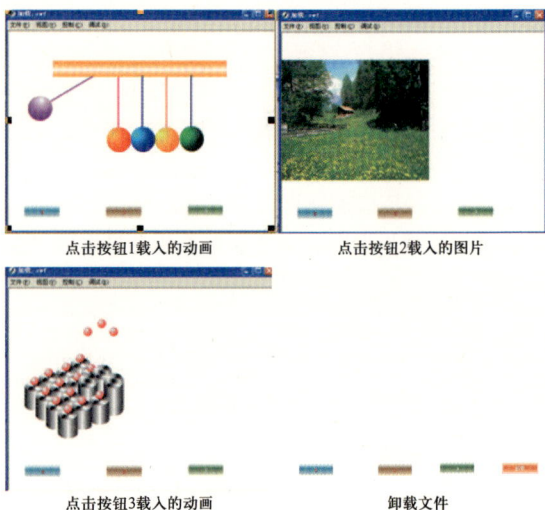

点击按钮1载入的动画　　　　点击按钮2载入的图片

点击按钮3载入的动画　　　　卸载文件

图11-43 测试动画

（四）loadMovieNum

在播放原始SWF文件时，"loadMovieNum(url[,level]);"可以将SWF、JPEG、GIF或PNG文件加载到一个级别中，加载的动画或图片位置在场景的左上角。级别从0开始，级别类似图层。"url"是加载文件的绝对和相对路径。级别"level"是一个整数，用于指定外部动画或图片加载到哪个层上。

"loadMovieNum();"命令的使用步骤如下：

（1）新建一个ActionScript2.0文档，执行【窗口】→【公用库】→【Buttons】命令打开【按钮】面板，从面板中拖出两个按钮到场景中。

（2）保存文档。按【Ctrl】+【S】保存文档，给文档命名为"加载"。把文档和要加载的风景图片放在同一个文件夹下。

（3）编写脚本。选中"加载"按钮，打开【脚本助手】。执行【全局函数】→【浏览器网络】→【loadMovie】命令，双击【loadMovie】，在提示面板中的URL中输入名称与格式"风景.jpg"，在【位置】中选择"级别"，设置级别号为"1"，如图11-44所示。

图11-44　loadMovieNum提示面板

（4）打开【脚本助手】，选中"卸载"按钮，双击【unloadMovie】，在【位置】中选择"级别"，设置级别数为"1"，如图11-45所示。

图11-45　UnloadMovie提示面板

（五）unloadMovie

"unloadMovie(target);"用于删除通过"loadMovie()"加载的影片。

（六）unloadMovieNum

"unloadMovieNum(level);"用于删除通过loadMovieNum()加载的SWF文件或图片。

（七）loadVariables

"loadVariables(url[,target]);"用于加载外部变量到目前的SWF动画中。"url"是加载文件的绝对和相对路径。参数目标"target"是指目标影片剪辑实例的路径。

（八）loadVariablesNum

"loadVariablesNum(url[,level]);"用于加载外部变量到目前的SWF动画中。"url"是加载文件的绝对和相对路径。参数级别"level"是用于指定外部动画将加载到播放动画的那个层上。

"loadVariablesNum();"命令的使用步骤如下：

（1）打开记事本。在记事本的开头添加变量名称，例如"chunjie=春节"，"chunjie"是文本框的变量名称。

（2）保存记事本。执行【文件】→【另存为】命令，调出【另存为】对话框，在该对话框的编码下拉列表中选择"UTF-8"选项，并给文件起名为"chunjie"，然后单击【保存】按钮。

（3）创建Flash ActionScript2.0文档。执行【窗口】→【公用库】→【buttons】命令，选择一个按钮拖到场景中。选择【文本工具】，在场景中建立一个"动态文本"，字体大小为"18"，行为"多行"，并设置其变量名称为"chunjie"。按【Ctrl】+【S】键保存文档，文档和记事本要保存在同一目录下。

（4）编写脚本。选中按钮，打开【脚本助手】，双击【loadVariables】命令，在【URL】中输入"chunjie.txt"，在【位置】中选择"级别"，设置级别号为"0"，如图11-46所示。

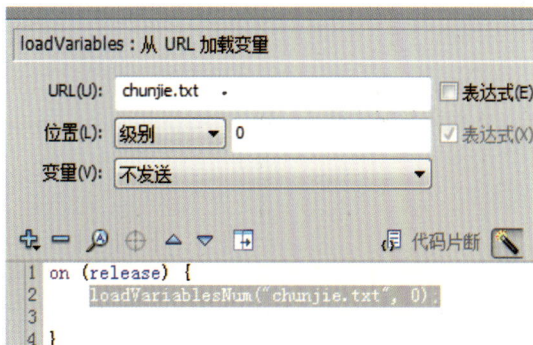
图11-46　脚本

二、应用举例——外部浏览器

外部浏览器是用"loadMovieNum"命令加载动画，单击不同的按钮，会显示不同的画面。

（1）创建按钮元件。打开Flash，新建一个ActionScript2.0文档。按【Ctrl】+【F8】键建立按钮元件，绘制圆形按钮，步骤如图11-47所示。用同样的方法创建按钮2和按钮3。

（2）绘制浏览器外框。按【Ctrl】+【F8】键建立影片剪辑元件，在影片剪辑元件内用【矩形工具】绘制浏览器外框。然后把影片剪辑元件和按钮都拖到场景中，给影片剪辑元件添加斜角滤镜，效果如图11-48所示。

弹起　指针经过　按下

图11-47　按钮制作步骤　　　　图11-48　浏览器外框

（3）保存浏览器界面。输入文字，并新建图层2绘制一个矩形。这个矩形是图像显示的区域。按【Ctrl】+【S】键保存，起名为"浏览器界面"，如图11-49所示。

（4）制作图像1文档。把图层1的内容全部删掉只留矩形，按【Ctrl】+【Shift】+【S】键另存文档，起名为"图像1"，注意矩形的位置一定不能改变，如图11-50所示。

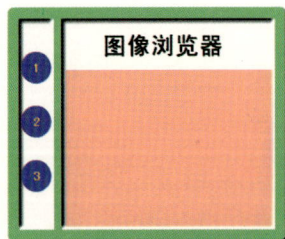

图11-49　图像浏览器　　　　图11-50　图像1文档

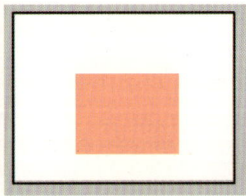

（5）在"图像1"文档中制作动画。在"图像1"的文档中，执行【文件】→【导入】→【导入到库】的命令，把"风景1"文件导入到【库】面板中，再将"风景1"拖到场景中，用【任意变形工具】调整图片大小，使其与矩形大小一致。制作遮罩动画，使"风景1"从画面中间慢慢显示出来，如图11-51所示。在动画结束处写脚本"stop();"，如图11-52所示。最后按【Ctrl】+【S】键保存图像1，并按【Ctrl】+【Enter】键发布文件。

图11-51　动画效果

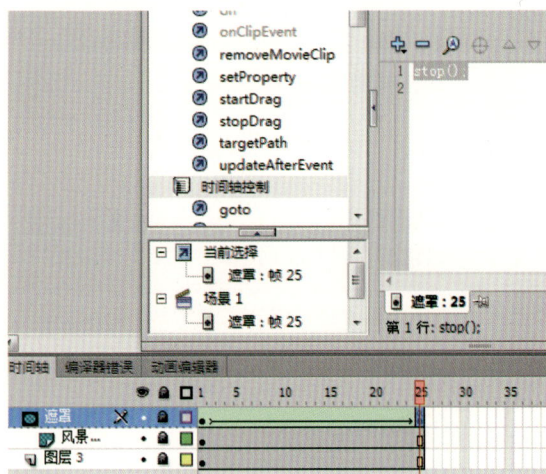

图11-52　图层与脚本语言

（6）制作图像2文档。在"图像1"文档中，执行【文件】→【导入】→【导入到库】命令，把"风景2"文件导入到【库】面板中，用"风景2"代替"风景1"，然后另外保存，并起名为"图像2"，然后按【Ctrl】+【Enter】键发布动画，如图11-53、图11-54所示。

（7）编写脚本。打开"浏览器界面"文档，选中"按钮1"，在【动作】面板中输入如下代码：

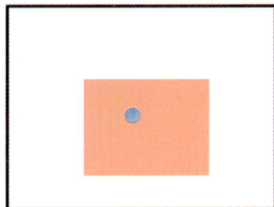

图11-53 图像2动画效果

图11-54 文件夹下保存的文件

```
on (release) {
    loadMovieNum("图像1.swf",1);
}
```

选中"按钮2"在【动作—按钮】面板中输入如下代码：

```
on (release) {
    loadMovieNum("图像2.swf",1);
}
```

（8）按【Ctrl】+【Enter】键发布动画。

第五节 影片剪辑控制函数

影片剪辑元件是Flash的重要元件之一，在各类动画中应用十分普遍，在Flash中，通过脚本语句可以对影片剪辑进行特定的交互操作，例如影片剪辑的复制、删除、属性等。这组函数可以在【全局函数】→【影片剪辑控制】目录下找到。

一、影片剪辑控制函数功能介绍

（一）duplicateMovieClip

"duplicateMovieClip(target,newname,depth);"用于复制影片剪辑,并给它赋予一个新的名称。参数目标（target）是给复制的影片剪辑指定目标；参数新名字（newname）是给复制影片剪辑命名；参数深度（depth）是给新的影片剪辑指定层号。

"duplicateMovieClip();"的使用方法如下：

（1）按【Ctrl】+【F8】键建立一个影片剪辑元件，在元件里绘制一个矩形。回到场景，把影片剪辑元件拖到场景中，在【属性】面板中设置影片剪辑元件的实例名称为"mc"。

（2）从【窗口】→【公用库】→【buttons】

面板中拖曳两个按钮到场景中，双击按钮，用【文本工具】修改文字，一个为"复制"，一个改为"删除"。

（3）选择"复制"按钮，打开【动作】面板，在程序编辑区内输入如下代码：

```
on (release) {
    duplicateMovieClip("mc", "mc1", 2); //复制出一个新的影片剪辑mc1
    setProperty(mc1,_x,300); //复制出的影片剪辑沿水平方向移动300像素
```

（4）选择"删除"按钮，打开【动作】面板，在程序编辑区内输入如下代码：

```
on (release) {
    removeMovieClip("mc1");
}
```

（二）removeMovieClip

"removeMovieClip(target);"同于删除用duplicateMovieClip创建的影片剪辑。参数目标（target）是指删除的影片剪辑名称。

（三）setProperty

"setProperty(target,property, value);" 用于设置影片剪辑实例属性。参数目标（target）指场景中影片剪辑实例的名称；参数属性（property）是指影片剪辑实例属性名称；参数value是指属性值。影片剪辑实例属性内容如表11-2所示。

表11-2

属性名称	说　明
_alpha	用于设置影片剪辑的透明度。其用百分比表示，100%表示不透明，0%表示透明
_focusrect	当使用Tab切换焦点时，按钮是否显示黄色的外框。默认是显示黄色的外框
_height	用于设置影片剪辑的高度，以像素为单位
_highquality	用于设置影片剪辑的播放质量。1为低，2为高，3为最好
_name	获取影片剪辑的名称
_quality	用于设置影片剪辑的播放质量
_rotation	用于设置影片剪辑的旋转角度
_soundbuftime	Flash的声音在播放之前要经过下载然后播放，该属性说明下载声音的缓冲时间
_visible	用于设置影片剪辑是否可见:true为可见，false为不可见
_width	用于设置影片剪辑的宽度，以像素为单位
_x	用于指定影片剪辑当前的水平坐标
_y	用于指定影片剪辑当前的垂直坐标
_xscale	用于设置影片剪辑的水平缩放。其用百分比表示，100%表示不缩放，1%表示缩小了100倍
_yscale	用于设置影片剪辑的垂直缩放。其用百分比表示，100%表示不缩放，1%表示缩小了100倍
_xmouse	获取场景中鼠标指针水平坐标值
_ymouse	获取场景中鼠标指针垂直坐标值
_totalframes	影片剪辑在时间轴上的总帧数
_framesloaded	网络下载完成的帧数
_currentframe	当前影片剪辑所播放的帧号

影片剪辑属性书写方法是"影片剪辑实例名称＋点＋属性名称"。例如每按一次按钮，影片剪辑"mc"就沿x轴移动50像素，我们可以在【动作】面板上输入如下代码：

```
on (release) {
    mc._x=mc._x-50;
}
```

（四）getProperty

"getProperty(target,property);" 用于获取影片

剪辑属性的值。参数目标（target）是指场景中影片剪辑实例名称，参数属性（property）是指影片剪辑实例属性名称。

获取影片剪辑透明度值的方法如下：

（1）制作一个实例名称为"a_mc"的影片剪辑元件，再从【按钮】面板中拖出两个按钮。用【文本工具】绘制一个动态文本，在【属性】面板中设置动态文本变量值为"tt"，如图11-55所示。

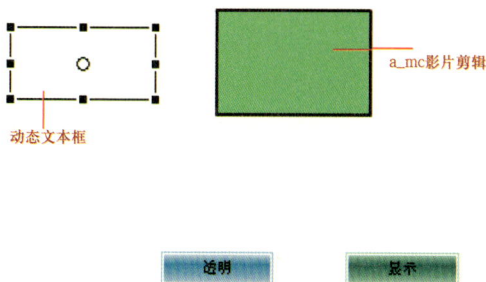

图11-55 绘制的图形

（2）选择"透明"按钮，在【动作】面板中输入如下代码：

```
on (release) {
a_mc._alpha=a_mc._alpha-10;
} //每按一次按钮，影片剪辑a_mc的透明度就减10
```

（3）选择显示按钮，在【动作】面板中输入代码为：

```
on (release) {
tt=getProperty(a_mc._alpha);
} //当点击按钮，动态文本框中会显示出当前a_mc
```
的透明度的值

（五）startDrag

"startDrag(target[,lock]);"用于设置鼠标拖曳影片剪辑实例。参数"target"是要拖曳到对象，参数"lock"是决定是否锁定中心拖曳。

如果想拖动影片剪辑"mc"，我们可以在【动作】面板中输入如下代码：

```
onClipEvent (mouseDown) {
startDrag("_root.mc", true);
} //当按下鼠标我们可以拖拽场景下的影片剪辑mc
```

（六）stop

"stopDrag();"没有参数，用于停止鼠标拖曳影片剪辑实例。如要停止拖曳，可以在【动作】面板中输入如下代码：

```
onClipEvent (mouseUp) {
stopDrag();
}
```

（七）updateAfterEven

"updateAfterEvent();"没有参数，在鼠标或按键事件后更新舞台。

二、应用举例——更换鼠标光标

（1）制作按钮。在图层1上从【窗口】→【公用库】→【buttons】面板中拖出一个按钮。

（2）绘制新鼠标。新建"图层2"，按【Ctrl】+【F8】键创建一个影片剪辑元件，在元件中绘制一个新鼠标图形（注意十字光标在图形的最前头），如图11-56所示。回到场景，把影片剪辑元件拖曳到场景中，打开【属性】面板给影片剪辑实例命名为"mc"。

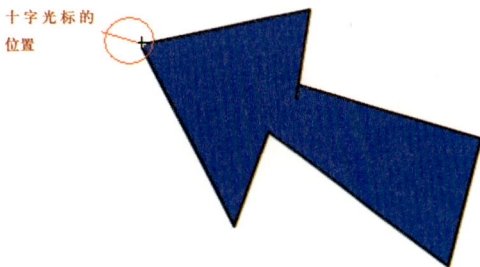

图11-56 新鼠标与十字光标

（3）编写脚本。选中影片剪辑元件，在【动作】面板中输入如下代码：

```
startDrag("_root.mc", true);  //拖拽影片剪辑，并
锁定鼠标到中央
Mouse.hide();  //隐藏原来的鼠标
}
```

第六节　基本语法

一、常量与变量

（一）常量

常量　是在程序运行中不可改变的量。常量有3种类型，分别是：

数值型　就是具体的数值。例如12、56、68.9等。

字符串型　用引号括起来的一串字符。例如"2008奥运会"、"7"。

逻辑型　用于判断条件是否成立。"True"或"1"代表真，"False"或"0"代表假。

逻辑型常量也称为布尔常量。

（二）变量

编写复杂的计算机程序往往需要存储很多的信息，变量就是用于储存信息的容器。变量可以在保持原有名称的情况下，使其包含的值随特定的条件自动改变。变量可以储存数值、字符串、逻辑值、表达式、对象等。一个变量由变量名和变量值组成。

1. 变量的命名规则

（1）变量名通常是以字母、下划线或美元符号"$"为开头。当出现一个新单词时，新单词的第一个字母为大写字母。例如"userName"就是一个变量名。

（2）变量名中不允许出现空格，也不允许出现特殊符号，但是可以使用数字。

（3）变量名不能是逻辑变量或关键字，例如"ture"、"false"是逻辑变量，不能作为变量名称使用。

2. 变量的作用范围与赋值

变量的作用范围是指变量能够被识别和应用的区域。在脚本语言中，根据变量作用的范围，可将变量分为全局变量和局部变量。全局变量可以在时间轴的所有帧中共享，而局部变量只在一段程序内起作用。

要使用变量，首先要对其声明。在脚本语言中，我们可以使用"set variables"命令声明全局变量，使用"var"命令声明局部变量。这两个命令在动作面板左边的命令区域【语句】→【变量】中可以找到。

（1）定义全局变量可以使用"等号"或"set"

动作来实现，它的语法格式是：

变量名=表达式;或是set(变量名，表达式);

例如我们创建一个名为"aa"的变量，其值是"星期三"，可以写成：

aa="星期三"，或是set("aa","星期三");

再例如创建一个变量为"bb",其值为"50"，可以写成：

bb=50,或set("bb",50);

（2）定义局部变量可以使用"var"来实现，它的语法格式是：

var变量名=表达式;

例如，我们创建一个名为"aa"的局部变量，其值为"Flash教程"，可以写成：

var aa="Flash教程";

3. 变量值的显示

要使变量值显示出来，我们有以下两种方法：

（1）使用"trace( )"函数。可以通过【动作】面板命令列表区下的【全局函数】→【其他函数】→【trace】函数实现，"trace函数"将变量值传递给输出窗口，在该窗口中显示变量。该函数的格式是：

trace(表达式);

例如我们想把上面定义的局部变量值显示出来，可以输入以下代码：

var aa="Flash教程";

trace(aa);

运行程序显示内容如图11-57所示。

（2）使用动态文本。在【动作】面板中输入"var aa="Flash教程";"，使用【文本工具】创建一个动态文本，在【属性】面板中定义变量为"aa"，按【Ctrl】+【Enter】键发布，这样变量内容就会显示出来，如图11-58所示。

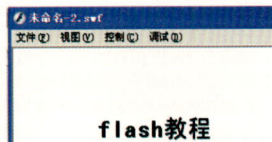

图11-57　用"trace()"函数显示变量值　　图11-58　用动态文本显示变量

二、应用举例——变量加减

该实例是通过按钮来控制动态文本框中的数字。

（1）绘制画面。选择【文本工具】在场景中创建一个动态文本，然后从【窗口】→【公用库】→【buttons】面板中拖出两个按钮，如图11-59所示。

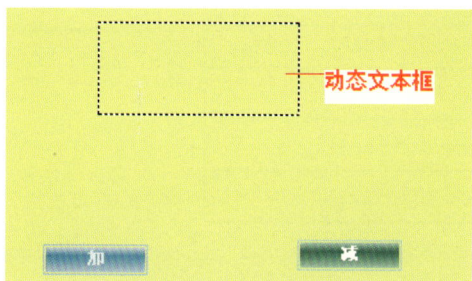

图11-59 绘制画面

（2）给文本框设置变量。选择文本框，打开【属性】面板，设置文本变量"aa"，如图11-60所示。

图11-60 给文本框设置变量

（3）声明变量。新建图层2，选择第1帧，然后在【动作】面板中输入代码：

```
var aa=1;//声明一个变量aa，它的初始值为1
```

（4）编写代码。选择"加"按钮，然后在【动作】面板内输入代码：

```
on(release){
    aa=aa+2;
}//每按一下按钮，值加2
```

选择减按钮，在【动作—按钮】面板内输入代码：

```
on(release){
    aa=aa-2;
}//每按一下按钮，值减2
```

三、表达式与运算符

表达式是用运算符号将常量、变量和函数以一定的运算规则组织在一起的式子。表达式分为3种：算术表达式、字符串表达式和逻辑表达式。在Flash的表达式中，同级运算按照从左到右的顺序进行。

运算符是能够提供对数值、字符串、逻辑值进行运算的关系符合。运算符可以在【动作】面板命令列表区的运算符目录下找到，下面进行讲解。

（一）算术表达式和运算符

算术表达式用于为变量赋予数值，由运算符和数字组成。算术表达式的运算法则是先乘除后加减，括号中的内容优先计算。如（3+8）×6+8就是一个算术表达式。它的运算符如表11-3所示。

表11-3

运算符	名称	执行运算	使用方法	
+	加号	加法	a=6+8	a值为14
-	减号	减法	a=4-2	a值为2
*	乘号	乘法	a=5×2	a值为10
/	除号	除法	a=9/3	a值为3
%	取模	求余数	a=9/2	a值为1

ActionScript中执行运算可以使用一些简写方法，如表11-4所示。

表11-4

运算符	名　称	执行运算	使用方法
=	赋值	为变量赋值	var a=7 将变量a的初始值设置为7
*=	乘法赋值	乘法赋值	a*=5等于a=a*5
/=	除法赋值	除法赋值	a/=5等于a=a/5
%=	求余赋值	求余赋值	a%=5等于a=a%5
+=	加法赋值	加法赋值	a+=5等于a=a+5
++	自加	增加1	a++相当于a=a+1
--	自减	减1	a--相当于a=a-1

如果在使用算术运算符时，表达式中含有字符串，系统会将字符串转换为数值后再进行运算，如"35"+55=90。如果该字符串不能转换为数值，则系统会将值认为0后再进行运算，如"aa"+98值为98。

（二）字符串表达式和运算符

字符串表达式是对字符串进行运算的表达式。

它由字符串、字符运算符和以字符串为结果的函数组成。在Flash中，所有双引号括起来的字符都被视为字符串。如"aa"+"wang"表示将字符串"aa"和字符串"wang"连接起来，结果字符串是"aawang"。字符串表达式的运算符如表11-5所示。

表11-5

运算符	名　称	执行运算	使用方法
" "	定义字符串		"中国"

>=	大于等于	大于或等于	a>=4;
			trace(a=4);
			值为true

>	大于号	大于	a >9; trace(a=4); 值为false
<	小于号	小于	a<9; trace(a =9); 值为false

<=	小于等于	小于或等于	a<=9;
			trace(a=4);
			值为true

= = =	全等	测试两个表达式是否严格相等； 字符串不可以转换	a="6" trace(a= = =6) 值为false

（续表）

运算符	名　称	执行运算	使用方法
=	等于	测试两个表达式是否相等，字符串可以转换成数值进行运算	a="6" trace(a= =6) 值为true

!=	不等于	测试两个表达式是否不相等，字符串可以转换成数值进行运算	var a="5";
			var b=5;
			trace(a!=b);
			值为false

!= =	不全等	测试两个表达式是否严格不相等。字符串不可以转换成数值进行运算	var a="5";
			var b=5;
			trace(a!= =b);
			值为true

（三）逻辑表达式和运算符

逻辑表达式是对执行指定动作时应具备的条件是否成立来进行判断的表达式。它由逻辑运算符和数值表达式组成，通常应用到if语句中。逻辑表达式的运算符号如表11-6所示。

表11-6

运算符	名　称	执行运算	使用方法

&&	与	如果两个表达式都为 true，则返回值为true；否则返回值为false	var a = 2;
			var b = 77;
			if (a<= 3) && (b)>= 75)) {
			　trace("You Win the Game!");
			} else {
			trace("Try Again!");
			}

‖	或	如果两个表达式中，其中任一表达式（或两者）的计算结果为true，则结果为 true	var x = 10;
			var y= 250;
			if ((x > 25) ‖ (y > 200) {
			　trace("the logical OR test passed"); //条件满足一个，将出现逻辑 OR 测试通过的消息

!	非	对变量或表达式的值取反	a = !true trace(a) 值为false

四、语句

语句是执行或指定动作的语言元素。下面我们了解一些常用的语句。

（一）条件语句

程序本身并不能作出抽象的决定，但是它可以获取数据，并对数据进行分析比较，然后根据分析结果执行不同的任务。这个思路就是if语句。它位于动作面板命令列表区的"语句/条件/循环"目录下。

If语句的语法格式有3种，分别是：

1. 格式1

```
if(条件表达式){
        语句体
        }
```

功能：如果条件表达式的值为"true"，则执行语句体；如果条件表达式的值为"false"，则不执行语句体。例如：

```
if(y>33){
        gotoAndplay(99);
        }    //判断y是否大于33，如果大于33则让
动画跳转到第99帧并开始播放
```

2. 格式2

```
if(条件表达式){
            语句体1}
            else{
            语句体2}
```

功能：如果条件表达式的值为"true"，则执行语句体1；否则执行语句体2。例如：

```
aa = "dd"    //为变量aa辅值为dd
if (aa=="bb") {
        trace("你好");  //如果aa值等于bb，窗口输出
你好
    } else {
        trace("再见");
    }            //否则窗口输出再见。
```

3. 格式3

```
if(条件表达式1){
                语句体1
                }else if(条件表达式2){
                语句体2
                }else if(条件表达式3){
                语句体3
                }
```

功能：多条件判断，如果条件表达式1的值为"true"，则执行语句体1；如果条件表达式1的值为"false"，则判断条件表达式2的值。如果条件表达式2的值为"true"，执行语句体2；如果表达式2的值为"false"，则继续执行if后的语句，如果后面没有语句就退出if语句。例如：

```
aa ="dd";    //为变量aa赋值为dd
if (aa=="bb") {
        trace("你好");      //如果aa值等于bb，窗口输
出你好
    } else if (aa=="cc") {
        trace("再见"); //如果aa值等于cc窗口输出再见
    } else if(aa=="dd") {
        trace("我们又见面了");
    }        //如果aa值等于dd窗口输出我们又见面了
```

（二）循环语句

在flash中还有一个很重要的语句——循环语句。这个语句要比if语句稍微复杂一点。循环语句就是在特定的条件下重复动作。它位于动作面板命令列表区的"语句/条件/循环"目录下。

在ActionScript中有3种类型的循环，分别是：

1. 格式1

```
for(初始值；条件；下一个){
        语句体}
```

功能：for括号内由3部分组成，它们用分号隔开，每部分都是表达式。第一个表达式是用于设置变量的初始值；第二个表达式是用于确定循环何时结束的条件语句；第三个表达式是用于确定在每次循环中更改变量值的表达式。例如：

```
var i;  //设置一个变量为i
for (i = 0; i < 5; i++) {
        trace(i);
    } //变量i的初始值是0,循环一次值增加1，当值
为5时停止循环。
```

输出变量i。输出结果如图11-61所示。

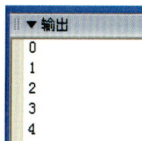

图11-61 结果①

再例如：var sum= 0;

```
var sum = 0;
for (var i= 1; i <= 100; i++) {
        sum = sum+i;
}
trace(sum);  //将1到100的数字相加
```

输出结果如图11-62所示。

图11-62 结果②

2. 格式2

```
do{
    语句体}
    while(条件表达式)
```

功能：当条件表达式为true时，执行语句体。如果条件表达式一直成立，循环就会一直进行下去，所以在while循环体中需要有改变条件的语句，以使条件最终能够为false，完成循环，例如：

```
i = 0;
do {
    i++;
    trace(i);
} while (i<=10);
```

输出结果如图11-63所示。

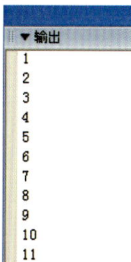

图11-63 结果③

3. 格式3

```
while(条件表达式){
                语句体
                }
```

功能：do…while循环的另一种写法是while循环，也就是当条件表达式为true时，执行语句体。例如：

```
i = 0;
while (i<=10) {
    i++;
    trace(i);
}
```

输出结果如图11-64所示。

图11-64 结果④

（三）跳出循环

所有的循环结构都可以使用两个命令改变，一个命令是"break"，另一个命令是"continue"。"break"命令用于强制退出循环；"continue"命令终止本轮循环但不跳出循环，进而执行下一轮循环。

例如用break编写从1加到4的代码：

```
var i = 0;
var sum = 0;
while (i<=10) {
    sum = i+sum;
    i++;
    if(i==5){
            break}//
}
trace(sum);
```

如果没有"if(i==5){

break}"这段代码强制退出循环，那

这个程序就是从1一直加到10的编程。这段编程输出
结果如图11-65所示。

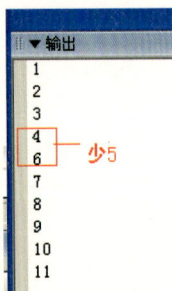

图11-65　结果⑤

例如用continue编写代码：

```
var i = 0;
while (i<=10) {
    i = i+1;
    if (i == 5) {
            continue;
    }
    trace(i);
}
```

这段编程输出结果如图11-66所示。

图11-66　结果⑥

（四）应用举例——loading

　　"loading"是加载的意思，在欣赏Flash作品的
时候，都可以看到"loading"字样。因为动画播放取
决于网络宽带，"loading"先加载一部分后，动画才
能流畅播放，它也是利用if条件语句来制作的。在这
里我们还可以利用动态文本来显示加载的多少。在这
个例子中应用到的"_framesloaded"（已下载）、
"_totalframes"（总下载）、"getBytesLoaded"
（返回下载的字节数）、"getBytesTotal"（返回
下载的总字节数）都是Flash自带的函数，当输入"_
root."时就会弹出属性列表栏，如图11-67所示，

可以从列表栏中找到这些函数。我们还用到一个
"int"命令，这个命令的作用是将小数值转换为整
数值。

　　（1）创建场景。打开一个已有动画的文档，
然后执行【插入】→【场景】命令再增加一个场景
2。按【Shift】+【F2】键激活【场景】面板，选中
"场景2"，将其拖到"场景1"的上方，这样就改变
场景的播放顺序，双击"场景2"的名字将其更改为
"loading"，如图11-68所示。

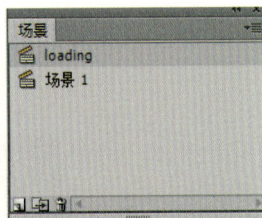

图11-67　属性列表栏　　　　图11-68　【场景】面板

　　（2）制作影片剪辑。选择loading场
景，在这个场景中我们按【Ctrl】+【F8】键建立影
片剪辑元件，在元件里用遮罩绘制loading，如图11-
69、图11-70所示。

图11-69　Loading动画效果

图11-70　loading影片剪辑的时间轴

　　（3）创建图层。把"loading"影片剪辑拖到场
景中；建立图层2为文本层，选择【文本工具】创建
动态文本，并设置其变量为"wenben"，建立图层3
为代码层，如图11-71、图11-72所示。

　　（4）编写代码。选择图层3的第2帧，按【F7】
键建立空白关键帧，选择第2帧，在【动作】面板中
输入以下代码：

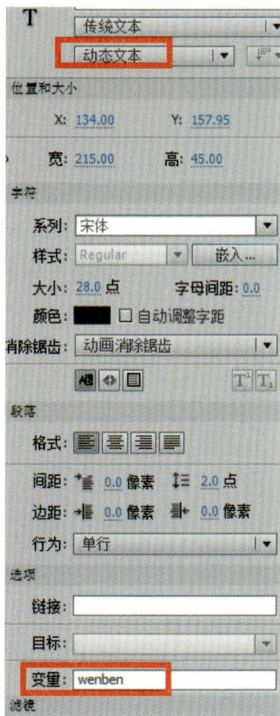

图11-71 设置动态文本

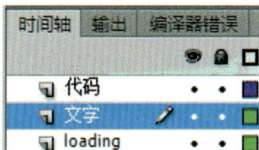

图11-72 创建图层

```
if (_root._framesloaded>=_root._totalframes) {
    gotoAndPlay(nextScene());    //如果已下载
的帧数大于等于总帧数，转到下个场景中进行播放
    } else {
    gotoAndPlay(1);    //否则从第1帧播放
    }
```

我们想要显示下载的百分比，选择图层3的第1帧，在里面输入：

yxz = _root.getBytesLoaded();   //设置变量yxz等于返回下载的字节数

zxz = _root.getBytesTotal();   //设置变量zxz等于返回下载的总字节数

wenwen = int(yxz/zxz*100)+"%";   //已下载除以总下载，并且总是得到整数

（5）按【Ctrl】+【Enter】键发布动画。如果发现loading没有显示，那是因为本地下载速度太快。发布后执行【视图】→【下载设置】→【自定义】命令，如图11-73所示。修改完成后执行【视图】→【下载设置】→【用户设置8】命令。然后再执行

【视图】→【模拟下载】命令，稍等片刻就可以看到loading效果。

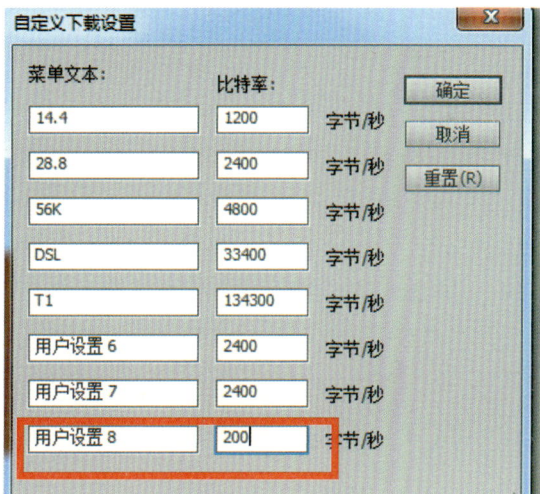

图11-73 自定义下载设置

五、自定义函数

函数是一种能够完成一定功能的代码块，它可以反复使用。在Flash中函数分为系统函数和自定义函数。系统函数是Flash提供的，如我们学习过的时间轴控制函数、影片剪辑控制函数等。自定义函数是用户根据需要自行定义函数，用户可以自行编写一系列语句，当需要使用这段代码时，只需直接调用这个函数即可，不需要再写一遍。自定义函数function在命令列表区的语句/用户自定义下面。

（一）自定义函数

自定义函数的格式如下：

function函数名称（自变量）{

语句体

}

函数以关键字"function"开头，"function"后面是函数名，与变量名相似，可以指定自己的函数名，最好将函数名取得有意义一些；函数名后面的括号容纳该函数的参数，所谓参数也是一个变量，它的值在调用该函数时予以指定。一个函数可以有若干参数，也可以没有参数。无论有没有参数，函数名后都

应紧跟一对括号，大括号中的部分是语句体。例如：

```
function hhh(a,b ){
return(a*b);
}
```

还可写成：

```
hhh=function (a,b ){
return(a*b);
}
```

这是定义了一个函数"hhh"，并设置了两个变量"a"、"b"。它们执行的语句体是返回"a*b"的值。"return"命令仅用于函数中，它是结束一个函数并返回一个结果。此处，"a*b"是"return"命令返回的函数值。

要使用函数，就需要调用它，我们用"trace"命令来实现，如果给参数赋不同的值，将得到不同的结果：

```
trace(hhh(2,3))    得到的值为6
trace(hhh(4,3))    得到的值为12
trace(hhh(5,6))    得到的值为30
```

（二）应用举例——自定义函数

要求输出的动画效果是按绿色按钮，文本框中显示"这是绿色按钮"；按蓝色按钮，文本框中显示"这是蓝色按钮"；按黄色按钮，文本框中显示"这是黄色按钮"。

（1）绘制界面。新建ActionScript2.0文档，创建动态文本，设置变量名为"wenben"，如图11-74所示。然后从【窗口】→【公用库】→【buttons】面板中拖出3个不同颜色的按钮，如图11-75所示。

（2）编写代码。新建图层2为代码层，选择第1帧，在【动作】面板上输入：

```
function aa(newValue) {
    if (newValue == 100) {
            wenben = "这是绿色按钮";
    } else if (newValue == 200) {
            wenben = "这是蓝色按钮";
    } else if (newValue == 300) {
            wenben = "这是黄色按钮";
    }
}
```

这段代码的意思是设置变量为"aa"，它的参数是"newValue"。如果"newValue==100"，文本框中显示文字"这是绿色按钮"；如果"newValue==200"，文本框中显示"这是蓝色按钮"；如果"newValue==300"，文本框中显示"这是黄色按钮"。

图11-74 文本【属性】面板

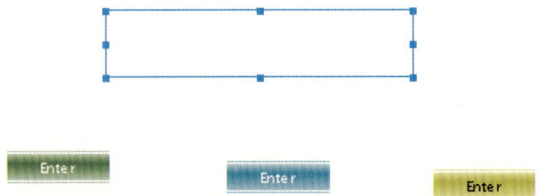
图11-75 界面

（3）使用函数。前面我们已经自定义了一段代码，要使用这段代码只要调用函数"aa"即可。方法：选择绿色按钮，在【动作】面板中输入：

```
on (release) {
    aa(100);
}    //当释放鼠标变量aa值为100.
```
选择蓝色按钮，在【动作—按钮】面板中输入
```
on (release) {
    aa(200);
```

```
}    //当释放鼠标变量aa值为200
```
选择黄色按钮，在【动作-按钮】面板中输入：
```
on (release) {
    aa(300);
}    //当释放鼠标变量aa值为300
```
（4）按【Ctrl】+【Enter】键发布动画。

第七节　ActionScript3.0的应用

ActionScript2.0在脚本语言中引入了面向对象的编程方式，具有变量的类型和新的class语法。到目前为止，ActionScript2.0脚本语言依然在Flash动画制作中广泛运用。ActionScript3.0与ActionScript2.0有着很大的差别，3.0全面支持ECMA4的语言标准，并具有ECMAScript中的Package、命名空间等多项2.0所不具备的特点。它的构造更加科学合理，旨在方便创建大型的数据集和可重用代码库的高度复杂应用程序。

一、添加脚本代码

（一）在Flash文件中添加代码

执行【文件】→【新建】命令，在弹出的对话框中选择ActionScript3.0文档。选择图层的第1帧，按【F9】键打开【动作】面板，即可在该面板的编辑窗口中编写脚本代码。

（二）在外部AS脚本中添加代码

执行【文件】→【新建】命令，在弹出的【新建文档】对话框中，选择【ActionScript文件】选项，单击【确定】按钮，即可创建一个外部的脚本文件。在打开的脚本编辑窗口中即可编写脚本代码，它是一个纯文件格式的文件，可以使用任何的文本编辑器进行编辑，如图11-76所示。

注意：ActionScript3.0的脚本代码只可以添加在关键帧上，不可以在元件或其他对象上添加脚本代码。

ActionScript2.0的脚本代码可以写在3个地方，

分别是关键帧、按钮元件、影片剪辑元件。

图11-76　建立ActionScript文件

二、使用【代码片断】面板

【代码片断】面板中预置了不同类型的脚本代码，如果想要使用这些代码，可以选择舞台上的对象或时间轴上的帧，在【代码片断】面板中双击要应用的代码即可。但要注意的是，这些代码片断都是ActionScript3.0的代码，ActionScript2.0不能使用。

（1）执行【文件】→【新建】命令，在弹出的对话框中选择【ActionScript文件】选项，制作一个ActionScript3.0文档。

（2）建立影片剪辑元件，然后绘制方形，并制作传统补间移动动画。

（3）把影片剪辑元件拖到场景中，新建一个图层，从【窗口】→【公用库】→【buttons】中拖出4个不同颜色的按钮。双击按钮，用【文本工具】修改文字，分别为"上一帧"、"播放"、"暂停"、"下一帧"。

（4）选择"上一帧"按钮，在【代码片断】面板中，展开【时间轴导航】，双击【单击以转到前一帧并停止】选项，为当前所选对象应用该代码片断，此时会弹出对话框，按【确定】按钮即可，如图11-77所示。

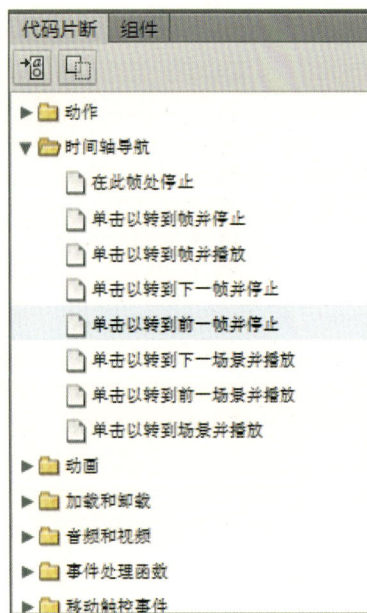

（5）Flash会自动将"按钮对象"转换为"影片剪辑元件"，并自动为其设置一个实例名称。同时在【时间轴】面板会自动增加一个Actions的图层，【动作】面板中会出现代码片断，如图11-78所示。

（6）同样选择"下一帧"按钮，选择【单击以转到下一帧并停止】代码片断；选择"播放"按钮，选择【单击以转到帧并播放】代码片断；选择"暂停"按钮，选择【单击转到帧并停止】代码片断。

（7）根据提示找到需要修改代码的地方，完成代码修改。

（8）按【Ctrl】+【Enter】键发布动画。

图11-77 【代码片断】面板

```
/* 单击以转到前一帧并停止
单击指定的元件实例会将播放头移动到前一帧并停止此影片。
*/

button_6.addEventListener(MouseEvent.CLICK, fl_ClickToGoToPreviousFrame_3);

function fl_ClickToGoToPreviousFrame_3(event:MouseEvent):void
{
    prevFrame();
}
```

图11-78 动作脚本

第八节 实训练习

本章主要讲解了时间轴、浏览器、影片剪辑、变量、组件等内容，下面通过"下雨"实例来练习一下本章所学的内容。

在制作动画之前，我们看一下以下函数：

updateAfterEvent(); 更新舞台显示。

clearInterval(); 停止setInterval()的调用。

setInterval(); 每隔一定时间就调用函数，在使用 "setInterval()" 时注意以下几点：①确定被调用的函数；②确定设置了间隔时间；③在开始设置新的间隔之前清除以前设置的间隔。

制作"下雨"动画步骤如下：

（1）新建ActionScript2.0文档。

（2）建立雨滴影片剪辑。按【Ctrl】+【F8】键建立影片剪辑，在影片剪辑元件中绘制雨滴。在图层1的第1帧绘制一条直线，在第20帧处创建关键帧后，选中直线向下移动，动画类型为"形状补间动画"；创建图层2，在第21帧处建立空白

关键帧绘制一个小圆圈，在第50帧处建立空白关键帧绘制一个大圆圈，如图11-79所示。选中大圆圈，在【颜色】面板中把它笔触的【Alpha】值改为"0"，如图11-80所示。选择最后一帧输入代码："Stop();"，如图11-81所示。

第1帧　第20帧　第21帧　第50帧

图11-79 雨滴绘制步骤

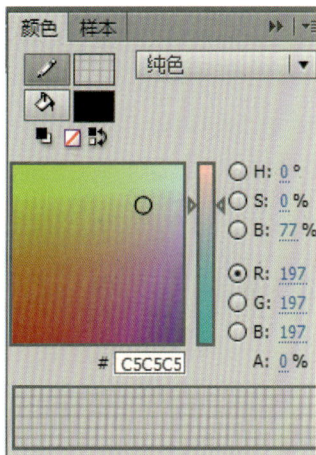

图11-80 【颜色】面板

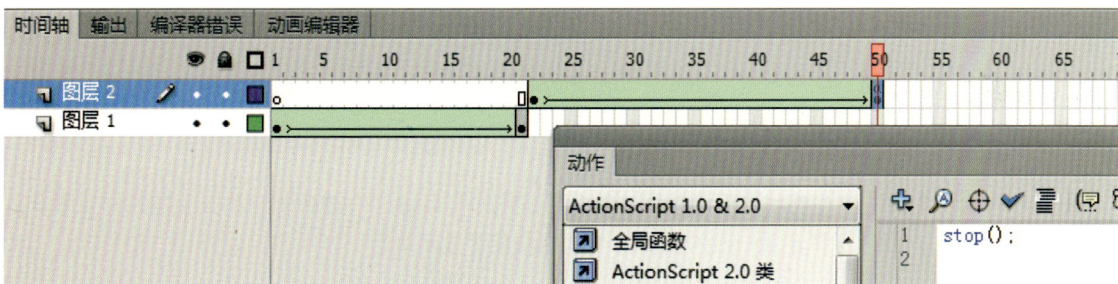

图11-81 【时间轴】面板

（3）编写代码。回到场景中，把影片剪辑元件拖到场景中，在【属性】面板中设置实例名称为"mc"。

（4）新建图层2为代码层，在第2帧建立空白关键帧，在【动作】面板中输入：

```
function ee() {
    duplicateMovieClip("mc", e, e);
    setProperty(e, _x, random(700));
    setProperty(e, _y, random(-200));
    updateAfterEvent();
    e++;
    if (e>200) {
        clearInterval(kk);
    }
}
kk = setInterval(ee, 400);
```

（5）按【Ctrl】+【Enter】键发布文件，发现有问题，这是因为没有给变量"e"赋值。我们在代码层的第1帧建立空白关键帧，在【动作】面板中输入"e=1;"。

（6）再次按【Ctrl】+【Enter】键发布动画。

课后习题

一、选择题

（1）影片剪辑事件必须将动作嵌套在（　　）处理函数中，按钮事件必须将动作嵌套在（　　）处理函数中。

A. on　　　　B. onClipEvent

（2）我们在命名时可以使用后缀来触发代码提示，按钮后缀是（　　），影片剪辑后缀是（　　），文本后缀是（　　）。

A. _txt　　　B. _btn　　　C. _color　　　D. _mc

（3）浏览器打开的方式有4种，在新窗口中打开链接的是（　　）。

A. _parent　　B. _self　　C. _blank　　D. _top

（4）可以加载外部的SWF、JPEG、GIF或PNG文件到正在播放的SWF动画的影片剪辑中的命令是（　　）。

A. loadMovie　　　　　B. loadMovieNum

二、填空题

（1）在Flash动画中有3种事件类型，分别是＿＿＿＿、＿＿＿＿、＿＿＿＿。

（2）打开【动作】面板的快捷键是＿＿＿＿。

（3）表达式可分为3种，分别是＿＿＿＿、＿＿＿＿、＿＿＿＿。

三、制作题

（1）参考鼠标触发小球动画的制作方法，制作苹果熟了的动画。该动画播放后屏幕上显示一棵苹果树，树上绿色苹果慢慢由小变大由绿变红后，鼠标指针移动到苹果上，苹果自动落下，稍后，一个新的苹果在原处有生长出来，如图11-82所示。

（2）制作一个图形浏览器。动画播放后，单击▶按钮即可显示下一帧画面；单击◀按钮即可显示上一帧画面；单击|◀按钮即可显示第一帧画面；单击▶|按钮即可显示最后一帧画面，如图11-83所示。

图11-82 苹果熟了动画　　　　　　　图11-83 图形浏览器

第十二章
组件

组件是一些复杂的，并带有可定义参数的影片剪辑。在使用时可以直接定义参数，也可以通过ActionScript定义组件参数。组件使用不仅可以提高工作效率，还可以给Flash作品带来标准化界面，方便使用。【组件】面板提供了3种不同类型的组件，分别是Flex组件、User Interface组件、Video组件。Flex组件很少使用，它主要是将FlexComponentBase组件嵌入创建的Flex组件SCW文件。在【组件】面板中使用最多的就是User Interface组件与Video组件。组件可以在窗口菜单下找到，也可以通过🎬组件按钮打开。

第一节　用户界面

用户界面（User Interface）包括经常使用的复选框、下拉列表、单选按钮等。

一、CheckBox

CheckBox（复选框）是一个多项选择组件，它是通过用户单击来确定复选框的状态（选中或没选中）。它的使用方法是在组件面板中选中后，拖到场景中即可。

在场景中添加了多个CheckBox后，选中CheckBox，在其参数面板中可看到它的各项参数，如图12-1所示。

enabled　设置复选框是否可用，默认是选中状态。

label　用于设置复选框后显示的标题文字，其默认名称为"label"，可以在文本框中修改该选项。

labelPlacement　用于确定复选框边标题文字的位置，其中包括4个选项："left"、"right"、"top"、"bottom"，其默认值为"right"。

selected　用于确定复选框的初始状态，选中该项则表示复选框被选中，默认为不选中该项。

visible　设置复选框是否可见，默认为选择该项。

例如个人调查复选框如图12-2、图12-3所示。

图12-1　CheckBox复选框参数面板

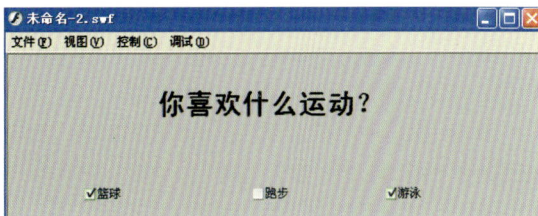

图12-2　个人调查复选框

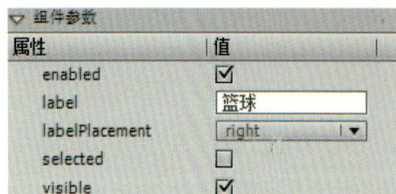
图12-3 参数面板

二、RadioButton

RadioButton是单项选择组件，用户只能在一系列按钮中选择某一个，在选中这个后，其他的选择将自动取消。它的使用方法同CheckBox复选框一样，拖到场景中即可。

在场景中添加了多个RadioButton后，选中RadioButton，在其参数面板中可看到它的各项参数，如图12-4所示。

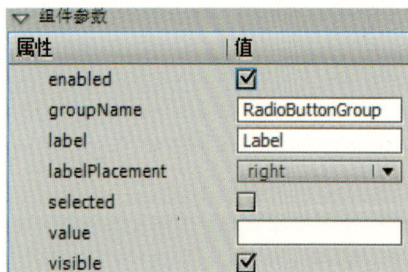
图12-4 RadioButton单选按钮参数面板

enabled 设置单选按钮是否可用，默认是选中状态。

groupName 用于输入单选按钮的名称，一组单选按钮的名称应该是一样的。在相同的组里只可以有一个单选按钮被选中。

label 用于设置单选按钮边显示的标题文字，如Yse、No。

labelPlacement 用于确定单选按钮边标题文字的位置，其中包括4个选项："left"、"right"、"top"、"bottom"，其默认值为"right"。

selected 用于确定单选按钮的初始状态，选中该项则表示单选按钮被选中，默认为不选中该项。

value 用于定义与单选按钮相关联的值，通常用于程序交互。单选如图12-5所示。

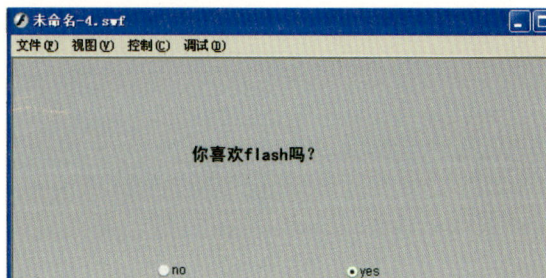
图12-5 单选

三、ComboBox

ComboBox（下拉列表）是用户从多个选项中选取其中的一个。使用方法是把它选中后，拖到场景中即可。

选中ComboBox，在参数面板中可看到它的各项参数。

data 用于设置下拉列表中显示的标题文字。单击"[]"按钮，即可打开对话窗口，单击➕按钮就可添加一个选项，在选项的label中输入文字即可，单击➖按钮即可删除一个选项，单击⬇⬆按钮可以改变选项的顺序，如图12-6所示。

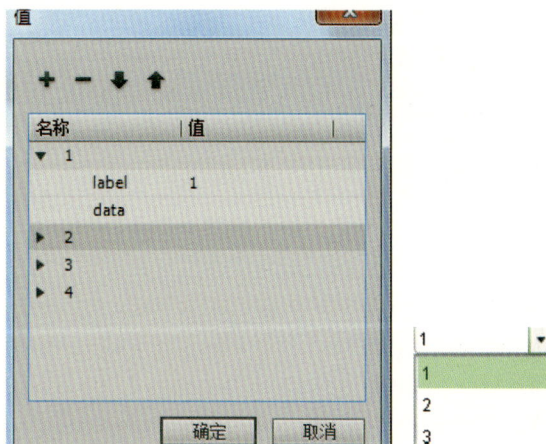
图12-6 labels面板

editable 用于决定用户是否可以输入文本。选中该项可以输入文本，不选中则不能输入文本。

enabled 设置下拉列表是否可用，默认是选中状态。

prompt 用于设置ComboBox组件下拉列表框中显示的提示名称，例如输入名字。

restrict　用于限制文字内容，只能输入指定文字。

rowCount　用于确定不使用滚动条最多能显示多少项目，默认值为5。

四、List

List（列表框）和下拉列表的功能和作用相似，用户可以在已设置的列表中选择需要的选项，它们只是在形式上表现不一样。使用方法是把它选中后，拖到场景中即可。

选中list列表框，在参数面板中可看到它的各项参数：

allowMultipleSelection　用于设置是否可以一次选择多个列表项目，默认为不选择，如果选择该项，则表示可以一次选择多个列表项目，要配合【Ctrl】键。

data　用于设置在list组件列表框中所显示的列表项目。单击"[]"按钮，即可打开对话窗口，单击➕按钮就可添加一个选项，在选项的label中输入文字即可，单击➖按钮即可删除一个选项，单击⬇⬆按钮可以改变选项的顺序，如图12-7所示。

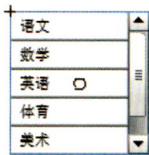

图12-7　list组件

horizontalLineScrollSize　用于设置每次单击箭头按钮时水平滚动条移动多少个单位，默认值为4。

horizontalPageScrollSize　用于设置每次单击轨道时水平滚动条移动多少个单位，默认值为0。

horizontalScrollPolicy　用于设置是否显示水平方向滚动条，在该选项的下拉列表中包括"on"、"off、"auto"3个选项，默认为"auto"选项。

verticalLineScrollSize　用于设置每次单击箭头按钮时垂直滚动条移动多少个单位，默认值为4。

verticalPageScrollSize　每次单击轨道时垂直滚动条移动多少个单位。默认值为0。

verticalScrollPolicy　用于设置是否显示垂直方向滚动条，在该选项的下拉列表中包括"on"、"off"、"auto"3个选项，默认为"auto"选项。

五、Tilelist

TileList（平铺列表）组件提供呈行和列分布的网格，通常用来以"平铺"格式设置并显示图像，如图12-8所示。

在参数面板中可看到以下的各项参数：

图12-8　表情框

columnCount　用于设置水平图像数量。

columnWidth　用于设置水平图像宽度，单位为像素。

dataProvider　用于设置在tilelist组件列表框中所显示的列表项目。单击"[]"按钮，即可打开对话窗口，单击➕按钮就可添加一个选项，在选项的label中输入文字即可，单击➖按钮即可删除一个选项，单击⬇⬆按钮可以改变选项的顺序。

direction　用于设置滚动条的方向，在该选项的下拉列表中包括"horizontal"、"vertical"两个选项。

horizontalLineScrollSize　用于设置每次单击箭头按钮时水平滚动条移动多少个单位，默认值为4。

horizontalPageScrollSize　用于设置每次单击轨道时水平滚动条移动多少个单位，默认值为0。

rowCount　用于设置垂直图像数量。

rowHeight　用于设置垂直图像高度。

scrollPolicy　用于设置是否显示滚动条，在该选项的下拉列表中包括"on"、"off"、"auto"3个选项，默认为"auto"选项。

verticalLineScrollSize 用于设置每次单击箭头按钮时垂直滚动条移动多少个单位，默认值为4。

verticalPageScrollSize 用于设置每次单击轨道时垂直滚动条移动多少个单位，默认值为0。

案列——制作表情框

（1）新建一个Flash ActionScript3.0文档。

（2）单击 组件按钮，把"TileList"组件拖到场景中，然后用【任意变形工具】调整大小，保存文档。把要加载的图片和文档放到同一个文件夹下。

（3）选择组件，单击"dataProvider"后的"[]"，即可打开对话窗口，单击 就可添加一个选项，在选项的"label"中输入显示文字，例如"不明白"，在"source"中输入要加载的名字与格式，例如"不明白.jpg"。用同样的方法加入其他项目，如图12-9所示。

（4）调整其他属性参数，如图12-10所示。

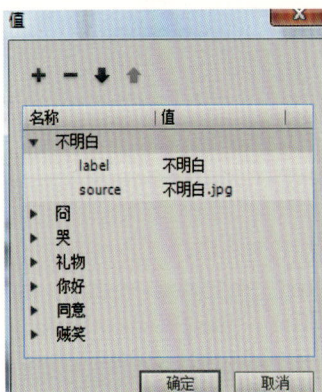
图12-9　添加项目

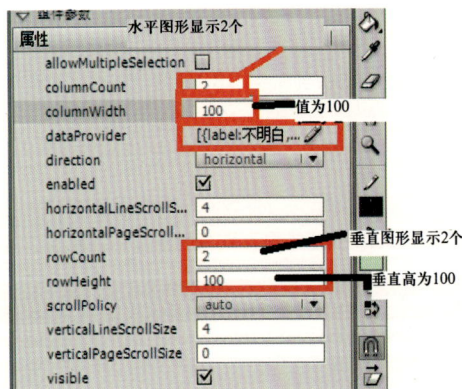
图12-10　属性参数

（5）按【Ctrl】+【Enter】键测试表情栏效果，如图12-11所示。

图12-11　表情栏效果

六、Button

Button就是按钮，用它可以执行鼠标和键盘交互事件。它的参数及含义如下：

emphasized 用于设置按钮处于弹起状态时，Button组件周围是否有边框。

label 用于设置按钮上显示的内容，默认值是"Button"。

labelPlacement 确定按钮上的标签文本相对于图标的方向。该参数可以是下列4个值之一："left"、"right"、"top"、"bottom"；默认值为"right"。

Selected 用于确定按钮是否处于按下状态。选中该项按钮处于按下状态。前提是toggle要被选中。

Toggle 将按钮转变为切换开关。如果选择该项，则按钮在单击后保持按下状态，并在再次单击时返回到弹起状态。如果不选该项，则按钮在单击后立即弹起。

七、ScrollPane

ScrollPane（滚动窗）组件是在一个可滚动区域中显示JPEG、PNG、GIF和SWF文件，不接受文字，如果想要加载文字，可以把文字转换为影片剪辑或SWF文字进行嵌入文字显示。通过使用滚动窗，可以限制文件所占用的屏幕区域的大小。滚动窗格可以显示从本地磁盘或Internet加载的内容。

　　它的各项参数如下：

　　horizontalLineScrollSize　　指示每次单击箭头按钮时水平滚动条移动多少个单位，默认值为4。

　　horizontalPageScrollSize　　指示每次单击轨道时水平滚动条移动多少个单位，默认值为0。

　　horizontalScrollPolicy　　显示水平滚动条。该值可以是on、off或auto，默认值为auto。

　　scrollDrag　　确定用户是否可以拖曳内容。选择该选项时可以拖曳，没有选择该项表示不可以拖曳，默认值为不可拖曳。

　　source　　用于设置所需要加载内容的路径。

　　verticalLineScrollSize　　指示每次单击箭头时垂直滚动条移动多少个单位，默认值为4。

　　verticalPageScrollSize　　指示每次单击轨道时垂直滚动条移动多少个单位，默认值为 0。

　　verticalScrollPolicy　　显示垂直滚动条。该值可以是on、off或auto，默认值为auto。

　　滚动窗使用方法如下：

　　（1）把ScrollPane拖到场景中，然后用【任意变形工具】调整大小，保存文档。

　　（2）把要加载的图片和文档放到同一个文件夹下。

　　（3）选中组件，在它的参数面板中设置加载内容的名称和格式。例如JPG格式的图片，勾选scrollDrag值，如图12-12所示。

图12-12　ScrollPane滚动窗

八、Uiscrollbar

　　Uiscrollbar（滚动条）是当文本框中的内容无法显示完全的时候使用。可以给文本框添加水平或垂直的滚动条，用户可以通过拖动滚动条来显示更多的内容。把滚动条拖到场景后，选中滚动条，在参数面板中可看到它的各项参数：

　　Direction　　用于设置滚动条的方向。在其下拉列表中有两个选项，一个为horizontal，另一个是vertical。

　　scrollTargetName　　用于设置要控制文本框的实例名称。

应用举例——滚动文本

　　（1）用【文本工具】创建一个动态文本，将实例名称设为"tt"，在【行为】类型设置里选择"多行"，设置文本框为"显示边框"方式。设置好字体大小和颜色，如图12-13所示。

图12-13　【属性】面板

　　（2）选择【文本菜单】→【可滚动】选项，这样创建的文本框就是可滚动文本框。

　　（3）从文本文档中复制一段文字粘贴到动态文本框里。

　　（4）从组件里拖出一个滚动条，选中后在

它的参数面板中设置scrollTargetName为"tt"，说明滚动条控制的文本叫"tt"，Direction设为"vertical"，代表垂直方向，如图12-14所示。

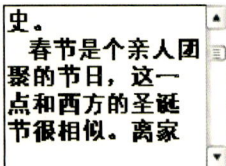
图12-14 滚动文本

九、Label

Label（文本标签）组件就相当于静态文本，会显示输入的文字，它没有边框，它的参数如下：

autoSize 调整标签在输入框中的位置，默认为none，如图12-15所示。

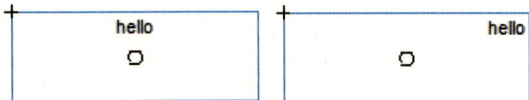
图12-15 文本标签组件

condensWhite 获取或设置一个值，指示是否空格或换行。

htmlText 指示标签是否采用HTML格式，true不能使用HTML格式，false可以使用HTML格式。

Selectable 用于设置文字是否可选。

text 用于设置显示的文字内容。

wordWrap 用于设置是否可自动换行。选择该项可以换行，否则不可以换行。

十、TextArea

TextArea（文本域）组件是一个多行文本框，它的主要参数及含义如下：

editable 用于设置该组件是否可以编辑，选中该项可以编辑文字。

horizontalScrollpolicy 显示水平滚动条。该值可以是on、off或auto，默认值为auto。

maxChars 用于设置最多可以输入多少文字。默

认为0，表示没有输入文字的限制，如果为2，说明只能输入2个文字。

restrict 用于限制文字内容，表示只能输入指定文字。

text 用于设置显示的文字内容。

verticalScrollPolicy 显示垂直滚动条。该值可以是on、off或auto。默认值为auto。

十一、TextInput

TextInput组件是一个输入组件，用户可以利用它输入文字或密码。它的参数如下：

displayAsPassword 用于设置输入的字符是否为密码。选择该项显示为密码。

editable 用于设置文字是否可以修改，勾选该项可以修改文字。

maxChars 用于设置最多可以输入的文字字数，默认为0，表示没有输入文字的限制，如果输入2，表示只可以输入两个文字。

restrict 限制文字内容。例如输入"你好"，发布后只能输入"你好"，其他文字无法输入。

text 设置文字显示内容。

例如用户登陆界面，如图12-16所示。

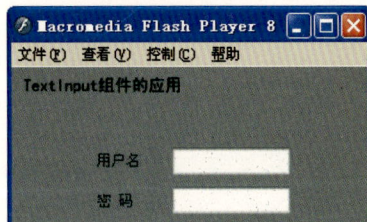
图12-16 用户登陆界面

十二、UILoader

UILoader组件是用来加载SWF、JPEG、GIF、PNG文件的。它的参数如下：

autoLoad 用于设置是否自动加载，选择该项可自动加载。

maintainAapetRatio 用于设置是否保持图像比例，默认选择该项。

scaleContent 用于设置是否缩放内容。选择该项，内容大小与窗口大小一样。前提maintain-AapetRatio不被选择。

source 用于设置加载的路径。加载的内容和Flash文档在一个文件夹下面，然后输入加载的名字与文件格式即可。

应用举例——练习UILoader组件

（1）新建文档，打开【组件】面板，选择UILoader组件。

（2）把UILoader组件拖到舞台上，用【任意变形工具】调整大小，保存文件。

（3）选中UILoader组件，在【属性】→【source】中输入要加载的名字与文件格式，注意加载的文件和Flash文档放在一个文件夹下，如图12-17所示。

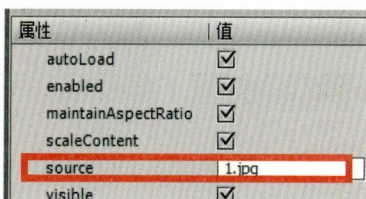

图 12-17 【属性】面板

十三、ProgressBar

ProgressBar（进度栏）组件是显示加载内容的进度，这在内容较大而导致应用程序执行延迟时可消除用户的疑虑。其参数及含义如下：

direction 用于设置进度栏填充的方向，该值有right或left两个选择。

mode 用于设置进度栏运行的模式，它有3种模式，分别是event（事件模式）、polled（轮询模式）、manual（手动加载模式）。

source 用于设置加载对象的实例名称。

十四、Slider

通过Slider（滑块）组件可以来控制值的变化。其参数及含义如下：

direction 设置滑块的方向。

liveDragging 设置用户在移动滑块时，是否持续调度SliderEvent.CHANGE事件。

maximum 设置滑块组件所允许的最大值。

minimum 设置滑块组件所允许的最小值。

snapInterval 设置移动滑块时，值增加或减小的量。

tickInterval 用于设置刻度线间距，默认为0，表示无刻度线，如图12-18所示。

value 设置滑块组件的当前值，默认为0。

图12-18 刻度线

应用举例——练习Slider组件

（1）新建一个Flash ActionScript3.0文档。

（2）执行【文件】→【导入】→【导入到舞台】命令，在弹出的对话框中选择合适的图片，将图片导入舞台中。选择图片，按【F8】键将其转换成影片剪辑元件。

（3）回到场景中，打开组件，把slider滑块拖到场景中，如图12-19所示。

图12-19 画面效果

（4）选择滑块，将实例名称分别设置为："huakua1"、"huakuai2"，如图12-20所示。选择影片剪辑元件，将起实例名称设置为"mc"。

（5）选择"huakua1"组件，调整"maximum"（最大值）为100，选择"huakua2"组件调整"maximum"（最大值）为360。

图12-20 设置实例名称

（6）选择关键帧的第1帧，按【F9】键打开【动作】面板，在面板里面输入代码，如图12-21、图12-22所示。

（7）按【Ctrl】+【Enter】键测试影片。

图12-21 时间轴

```
1  stop();
2  import fl.controls.Slider;
3  import fl.events.SliderEvent;
4  huakuai1.addEventListener(SliderEvent.CHANGE,changeHandler1);
5  huakuai2.addEventListener(SliderEvent.CHANGE,changeHandler2);
6
7  function changeHandler1(event:SliderEvent):void{
8      mc.alpha = event.value*.01;
9  }/*影片剪辑的透明度=值*01*/
10
11 function changeHandler2(event:SliderEvent):void{
12     mc.rotation = event.value;
13 }/*影片剪辑的旋转=值*/
```
图12-22 脚本语言

十五、NumericStepper

NumericStepper（数字进阶）组件用于显示一组经过排序的数字。该组件由显示在上下箭头及数字组成，当单击上下箭头按钮时，数字将根据参数的值增大或减小，直到松开鼠标按钮或达到最大/最小值为止，如图12-23所示。

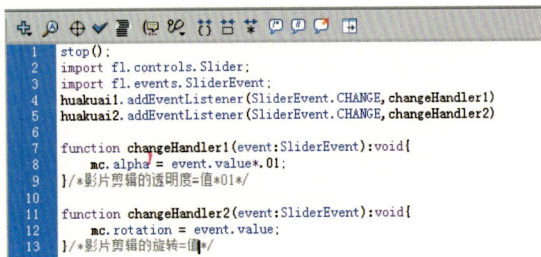
图12-23 NumericStepper组件

它的参数及含义如下：

maximum 用于设置最大值，默认值为10。

minimum 用于最小值，默认值为0。

stepSize 用于设置一个非零数值，当单击上下箭头时，数字增大或减小，默认值为1。

value 用于设置当前文本框中显示的值，默认值为1。

十六、ColorPicker

ColorPicker组件是用来选择颜色的。它的参数及含义如下：

selectedColor 用于设置起始的颜色。

showTextField 用于设置是否显示文本区域，选择该项会出现文本区域，如图12-24所示。

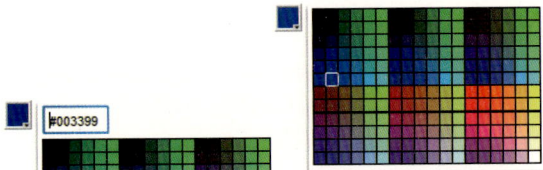
图12-24 【颜色】面板

十七、DataGrid

DataGrid（数据网格）组件可以创建强大的数据驱动显示和应用程序。可以使用数据网格组件来实例化使用FlashRemoting的记录集，然后将其显示在列表中。

headerHeight 用于指示头部的高度。

resizableColumns 用于设置用户能否更改列的尺寸。

rowHeight 用于指示每行的高度。

showHeaders 用于显示头部。

sortableColumns 用于设置用户能否通过单击列标题单元格对项目进行排序。

第二节　视频组件

一、FLVPlayBack视频播放器

视频组件主要包括FLVPlayBack(FLV回放)组件和一系列视频控制按钮组件。

通过FLV回放组件，可以轻松地将播放器包括在Flash应用程序中，以便播放通过HTTP渐进式下载的Flash视频文件，其参数如下：

align　用于设置视频布局的对齐方式，在该下拉列表中提供了9种对齐方式。

autoPlay　用于设置视频是否自动播放，默认选中该项表示视频自动播放。

cuePoints　提示点可以嵌入到视频文件的任意时间点上。当视频播放到该位置时，会调用函数"onCuePoint"。提示点有很多用途，如记录日志、显示提示信息等。

isLive　用于设置视频传送的方式，如果选择该选项，则从FMS实时传送视频文件流。

preview　实时预览FLV视频内容，不需要编译生成SWF文件。

scaleMode　该选项用于设置在视频加载后调整其大小，在该选项的下拉列表中包含3个选项，分别是保持比例、不缩放、适配。

skin　用于设置播放器外观，单击该选项后的【编辑】按钮🖊，从弹出的对话框中选择播放器外观。

skinAutoHide　用于设置播放器外观的显示与隐藏，选择该项，当鼠标移出FLV文件时将隐藏播放器外观。

skinBackgroundAlpha　用于设置播放器外观的透明度。

skinBackgroundColor　用于设置播放器外观的背景颜色。

source　用于设置视频内容路径。单击选项后的【编辑】🖊按钮可进行设置。

volume　用于设置视频音量的大小。

应用举例——视频播放组件

（1）新建一个Flash ActionScript3.0文档。

（2）执行【文件】→【导入】→【导入到舞台】命令，导入素材。

（3）打开【组件】面板，将"FLVPlayBack"组件拖到场景中，选择组件在【属性】面板中进行设置，如图12-25、图12-26所示。

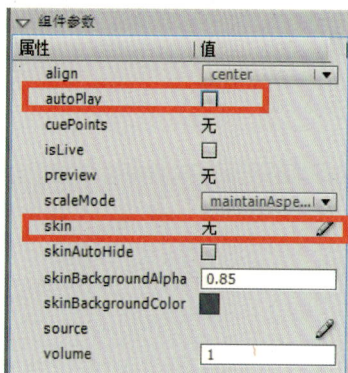

图12-25　属性设置

图12-26　画面效果

（4）使用【任意变形工具】调整组件的大小与位置。然后选择组件参数"source"后的【编辑】按钮🖊，在弹出的对话框中选择视频文件。

（5）单击【确定】按钮，完成设置。再打开【组件】面板，将"PlayButton"组件和

"PauseButton"组件分别拖到舞台中，如图12-27、图12-28所示。

图12-27 拖入按钮组件

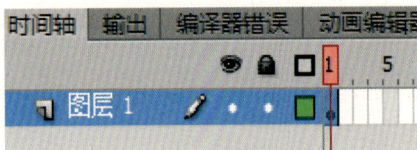
图12-28 【时间轴】面板

（6）保存文件，按【Ctrl】+【Enter】键测试动画。

注意：视频文件格式为FLV、MOV格式，在导入的视频没有控制按键，要不"按钮"组件没有效果。组件和视频都在同一帧上。

二、FLV PlaybackCaptioning回放字幕

FLV PlaybackCaptioning组件可以为FLVPlayBack组件加字幕。

autoLayout 用于设置组件是否可以自动移动TextField对象，并调整其大小。

captionTargetName 表示目标实例名称。一般为自动。

flvPlaybackName flvPlayback表示实例名称。一般为自动。

showCaptions 用于显示字幕，选择该项显示字幕；反之，则不显示字幕。

simpleFormatting 用于限制文本文件的格式。

source 用于设置包含字幕信息的文件路径。

第三节　实训练习

一、选择图片

（1）新建一个Flash ActionScript2.0文档。

（2）执行【文件】→【导入】→【导入到库】命令，在弹出的对话框中选择合适的图片导入到【库】面板中。

（3）在图层1的第1帧按【F7】键插入空白关键，把"海豚"拖到场景中，在第2帧按【F7】键插入空白关键帧，把"小狗"拖到场景中 ，在第3帧按【F7】键插入空白关键帧，把"天鹅"拖到场景中。

（4）选择第1、2、3帧，按【F9】键分别在【动作】面板中输入"stop();"语句，如图12-29、图12-30所示。

图12-29 【时间轴】面板

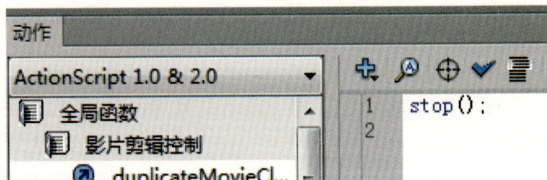
图12-30 输入脚本

（5）新建图层2，用【文本工具】输入文字"可

爱的动物"；新建图层3，把"comboBox"组件拖到场景中，如图12-31、图12-32所示。

图12-31　画面效果

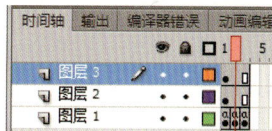

图12-32　【时间轴】面板

（6）选择组件，在【属性】面板中单击"labels"，设置名称与"实例名称"，如图12-33所示。

（7）选择组件，按【F9】键在面板中输入脚本，如图12-34所示。

图12-33　labels参数面板

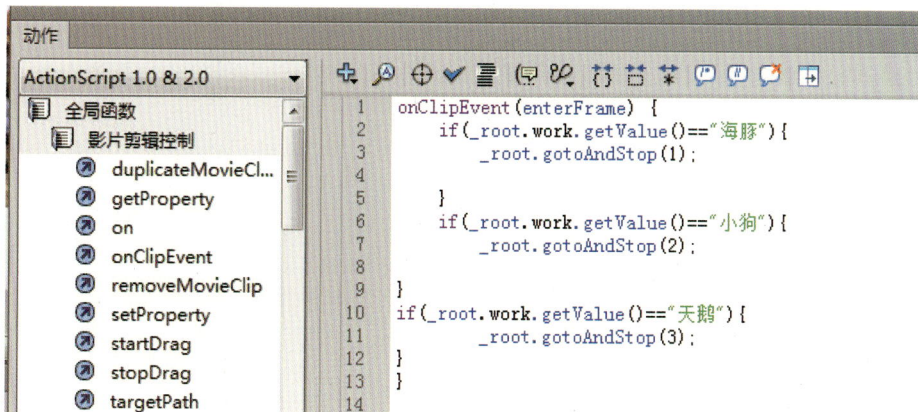

```
onClipEvent(enterFrame) {
    if(_root.work.getValue()=="海豚"){
        _root.gotoAndStop(1);

    }
    if(_root.work.getValue()=="小狗"){
        _root.gotoAndStop(2);

}
    if(_root.work.getValue()=="天鹅"){
        _root.gotoAndStop(3);
    }
}
```

图12-34　脚本语言

二、制作用户调查表

（1）新建一个Flash ActionScript2.0文档，设置背景色为橘色。

（2）绘制文字。使用【文本工具】在场景中输入不同的文字，如图12-35所示。

（3）创建组件。创建文本输入组件TextInput，效果如图12-36所示，组件的实例名称为"ming"、"age"、"jianyi"，如图12-37所示。

图12-35　输入文字

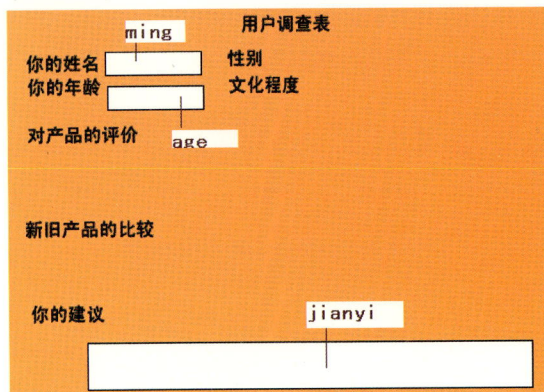
图12-36 组件

图12-37 组件实例名称

（4）创建RadioButton单选组件。单击组件中的
RadioButton单选按钮，单击将其拖动到场景中，一共
拖拽9个，放置位置如图12-38所示。

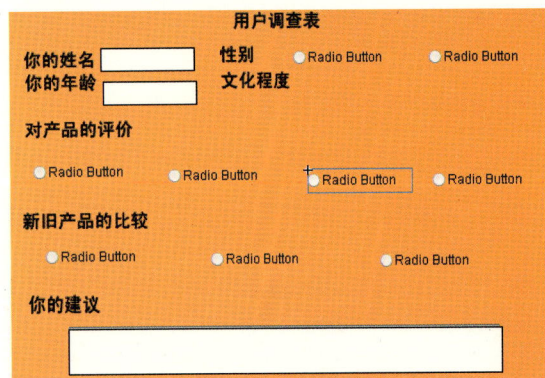
图12-38 创建RadioButton单选组件

（5）选择"性别"后的第一个单选按钮，在【属
性】面板中设置参数：设置data为"男"；组名为
"xingbie"；"label"为"男"，如图12-39所示。
（6）用同样的方法设置"性别"后的第二个单

选按钮，参数如图12-40所示。

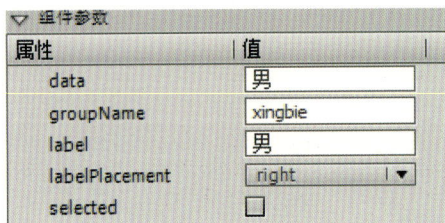
图12-39 设置单选参数①

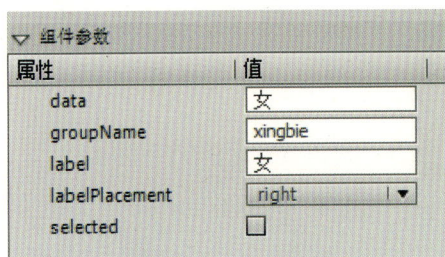
图12-40 设置单选参数②

（7）选择"对产品的评价"下的第一个单选
按钮，设置data为"很好"；组名为"pingjia"；
label为"很好"，如图12-41所示。

图12-41 设置单选参数③

（8）用同样的方法设置其他3个按钮，组名为
"pingjia"，显示名字依次是"好"、"一般"、
"不好"。
（9）选择"新旧产品比较"后第一个单选按
钮，在【属性】面板中设置data为"比以前好"；组
名为"bijiao"；label为"比以前好"，如图12-42
所示。
（10）用同样的方法设置另外两个按钮，组名
为"bijiao"，显示名字依次是"和以前一样"、
"差"，如图12-43所示。

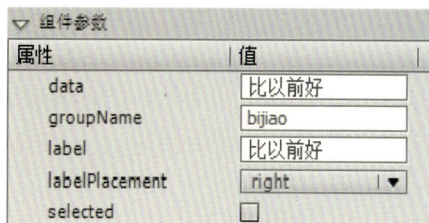

图12-42　设置单选参数④

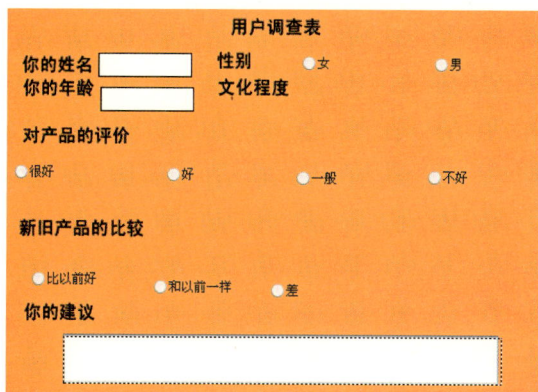

图12-43　界面

（11）创建ComboBox下拉列表组件。选择组建中的ComboBox下拉菜单，将其拖到文化程度后面。设置它的名称为"wenhua"，单击"labels"，打开【值】对话框，单击 ➕ 按钮，增加5个值，分别为"小学"、"初中"、"高中"、"大专"、"本科"。data中的值与labels值一样，如图12-44所示。

图12-44　下拉列表参数

（12）创建提交按钮。执行【窗口】→【公用库】→【bottons】命令，从【按钮】面板中选择一个按钮拖到场景中，修改名称为"提交按钮"，如图12-45所示。

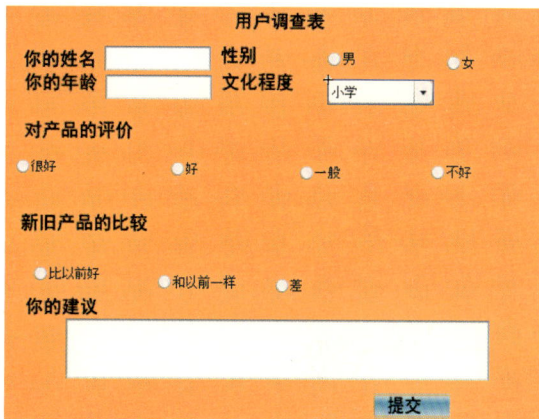

图12-45　完整界面

（13）新建图层。按 🔲 创建一个结果图层，选择第1帧，在【动作】面板中输入"stop();"。

（14）绘制调查结果界面。在结果层的第2帧处插入空白关键帧，然后在该帧上输入文字"调查结果"，如图12-46所示。接着绘制一个输入文本组件TextInput，将实例名称命名为"jieguo"。再从【按钮】面板中拖出一个按钮，并命名为"返回"，如图12-47所示。

图12-46　【时间轴】面板

图12-47　调查结果界面

（15）给按钮编写代码。选中"提交"按钮，在【动作】面板中输入如下代码：

```
on (release) {
    gotoAndStop(2); //单击按钮，动画跳转并停止在第2帧
    jieguo.text= "姓名:"+_root.ming.text+"\r年龄："+_root.age.text+"\r性别："+_root.xingbie.getValue()+"\r文化程度："+_root.wenhua.getValue()+"\r评价："+_root.pingjia.getValue()+"\r比较："+_root.bijiao.getValue()+"\r建议："+_root.jianyi.text;
    } //输入组件显示各个文本框中的内容和组件实例选择的值
```

注意： "\r"的作用是另起一行，"getValue()"是用来提取组件的值。

选中"返回"按钮，在【动作】面板中输入如下代码：

```
on (release) {
    gotoAndStop(1);
    } //单击按钮，动画跳转并停止在第1帧
```

（16）按【Ctrl】+【Enter】键发布动画。

第十三章
综合案例

第一节　制作MTV的方法和步骤

MTV的制作大体可以分几个过程：一是构思，制作前制作者要心中有数，就像电影导演首先要有一个好的剧本；其次，对场景、演员、道具、出场顺序等都要有一个清晰的思路。二是素材的收集，首先是选择什么歌，一首好听的歌曲也是成功的关键，其次，就是对歌词下载、图片的筛选，优美的歌曲再配上精美的画面才能使作品打动人心。三是制作，制作阶段要有耐心，而且一定要细致，有了好的构思、好的素材，但是如果粗枝大叶，同样也做不出好的作品。四是保存和发布，作品完成后设置发布以及上传也很关键，再好的作品如果发布不了或者说上传不了也只好"金屋藏娇"了。以上几点环环相扣，每一步都做好了，一部好的作品也就成功了。下面分几个篇幅介绍软件的使用、歌曲制作和发布。

一、新建文件

双击桌面上的Flash图标，创建一个Flash Action-Script2.0文档，进入Flash编辑界面。设置Flash大小为550×400（像素），"帧频"为12fps/s，即每秒播放12帧，如图13-1所示。

二、设定舞台边线

打开Flash软件后，就可以看到一个白色方框，这个就是"工作面"，习惯上称作"舞台"，在制作MTV之前首先设置一下舞台。单击右上角的设定，

把舞台设定由100％变为50％。在舞台上单击鼠标右键，在弹出的菜单中选择"标尺"选项，就可以看到两条"标尺"（上面和左面各一条），拖动上面的"标尺"，放到舞台的上边缘，再拖动"标尺"放到舞台的下边缘。同样，拖动左面的"标尺"放到舞台的左边缘，再拖一次放到舞台的右边缘，这样在舞台上就形成了一个由4条线组成的框，在舞台上单击鼠标右键，在弹出的菜单中选择【辅助线】→【锁定辅助线】。添加辅助线的作用是防止导入到舞台的图片盖住舞台，看不到舞台大小，如图13-2所示。

图13-1　设置舞台属性

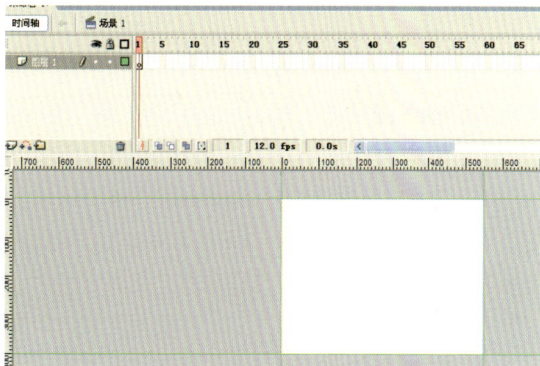

图13-2　设置了上、下、左、右标尺的舞台

三、导入图片和声音

（一）选择图片的要求

每个Flash歌曲需要筛选15~20张图片，图片画面要和歌曲意境比较贴近，所选图片不要太小，一般像素在1000以上较好，像素小，播放效果就差，图片最小不要小于舞台的一半，每个图片只允许转换成元件一次，最多转换成15~20个元件，转换太多，文件就会很大，上传作品不容易成功。

（二）导入图片和声音

执行【文件】→【导入】→【导入到库】命令。依次浏览所选择图片和声音文件的保存路径，选定图片和声音，单击【打开】按钮，将图片和声音文件导入到【库】面板中。按【Ctrl】+【L】键或是执行【窗口】→【库】命令就可以看到导入的图片了。在【库】面板中单击导入的声音文件就能在预览区看到声音波纹线，如图13-3所示。至此，前期的准备工作基本结束，接下来就是制作。

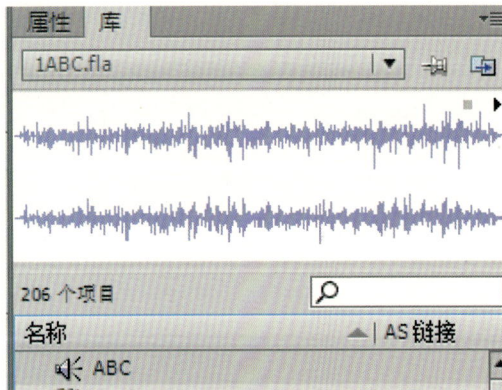

图13-3 将音乐文件导入到【库】面板中

四、插入图层

单击舞台左下角的第一个按钮□添加图层，依次单击5次，插入6个图层，双击图层重新命名，分别将图层命名为"背景层"、"图片层"、"歌名层"、"音乐层"、"音乐标记层"、"歌词层"，如图13-4所示。图层按照顺序排列，可以按从下到上的

顺序，也可以按从上到下的顺序排列。单击小锁锁定全部图层，编辑哪一层打开哪一层，同时把该层拖到最上面，以便编辑，编辑完成后，再锁定，以防编辑其他图层时误操作。如果看不到全部图层，可以把鼠标放在舞台的左上方，等鼠标变成双箭头时往下拉动，图层就能看清楚了。

图13-4 添加图层

这里所说的建立6个图层并不是绝对的，制作者可以根据自己的爱好和习惯设置。有人喜欢用遮罩，也可以建立遮罩层，排列顺序可以根据自己的情况而定；有些人习惯把每句歌词或者每张图片都建一个单独的层，这也未尝不可。建议建一个图层文件夹，把新建的歌词或者图片层都打包放到层文件夹，这样看起来就清楚多了。

五、制作声音层

单击"音乐层"的小锁，打开"音乐层"进行编辑。注意："音乐层"操作主要是计算和查看音乐在该图层上所占用的帧数。要计算音乐的长度，首先应该知道音乐的播放时间。可以利用MP3播放器查看歌曲播放时间。由于Flash默认的帧是每秒12帧，那么歌曲所占的帧数=歌曲时间×12。由此计算出本实例的声音所占帧数为1185帧。在音乐层的第56帧插入空白关键帧，把声音文件从库中拖到舞台上，就可以看到一条音频线，一直到1240帧处声音结束。如图13-5所示，选择音乐层的任意一帧，在【属性】面板上设置属性，音乐层就编辑完成了。

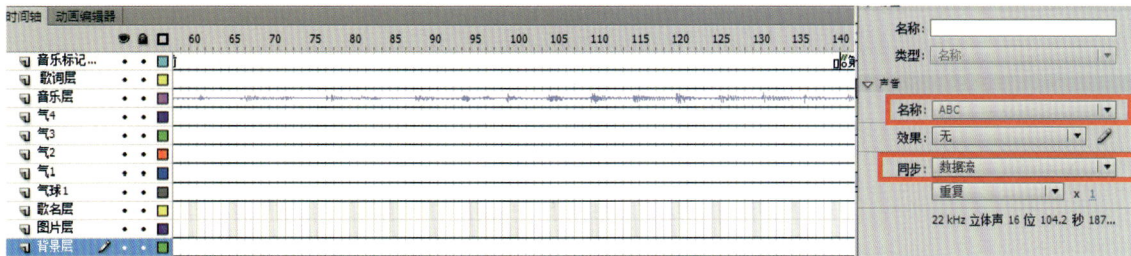

图13-5 添加了音乐的音乐层

在第30帧处插入空白关键帧,打开"公共库",从中选择一个播放按钮拖入到场景中,在第55帧处插入关键帧,将第30帧按钮的透明度调整为16%,并设置传统补间动画。在第55帧处选中按钮,输入如下脚本:

```
on(release){
        play();}
```

六、制作"背景层"

单击打开"背景层"小锁,把【库】面板中的背景图片拖到舞台上,在背景图片上按鼠标右键,在弹出的菜单中选择【转化为元件】选项,弹出【转换为元件】对话框,在【名称】栏输入元件名称,设置元件类型为【图形】,然后单击【确定】按钮,将其转换成图形元件。单击鼠标右键,在弹出的菜单中选择【任意变形】选项,在背景图片上会出现8个小方框,拖动上面的小方框,可以任意调整改变图片大小,图片最好比舞台大点。

在背景层的第20帧、第75帧、第90帧处分别插入关键帧。然后在0~20帧间和75~90帧之间创建传统补间动画。选择第1帧,设置"背景"元件属性的透明度为0,第90帧处背景元件的属性的透明度为60。这样就制作出背景淡入、半透明的效果。在制作的过程中,动画效果及播放时间可以根据情况自己设定。

七、制作歌名层

单击歌名层的小锁,打开歌名层进行编辑,在第

30帧处插入一个关键帧,将用第三方软件制作的"歌名"动画片段导入到【库】面板中,并将其插入到第30帧处,在第55帧上插入一个关键帧。选中第30帧的对象,将其透明度设置为16%,在30~55帧之间的任意位置单击,然后建立补间动画,并在第55帧处设置帧动作为"Stop()"。

八、制作歌词标记层

这一步是以后添加歌词和图片的关键,因此正确标记每一句歌词的开始至关重要(歌词和图片的"关键帧"插入位置是一样的)。

拖动红色播放头返回到第56帧,按键盘上的【Enter】键,开始播放音乐。当听到开始唱第一句歌词时,按【Enter】键停止播放,在红色播放头停止的地方选中"歌词标记层"的该帧,按【F6】键插入一个关键帧,同时打开【属性】面板,在【帧标签】中输入"第一句"3个字或者"NO.1",打开【标签类型】下拉菜单,选择【注释】。 添加注释以后,在"声音标记层"就可以看到"关键帧"上有两条绿色的斜线和注释文字,按【Enter】键继续播放,用同样的方法在每句歌词的开始处都添加帧"注释",所有歌词添加完毕,从头到尾再仔细听一遍,标记不够准确的地方把帧"注释"标签拖到合适位置,直至准确无误,如图13-6所示。

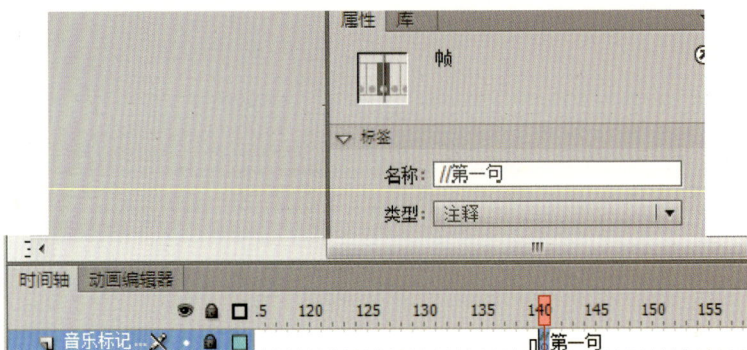

图13-6 注释

九、制作歌词层

（一）制作字幕

打开歌词层小锁，在歌词层建议写上"演唱者"和"制作者"的名字，当然也可以把演唱者和制作者信息单独新建一个图层存放。

（二）添加歌词制作

添加歌词，可以借助第三方软件如FlaX V3.00，这款文字特效软件，内置了几百种效果，做出的歌词效果很多是用Flash无法完成的，如何使用这款软件，在这里就不做详细介绍了，读者可到相关网站查询该软件的教程。

把所有的歌词编辑好，并按歌词顺序做好标记，歌词制作好以后以SWF格式保存在电脑硬盘中，需要的时候直接导入到Flash中。

歌词的导入：打开歌词层小锁，执行【插入】→【新建元件】命令，建立一个名为"歌词1"的影片剪辑元件。执行【文件】→【导入】→【导入到舞台】命令，弹出在电脑中找到用辅助软件制作好的"歌词1.swf"文件，打开文件，将其直接导入到新建的"歌词1"影片剪辑中。如果想让导入的"歌词1"影片剪辑只播放一次，需要加一个停止命令，打开【动作】面板，打开"时间轴控制"，双击"Stop"命令，就会在"歌词1"影片剪辑图层中看到最后一帧上面多了一个字母a，表示播放一次停止。

单击场景1返回场景，在"歌词层"95帧处，也就是和"音乐标记层"第一句歌词开始对齐的地方按【F6】键插入一个关键帧，然后打开【库】面板（快捷键【Ctrl】+【L】）把"歌词1"影片剪辑元件拖到舞台上，打开【对齐】面板调整歌词位置，按下【相对于舞台】按钮，再分别单击【水平中齐】和【垂直中齐】按钮，使歌词显示在舞台中央处，当然也可以直接拖动歌词放到合适的地方，这样第一句歌词就添加好了，继续拖动红色播放头到"标记层"第二句歌词开始的地方，选中"歌词层"上与其对应的帧，按【F6】键插入一个关键帧，这时"舞台"上看到的仍然是第一句歌词的内容。单击舞台上"歌词1"实例，打开【属性】面板，单击【属性】面板中间的【交换】按钮，打开【交换元件】对话框，就可以看见导入到【库】面板的所有歌词元件都在这个对话框中，选中"歌词2"，单击【确定】按钮，利用这种交换添加歌词，每句歌词的位置都一样所以不用再调整歌词的位置了，用这种方法把剩余的歌词都添加进去，然后按【Ctrl】+【Enter】键测试影片。

技巧1

【库】面板中歌词元件的整理

用辅助软件做出的歌词，每句歌词都会有好几个元件，一首歌歌词添加完，元件有很多，这样会使【库】面板显得很凌乱，如果再加上图片转换的元件就更多了，为了能让库中的元件一目了然，可以建立几个文件夹，分门别类地把不同元件放到同一类型的文件夹中。首先在【库】面板中点【新建文件夹】按钮，建立几个文件夹，如"歌词文件夹"、"图片文件夹"等。这里以歌词文件夹为例：当第一句歌词导入到【库】面板后，按住【Ctrl】键选择歌词剪辑元件，以及产生的子元件，全部选中后，单击鼠标右键，在弹出的菜单中选择

【移至新文件夹】，把弹出的新建文件命名为"歌词1.0"，这样第一句歌词的元件全部在这里了，然后把"歌词1.0"文件夹拖到"歌词文件夹"中，每导入一句歌词，就整理一次，分别命名为"歌词1.0"、"歌词2.0"、"歌词3.0"……这样就能使【库】面板看起来就整洁多了。

技巧2

【图层】面板的整理

【图层】面板的整理和【库】面板整理是一个道理。有些人喜欢每张图片或每个道具都单独建立一个图层，也有人喜欢把每句歌词建一个图层，这样一首歌可能会有几十甚至上百个图层，层数太多了，有时就不能完全显示，编辑的时候也容易出错，利用层文件夹可以把同一类型的层放在一起，无论编辑还是查看都很方便。

十、用Flash软件制作歌词

上面介绍了利用第三方软件制作歌词以及导入歌词的方法，它的优点是制作快捷，歌词特效变换丰富，缺点是文件体积比较大，导致上传缓慢。有时为了上传更容易成功，利用Flash软件制作歌词添加特效，也不失为一种好办法，下面着重介绍利用Flash软件制作歌词以及添加部分特效的方法。

（一）歌词的编辑制作

打开歌词层小锁，执行【插入】→【新建元件】命令或者按【Ctrl】+【F8】键新建一个名称为"歌词"的图形元件。选择【文本工具】，按【Ctrl】+【F3】键打开【属性】面板，设置文本类型为"静态文本"，字体为"华文行楷"，字体大小为"34"，字体颜色为"黑色"，设置样式为"Bold"加粗文字，在舞台上单击鼠标，在文本框中输入文字，或者复制以前保存的歌词："那段放不下的情叫挂念"。单击【选择工具】，选中舞台上的歌词文本，按快捷键【Ctrl】+【K】，打开【对齐】面板，按下【相对于舞台】按钮，再分别选择【水平中齐】和【垂直中齐】按钮，这样歌词就显示在舞台中央。以此类推，新建歌词2、歌词3图形元件，制作好整首歌的全部歌词，如果歌词有重复，可以只建一个元件。歌词制作完毕，如果感觉有点单调，可以进一步对歌词进行处理，使其显示色彩渐变效果。

歌词导入的方法和前面"影片剪辑"元件导入的方法相同，在歌词层和标记层"第一句"对应的帧插入一个关键帧，打开【库】面板，把"歌词1"元件拖到场景中，放到合适位置，在"第二句"歌词开始的前5帧处，插入一个关键帧，按【Ctrl】+【F3】键打开【属性】面板，在【颜色】下拉菜单，选择【Alpha】（透明度），设置【Alpha】值为"50%"。在前面任意帧处单击鼠标右键，在弹出的菜单中选择【创建补间动画】选项，这样歌词的淡出效果就做好了，淡入效果则是先在第一个关键帧上设置"透明度"为50%，在第二句歌词开始前5帧处插入关键帧，选择任意帧，单击鼠标右键，在弹出的菜单中选择【创建补间动画】选项。第二句歌词利用【属性】面板的【交换】命令替换掉，其他歌词也一样，这样一首歌的歌词就添加完成了。

十一、Flash文件的保存和发布

（一）文件的保存

整个操作完成后，执行【文件】→【另存为】命令选择保存路径，可以保存在桌面或电脑的其他硬盘上，输入"swf"文件名称（可以加网名）单击【保存】命令。

保存的文件还可以打开修改或继续编辑。

（二）文件的发布

执行【文件】→【导出影片】命令，弹出【导出影片】对话框，输入文件名称后单击【保存】按钮，设置加载顺序为【自上而下】，勾选下面的【覆盖声音】，如果不勾住，声音文件会很大，然后单击【确定】按钮，这样一首完整的MTV就制作好了。找一个上传网站，把作品上传上去就有了我们所需要的地址了。

上面是用Flash制作MTV的一个基本步骤和思想，我们在制作MTV的过程中可以根据自己的设计来做适当的调整，如儿歌ABC的制作，如图13-7所示。

图13-7 MTV 制作

第二节　多级导航网站

制作一个包含多级导航的简单Flash网站，主要使用导航按钮以及tellTarget、getProperty等语言。

一、新建文件

打开Flash软件，新建一个Flash ActionScript2.0文档，在属性栏中设置页面大小为700×400（像素），背景色为灰黑色，如图13-8所示。

二、制作图形元件

（1）按下【Ctrl】+【F8】键快捷键，创建10个图形元件，依次命名为"01"、"02"、"03"、"04"、"05……"10"，并在元件内绘制如图13-9至图13-18所示的图形。

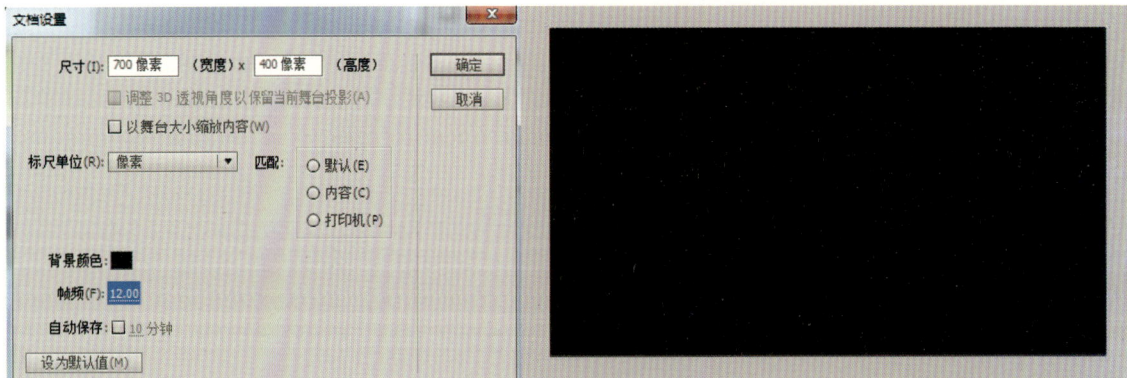

图13-8 新建页面

图13-9 绘制图形元件01

图13-13 绘制图形元件05

图13-10 绘制图形元件02

图13-14 绘制图形元件06

图13-11 绘制图形元件03

图13-15 绘制图形元件07

图13-12 绘制图形元件04

图13-16 绘制图形元件08

图13-17 绘制图形元件09

图13-18 绘制图形元件10

三、制作按钮元件

（1）按下【Ctrl】+【F8】键快捷键，创建一个按钮元件，命名为"btn1"。该元件编辑区内，在"弹起"帧上绘制一个红色矩形，在"指针经过"帧和"点击"帧上按下【F6】键延续关键帧。之后，新建一个图层，并输入文本"LEVEL1"，如图13-19所示。

（2）按照上一个步骤，依次使用不同的底色分别再建立9个按钮，并依次命名为"btn2"、"btn3"、"btn4"、"btn5"、"btn6"、"btn7"、"btn8"、"btn9"、"btn10"，如图13-20所示。

（3）再次新建一个按钮元件，并命名为"btn-mask"，在该元件编辑区中选中"点击"帧，并按下【F7】键插入空白关键帧，选中该帧在画布上绘制一个横条矩形，如图13-21所示。

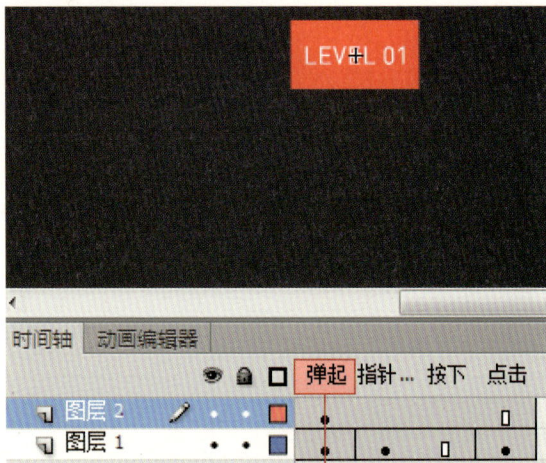

图13-19 制作按钮元件①

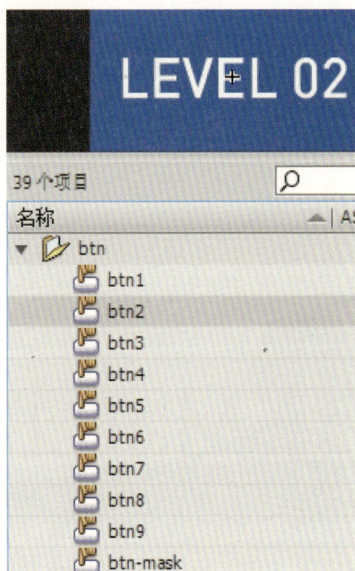

图13-20 制作按钮元件②

图13-21 绘制矩形按钮元件

四、新建影片剪辑元件

（1）按下【Ctrl】+【F8】键快捷键，新建一个影片剪辑元件，并命名为"Symbol1"，在画布上随意输入一些文字并将文字打散。再新建一个图层，并将刚才制作的按钮元件"btn-mask"拖入此图层的第1帧上，调整位置以覆盖刚刚输入的文字，如图13-22所示。

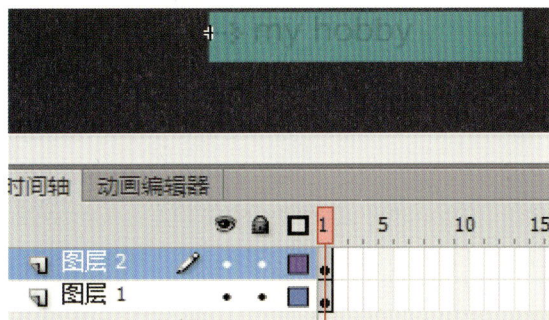

图13-22　创建影片剪辑元件

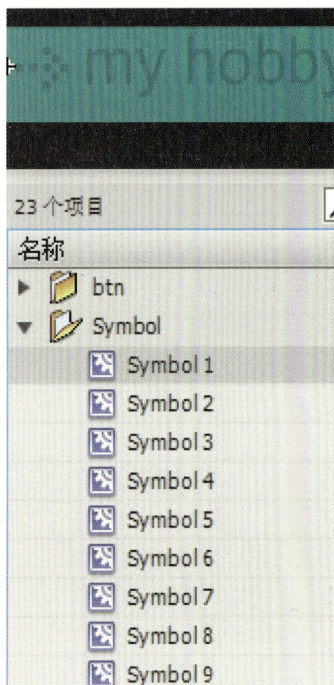

图13-23　制作Symbol1影片剪辑元件

（2）按照上一个步骤，依次新建影片剪辑元件，命名为"Symbol2"、"Symbol3"……，并依次为这些"Symbol"元件加上序号，数目自定，此系列元件是在以后的几步操作中用来制作菜单的，如图13-23所示。

（3）再次按下【Ctrl】+【F8】键快捷键，新建一个影片元件，并命名为"content"。再新建9个图层，将图形元件01至图形元件10依次拖入这10个图层，并按照顺序排列好，如图13-24所示。

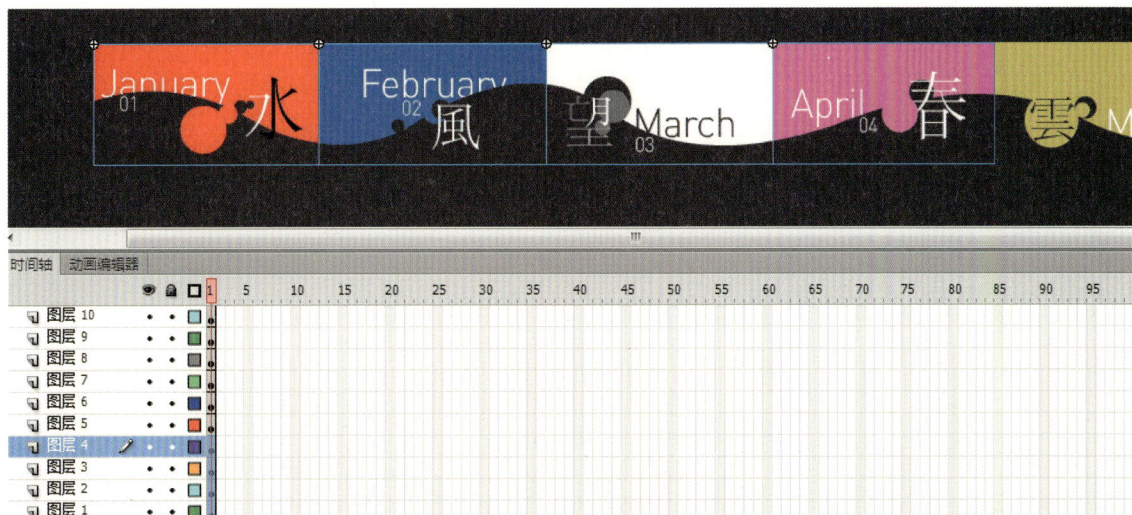

图13-24　排列实例

（4）再次按下【Ctrl】+【F8】键快捷键，新建一个影片元件，并命名为"rectangle"。在该元件编辑状态下绘制一个透明填充的竖条矩形，如图13-25所示。

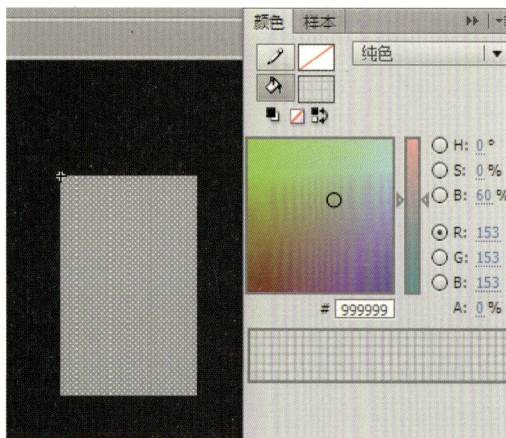

1中的第1帧，单击鼠标右键，在弹出的菜单中选择【动作】选项打开动作面板，在【动作】面板中输入"stop();"。

五、添加语言

（1）再次按下【Ctrl】+【F8】键快捷键，新建一个影片元件，并命名为"textcol"。按照上面所创建的Symbol元件数量新建图层，并依次将这些元件分别拖到这些图层中，将各个图层延续到第3帧，如图13-26所示。

（2）完成以上操作后，新建图层，并命名为"actions"，用来添加控制影片剪辑实例大小的脚本命令。选中该图层的第2帧，并按下【F7】键，插入空白关键帧，选中该帧单击鼠标右键，打开【动作】面板，输入如图13-27所示命令。

该命令主要是给一些变量赋值便于接下来的运算，而第5、6句则使用"getProperty"命令来获取主场景下元件"dragscale"实例的坐标参数。继续往下写脚本命令，如图13-28所示。

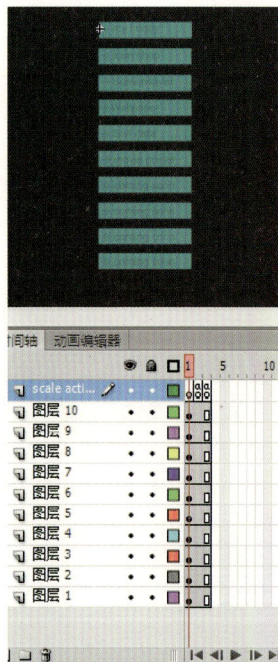

图13-25 绘制透明矩形

（5）再次按下【Ctrl】+【F8】键快捷键，新建一个影片元件，并命名为"dragscale"。选中图层

图13-26 拖入元件并延续帧

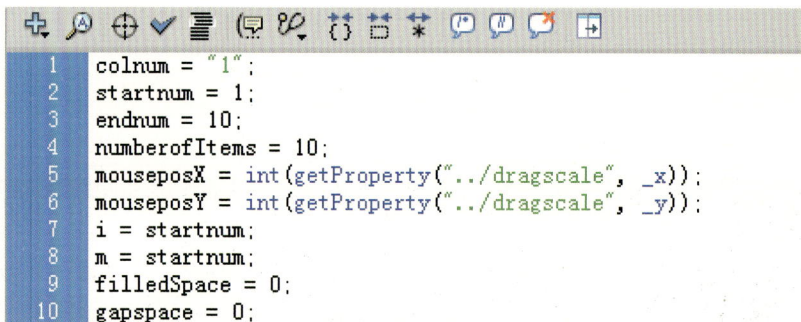

```
1  colnum = "1";
2  startnum = 1;
3  endnum = 10;
4  numberofItems = 10;
5  mouseposX = int(getProperty("../dragscale", _x));
6  mouseposY = int(getProperty("../dragscale", _y));
7  i = startnum;
8  m = startnum;
9  filledSpace = 0;
10 gapspace = 0;
```
图13-27 脚本命令①

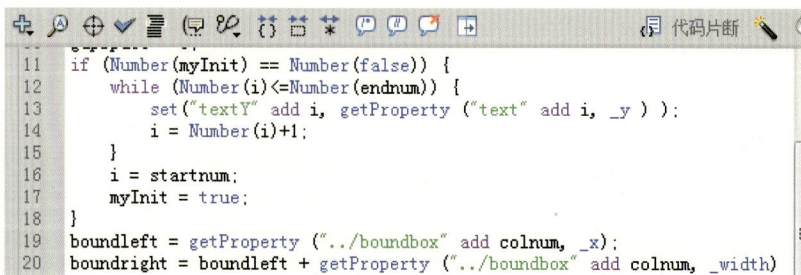

```
11 if (Number(myInit) == Number(false)) {
12     while (Number(i)<=Number(endnum)) {
13         set("textY" add i, getProperty ("text" add i, _y ) );
14         i = Number(i)+1;
15     }
16     i = startnum;
17     myInit = true;
18 }
19 boundleft = getProperty ("../boundbox" add colnum, _x);
20 boundright = boundleft + getProperty ("../boundbox" add colnum, _width)
```
图13-28 脚本命令②

该命令段主要是进行一些数学运算。继续输入命令，如图13-29所示。

继续往下输入脚本命令，如图13-30所示。

这段命令都是用来获取鼠标参数，从而控制各影片剪辑实例大小变化情况的。继续输入脚本命令，如图13-31所示。

```
21  boundtop = getProperty ("../boundbox" add colnum, _y);
22  boundbottom = boundtop + getProperty ("../boundbox" add colnum, _height);
23  if (Number(mouseposX)>=Number(boundleft) and Number(mouseposX)<=Number(boundright) and Number(mouseposY)>=Number(boundtop) and Number(mouseposY)<=Number(boundbottom)) {
24      while (Number(i)<=Number(endnum)) {
25          myDif = (eval("textY" add i) ) - (mouseposY - boundtop);
26          if (Number(myDif)<0) {
27              myDif = myDif*-1;
28          }
29          // percentage increase
30          scaleAmount = 200-((myDif*myDif)/16);
31          alphaAmount = 100-((myDif*myDif)/6);
32          if (Number(alphaAmount)<50) {
33              alphaAmount = 40;
34          }
35          if (Number(scaleAmount)<100) {
36              scaleAmount = 100;
37          }
38          setProperty("text" add i, _xscale, scaleAmount);
39          setProperty("text" add i, _yscale, scaleAmount);
40          setProperty("text" add i, _alpha, alphaAmount);
41          i = Number(i)+1;
42      }
43      // *** add up total Y pixels taken by text ***
44      while (Number(m)<=Number(endnum-1)) {
45          filledSpace = filledspace + getProperty ( "text" add m, _height);
46          m = Number(m)+1;
47      }
48      // *** find total Y pixels not taken by text
49      totalheight = getProperty ( "text" add endnum, _y) - getProperty ( "text" add startnum, _y);
50      gapSpace = totalheight-filledspace;
51      avgDistance = gapSpace/numberofitems;
```

图13-29 脚本命令③

```
52      m = Number (startnum)+1;
53      while (Number(m)<=Number(endnum-1)) {
54          setProperty("text" add m, _y, (getProperty ( "text" add (m-1), _y) + getProperty ( "text" add (m-1), _height)) + avgdistance);
55          set("watchheight" add m, getProperty ( "text" add m, _height));
56          m = Number(m)+1;
57      }
58  } else {
59      // *** shrink text back when mouse rolls out
```

图13-30 脚本命令④

```
60          i = startnum;
61          while (Number(i)<=Number(endnum)) {
62              if (int ( getProperty ("text" add i, _yscale ) ) >= 100) {
63                  // return scale back to original state
64                  setProperty("text" add i, _yscale, int ( getProperty ("text" add i, _xscale ) ) - 1);
65                  setProperty("text" add i, _xscale, int ( getProperty ("text" add i, _yscale ) ) -1);
66              }
67              if ( getProperty ("text" add i, _y) < eval("textY" add i)) {
68                  // return y position back to original state
69                  setProperty("text" add i, _y, int ( getProperty ("text" add i, _y ) ) + 1);
70              }
71              if ( getProperty ("text" add i, _y) > eval("textY" add i)) {
72                  setProperty("text" add i, _y, int ( getProperty ("text" add i, _y ) ) - 1);
73              }
```

图13-31 脚本命令⑤

继续输入脚本命令，如图13-32所示。

```
74          if ( getProperty ("text" add i, _Alpha) > 50) {
75              setProperty("text" add i, _alpha, int ( getProperty ("text" add i, _alpha ) ) - 1);
76          }
77          i = Number(i)+1;
78      }
79  }
80
```

图13-32 脚本命令⑥

这几段命令都是当鼠标滑出tectcol实例后让textcol实例内的各Symbol实例恢复原大小的。

（3）再次按下【Ctrl】+【F8】键，新建一个影片元件，并命名为"boundingbox"，在该元件编辑状态下将图层1改名为"rectangle"，将元件rectangle拖入画布中，并在【属性】面板中将其命名为"boundbox1"，如图13-33所示。

图13-33 实例名称

（4）完成上述操作后，再新建一个图层并命名为"textcol"，选中该层第1帧，并将元件textcol拖入画布并命名为"column1"，如图13-34所示。

图13-34 命名实例①

（5）再次新建一个图层并命名为"dragscale"，选中该层第1帧，将元件dragscale拖入画布并命名为"dragscale"，如图13-35所示。

（6）选中dragscale层的第1帧，单击鼠标右键，

打开【动作】面板，输入以下脚本命令：

startDrag("dragscale", true);

（7）新建图形元件并命名为"menu"，在该元件编辑状态下，将影片剪辑元件boundingbox拖入画布。至此，该网页的主体部分即每个导航下的浮动菜单部分已制作完成，下面将继续完善这个案例，将网站内容、导航以及浮动菜单组合起来。

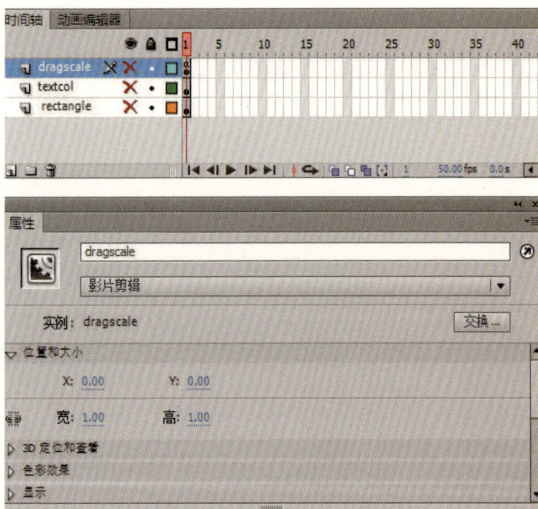

图13-35 命名实例②

六、整合内容

（1）按下【Ctrl】+【F8】键快捷键，新建一个影片元件并命名为"action"，选中该影片剪辑编辑区中图层1的第1帧，单击鼠标右键，打开【动作】面板，输入如图13-36所示的命令。

此段命令主要是用来获取名为drag、timeline3

等实例的一些属性参数赋给dragX、squareX等变量。然后将这些值进行一些简单的运算重新赋给difX等变量，并根据这些值重新设置drag、timeline3等实例的属性参数。

```
dragX = getProperty("/timelineroot/drag", _x);
squareX = getProperty("/timelineroot/timeline3", _x);
difX = dragX-squareX;
xStp = difX/6;
setProperty("/timelineroot/timeline3", _x, Number(squareX)+Number(xStp));
```

图13-36　编辑脚本命令①

（2）再次按下【Ctrl】+【F8】键，新建一个影片元件，并命名为"num"，在画布上输入10个数字分别为1~10，选中图层1第10帧，按【F5】键延续帧。新建一个图层，依次选中该层1~10帧插入空白关键帧，再依次选中这些关键帧上的数字，并依次绘制小矩形将每个数字圈住。之后再新建一个图层，同样在第1~10帧同样插入空白关键帧，依次选中每一帧，并单击鼠标右键，打开【动作】面板，输入"stop();"，如图13-37所示。

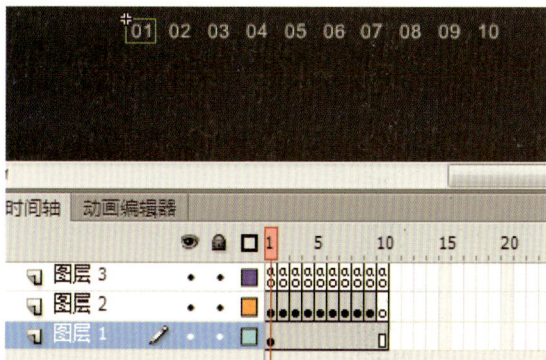

图13-37　编辑脚本命令②

（3）再次新建一个影片剪辑元件，命名为"drag"，并在元件编辑区绘制一个小矩形，如图13-38所示，该元件是用来控制网站图片内容的响应位置。

（4）再次新建一个影片剪辑元件，命名为"final-content"，并在元件编辑区将图层1改名为"content"，将名为"content"的影片剪辑元件拖入画布使其左上角与画布中心对齐，在【属性】面板中将其命名为"timeline3"，如图13-39所示，并将该层延长到第10帧。

（5）新建一个图层，重命名为"stop"，在该层第1帧~第10帧分别插入空白关键帧，如图13-40所示，依次选中这些帧，并单击鼠标右键，打开【动作】面板输入"stop();"。

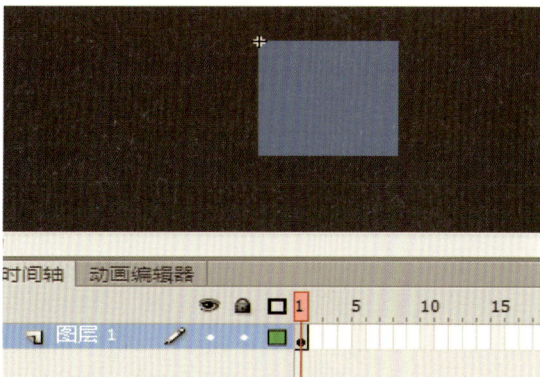

图13-38　绘制矩形

图13-39 实例命名

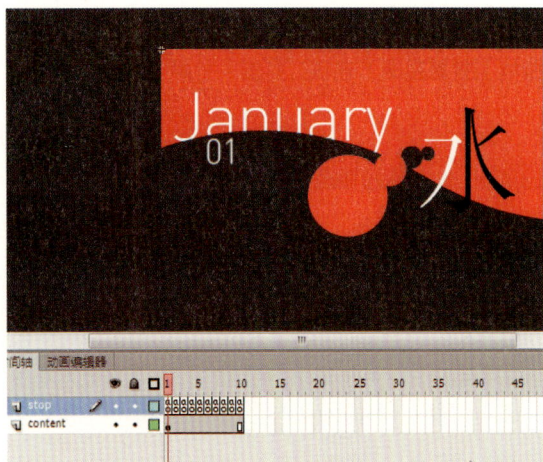

图13-40 插入空白关键帧

图13-41 设置属性

图13-42 修改属性①

图13-43 修改属性②

（6）新建一个图层，重命名为"action"，选中该图层的第1帧，并将影片剪辑元件action拖入画布。依次选中该层第2帧~第15帧按【F6】键，复制关键帧。

（7）新建一个图层，重命名为"drag"，选中该图层第1帧，并将影片剪辑元件drag拖入画布，并在【属性】面板中命名为"drag"，位置如图13-41所示。

（8）再次选中drag层上的第2帧，并按下【F6】键，延续关键帧。选中该帧在画布上的实例drag，在【属性】面板上重新设定其位置，如图13-42所示。

（9）按照上面的步骤，修改第3帧、第4帧的位置，如图13-43所示。

（10）按照上面的步骤，修改第5帧、第6帧的位置，如图13-44所示。

图13-44 修改属性③

（11）按照上面的步骤，修改第7帧、第8帧的位置，如图13-45所示。

（12）按照上面的步骤，修改第9帧、第10帧的位置，如图13-46所示。

图13-45 修改属性④

图13-46 修改属性⑤

（13）再次在此元件内新建一个图层，并重命名为"menu"，将图形元件menu拖入画布。并分别选中本层第2~10帧，按下【F6】键延续关键帧，如图13-47所示。

（14）单击工作区左上角的"场景1"按钮回到主场景，并将图层1改名为"final-content"，将刚刚创建的影片剪辑元件final-content拖入画布，并在【属性】面板中命名为"timelineroot"。选中该层第12帧并按下【F6】键延续关键帧，如图13-48所示。

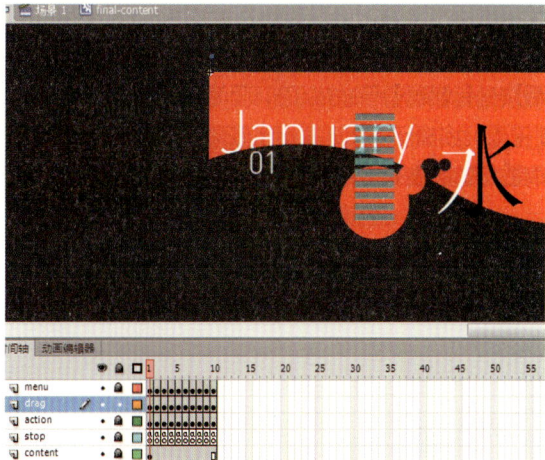

图13-47 拖入元件

图13-48 重命名元件

（15）选中第1帧中的final-content实例，将其透明度降低为"0"并向右平移50像素，然后在两关键帧之间创建补间动画，如图13-49所示。

图13-49 设置透明度

（16）新建图层，并命名为"nav-bar"，选中该层第12帧插入空白关键帧。选中该空白关键帧，将按钮元件btn1~btn10拖入画布上部并按顺序排列好，如图13-50所示。

（17）新建图层，并命名为"num"，选中该层第12帧插入空白关键帧。选中该空白关键帧将影片剪辑元件num拖到画布左下角，并在【属性】面板中将其命名为"num"，如图13-51所示。

图13-50　拖入按钮元件

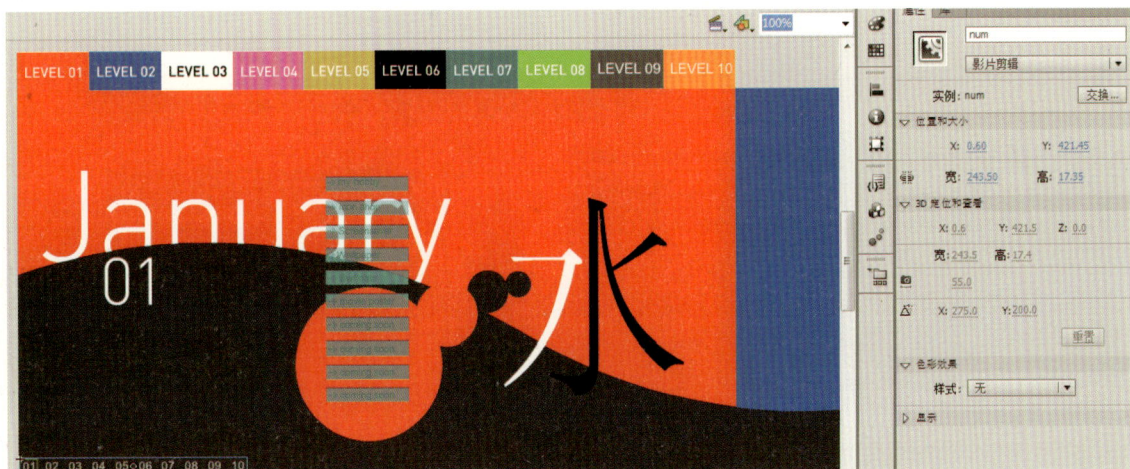

图13-51　拖入元件

（18）新建图层，并命名为"AS"，选中该层第12帧插入空白关键帧，选中该帧并在【动作】面板中输入"stop();"

（18）选中画布上的btn1实例，并在【动作】面板中输入如图13-52所示的命令。

（20）再选中画布上btn2实例，并在【动作】面板中输入如图13-53所示的命令。

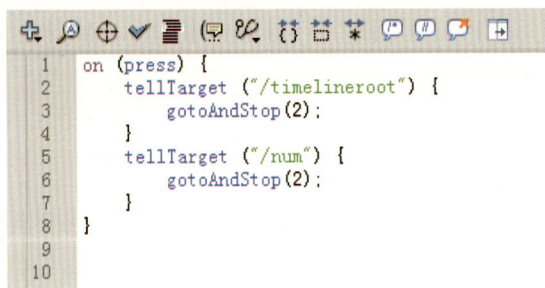

```
1  on (press) {
2      tellTarget ("/timelineroot") {
3          gotoAndStop(2);
4      }
5      tellTarget ("/num") {
6          gotoAndStop(2);
7      }
8  }
9
10
```

图13-53　编辑命令②

（21）再依次选中画布上btn3~btn4实例，并在【动作】面板中输入如图13-54所示的命令。

（22）继续给btn5~btn10实例添加命令，这里仅列出btn5和btn10的命令，其他的按钮添加相似的命令，只是将跳转的帧依次加1即可，如图13-55所示。

（23）至此，一个简易的多级导航网站就制作完成了，可以按下【Ctrl】+【Enter】键预览。

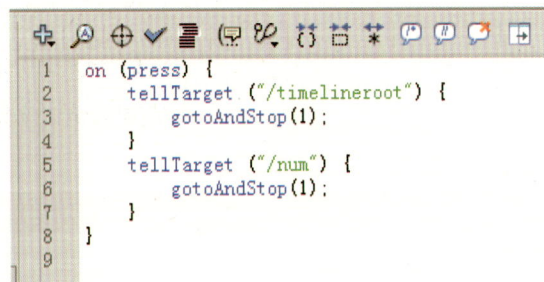

```
1  on (press) {
2      tellTarget ("/timelineroot") {
3          gotoAndStop(1);
4      }
5      tellTarget ("/num") {
6          gotoAndStop(1);
7      }
8  }
9
```

图13-52　编辑命令①

```
1  on (press) {
2      tellTarget ("/timelineroot") {
3          gotoAndStop(3);
4      }
5      tellTarget ("/num") {
6          gotoAndStop(3);
7      }
8  }
9
```

```
1  on (press) {
2      tellTarget ("/timelineroot") {
3          gotoAndStop(4);
4      }
5      tellTarget ("/num") {
6          gotoAndStop(4);
7      }
8  }
9
```

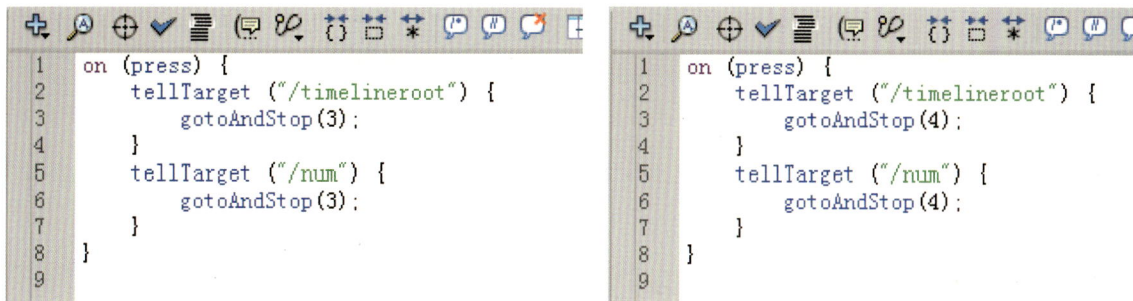

图13-54　编辑命令③

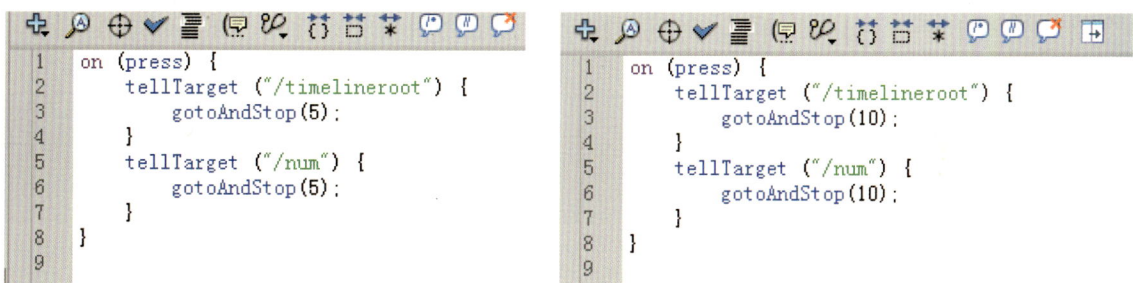

```
1  on (press) {
2      tellTarget ("/timelineroot") {
3          gotoAndStop(5);
4      }
5      tellTarget ("/num") {
6          gotoAndStop(5);
7      }
8  }
9
```

```
1  on (press) {
2      tellTarget ("/timelineroot") {
3          gotoAndStop(10);
4      }
5      tellTarget ("/num") {
6          gotoAndStop(10);
7      }
8  }
9
```

图13-55　编辑命令④

第三节　教学课件的制作

多媒体教学课件是一种程序化的多功能交互式操作演示程序。一般的多媒体课件包括用于控制和进行教学活动的计算机程序、数据、文档资料和配合使用手册，可以充分利用现有的多媒体技术来展现教学的内容，使之更加生动、逼真、直观，更容易理解。多媒体课件集文本、图形、声音、视频和控件等多种媒体信息于一体。利用动作脚本命令实现的多功能的交互式控制，在培训教学方面有较大的优势，可以快速提高教学内容的表现力和感染力。下面介绍制作多媒体教学课件的基本过程。

一、新建文档并设置属性

（1）双击Flash CS6快捷图标，在弹出的【新建文档】对话框中选择【常规】选项卡中的【flash actionscript2.0】选项，如图13-56所示。创建一个新的空白Flash文档，修改文档属性值，如图13-57所示。

二、导入外部素材

（1）执行【文件】→【保存】命令，在弹出的【另存为】对话框里以"教学课件制作.fla"为名进行保存，如图13-58所示。

（2）执行【文件】→【导入】→【导入到库】命令，在弹出的【导入到库】对话框中选择所需要的声音素材导入到【库】面板中，如图13-59、图13-60所示。

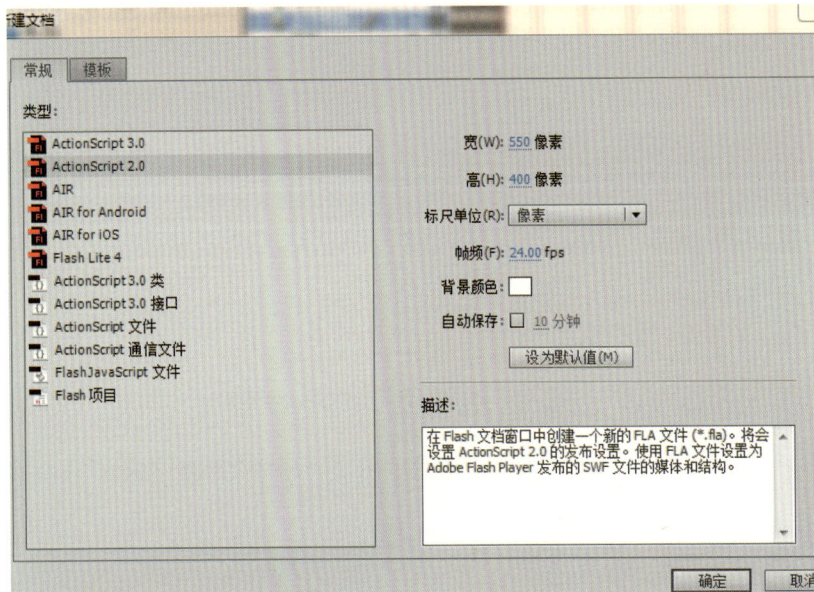
图13-56 【常规】选项卡的设置

图13-57 【属性】面板的设置

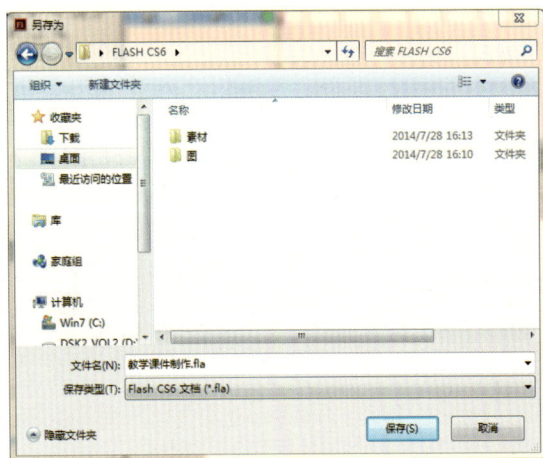
图13-58 【另存为】对话框

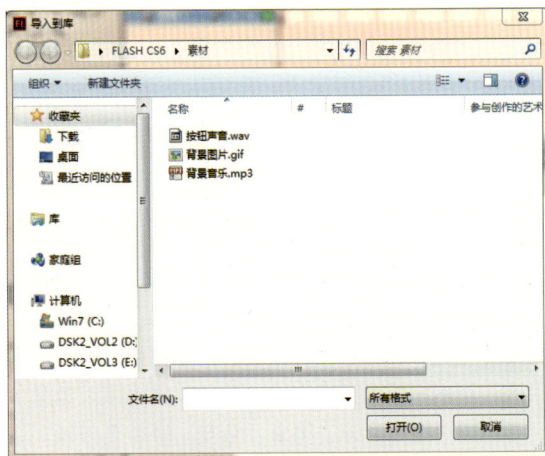
图13-59 【导入到库】对话框

三、制作"背景音乐"影片剪辑元件

（1）执行【插入】→【新建元件】命令，在弹出的【创建新元件】对话框中，创建名为"背景音乐"，类型为【影片剪辑】的元件，单击【确定】按钮，如图13-61所示。

（2）在元件编辑区，打开【库】面板，从【库】面板中把"背景音乐.mp3"拖到图层1的第一帧，并在时间轴的第1500帧处按【F5】键插入普通帧，如图13-62所示。

四、制作"菜单光效"按钮

（1）执行【插入】→【新建元件】命令，在弹出的【创建新元件】对话框中，创建名为"按钮光效"，类型为【影片剪辑】，单击【确定】按钮，如图13-63所示。

图13-60 素材导入后的【库】面板

图13-63 创建"按钮光效"元件对话框

（2）在"按钮光效"影片剪辑元件中，单击【插入图层】按钮，创建新图层，然后双击图层名称，将图层重新命名为"矩形"、"光效"，如图13-64所示。

（3）选择"光效"图层，单击【矩形工具】，设置其笔触颜色为"无"，填充颜色为"白黑线性渐变"，在当前场景中心的位置绘制一个宽为90、高为40的矩形，如图13-65所示。

图13-64 图层命名

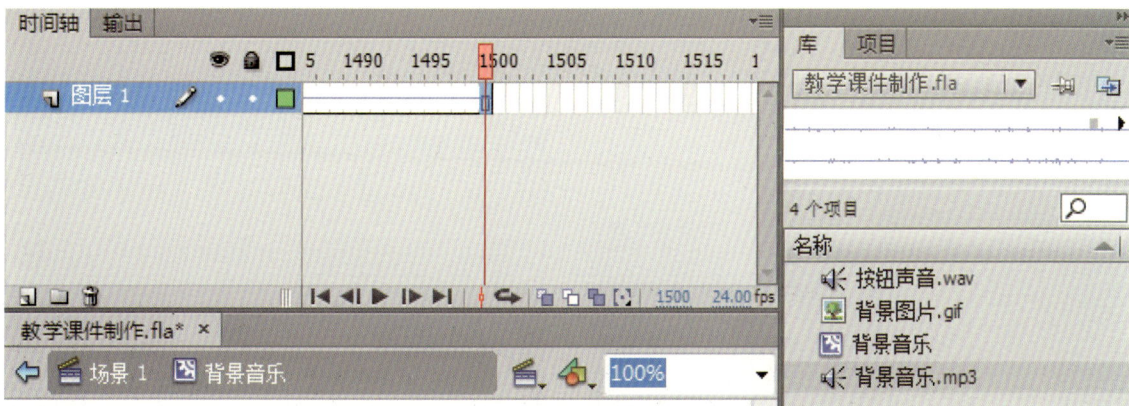

图13-61 【创建新元件】对话框

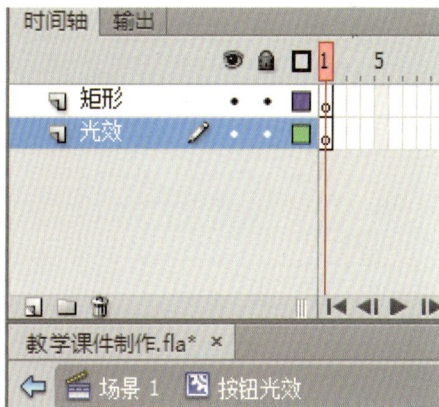

图13-62 "背景音乐"影片剪辑元件

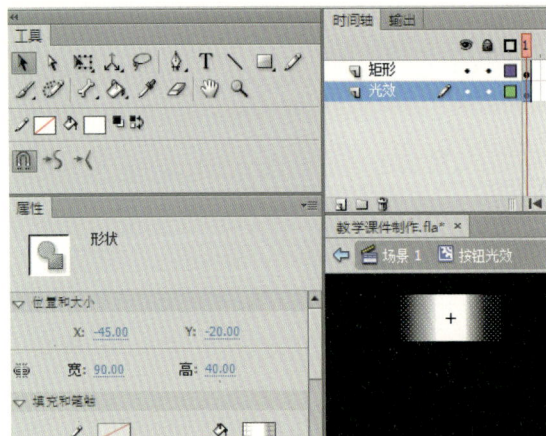

图层13-65　"光效"图层中的对象设置

（4）打开【颜色】面板，在其色标中间的位置添加3个色标，并为其设置颜色为"白色"，将最左边和最右边的两个色标的透明度设置为0%，如图13-66所示。

（5）选择"矩形"图层，单击【矩形工具】，设置其笔触颜色为"无"，填充颜色为"白色"，在当前场景中心的位置绘制一个宽为121、高为29的矩形，如图13-67所示。单击两个图层的第45帧，按【F5】键插入普通帧。

（6）在"光效"图层的第10帧按【F6】键，插入关键帧。并将第10帧处"光效"的位置移至"矩形"的右侧。选择第1帧，单击鼠标右键，在弹出的菜单中选择【创建补间形状】选项，如图13-68所示。

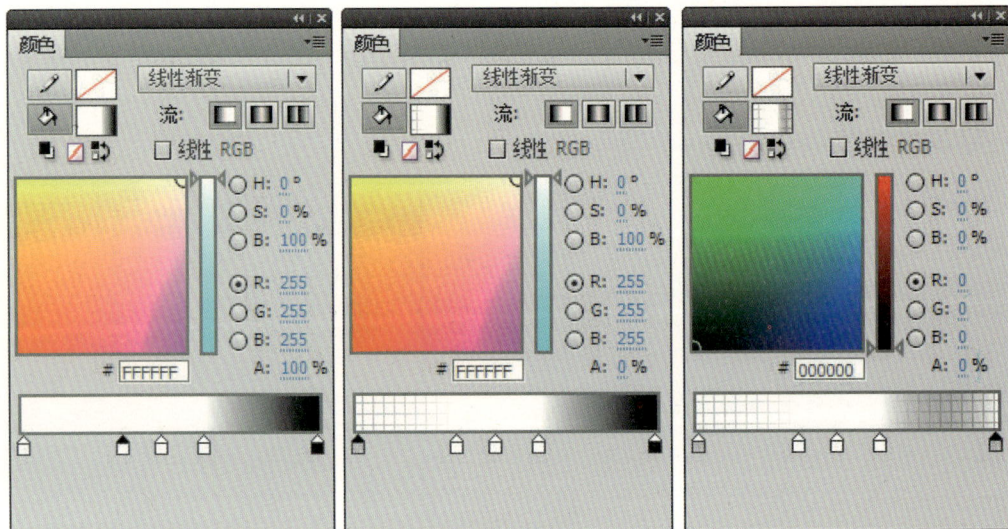

中间三个色标的颜色和透明度　　　　　最左边色标的颜色和透明度　　　　　最右边色标的颜色和透明度

图13-66　颜色属性的修改

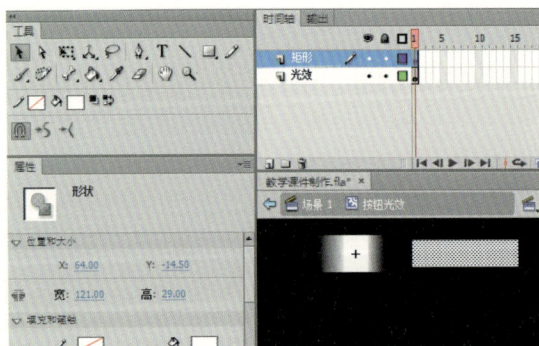

图13-67　"矩形"图层中对象设置

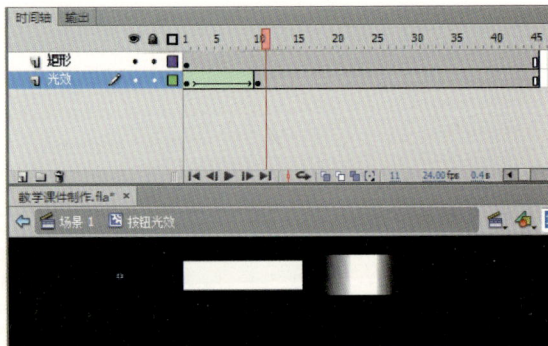

图13-68　创建补间动画

（7）选择"矩形"图层，单击鼠标右键，在弹出的菜单中选择【遮罩层】选项，如图13-69所示。

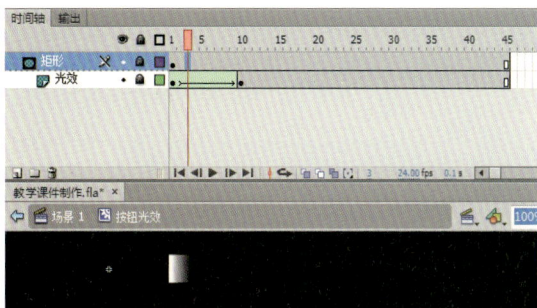

图13-69 遮罩动画设置

五、编辑"菜单按钮"按钮

（1）执行【窗口】→【公用库】→【按钮】命令，如图13-70所示。在弹出的【外部库】对话框中，选择名为"rect bevel aqua"按钮，并将其拖到舞台上，如图13-71所示。

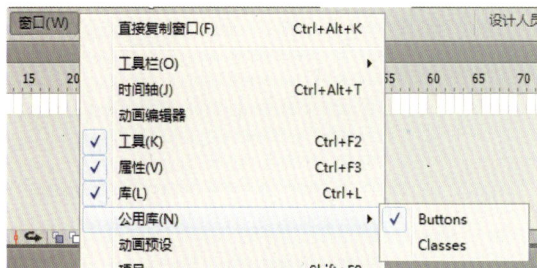

图13-70 "按钮"公用库

图13-71 所选中的按钮

（2）在库中双击选定的按钮，对其进行编辑。把"text"和"outline inner"层删除，并调整其他图层中对象的大小。新建两个图层，并命名为"声音"和"光效"。在"光效"图层的"指针经过"帧上按【F7】键，插入空白关键帧，把"按钮光效"影片剪辑元件放到该位置。在"声音"图层的"指针经过"帧上按【F7】键，插入空白关键帧，把"按钮声音.wav"素材放到该位置，如图13-72所示。修改按钮元件名为"菜单按钮"。

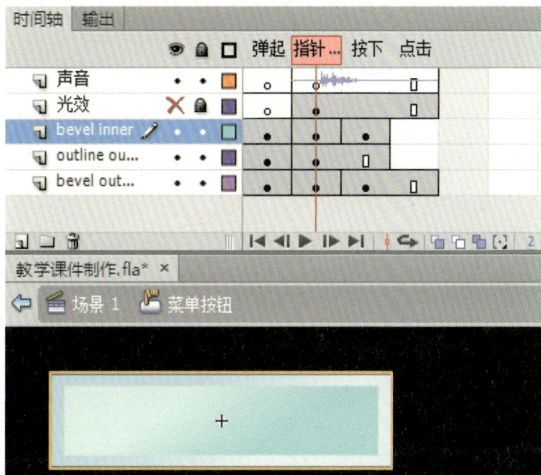

图13-72 修改编辑后的"菜单按钮"

六、编辑"上一节"按钮

（1）执行【窗口】→【公用库】→【按钮】命令，在弹出的【外部库】对话框中，选择名为"oval green"按钮，并将其拖到舞台上。

（2）在库中双击选定的"oval green"按钮，对其进行编辑。把"text"中的文本修改为"上一节"，并新建图层命名为"声音"。在"声音"图层的"指针经过"帧上按【F7】键，插入空白关键帧，把"按钮声音.wav"素材放到该位置，如图13-73所示。修改按钮元件名为"上一节"按钮。

七、编辑"下一节"按钮

（1）在【库】面板中找到"上一节"按钮元件，单击鼠标右键，在弹出的菜单中选择【直接复制】选项，如图13-74所示。在弹出的【直接复制元件】对话框中，设置名称为"下一节"，选择类型为【按钮】，复制出一个"下一节"按钮元件，如图13-75所示。

（2）双击"下一节"按钮元件，在编辑区中把文字修改为"下一节"，其他内容不变，如图13-76所示。

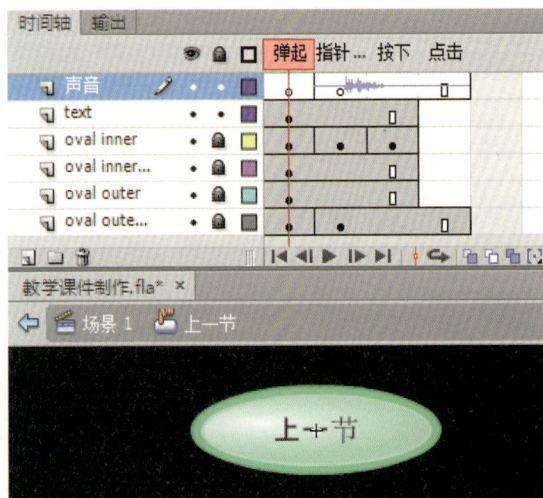

图13-73 "上一节"按钮

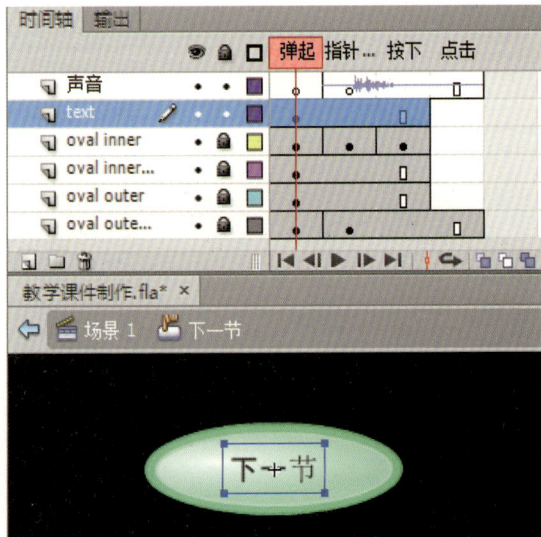

图13-76 "下一节"按钮元件

八、编辑"全屏按钮"和"退出按钮"

（1）执行【窗口】→【公用库】→【按钮】命令。在弹出的【外部库】对话框中，选择名为"arcade button – green"和"arcade button – red"按钮，并将其拖到舞台上。把"arcade button – green"更名为"全屏按钮"，把"arcade button – red"更名为"退出按钮"。

（2）利用上述方法编辑"全屏按钮"和"退出按钮"，效果如图13-77、图13-78所示。

九、整合"多媒体教学课件动画"效果

（一）整合场景中的元件

（1）返回场景中，单击【插入图层】按钮，新建8个图层，从上至下命名为"动作"、"调用文本"、"上下节按钮"、"文本"、"菜单按钮"、"全屏、退出"、"背乐"和"背景"，如图13-79所示。

图13-74 "直接复制"命令

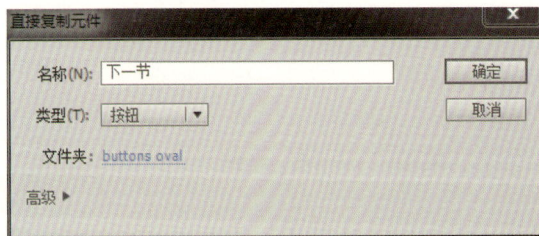

图13-75 【直接复制元件】对话框

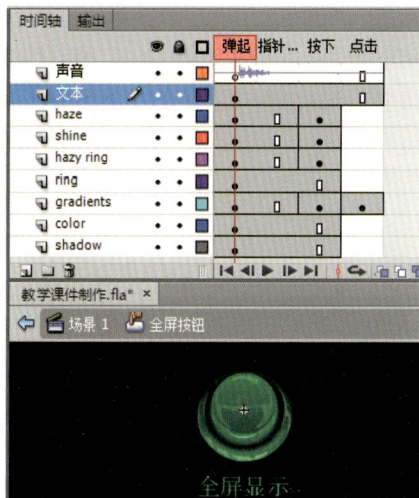
图13-77 "全屏显示"按钮

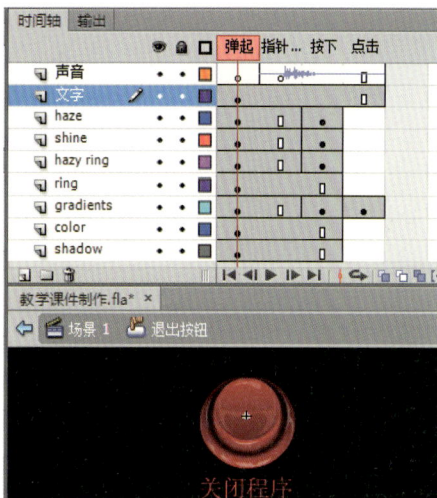
图13-78 "关闭程序"按钮

图13-79 新建图层

（2）选择【库】面板中的"背景图片"、"背景音乐"和"全屏按钮"、"退出按钮"等元件，放在"全屏、退出"、"背乐"和"背景"图层的相应位置，并在这3个图层的第6帧插入【F5】键普通帧，如图13-80所示。

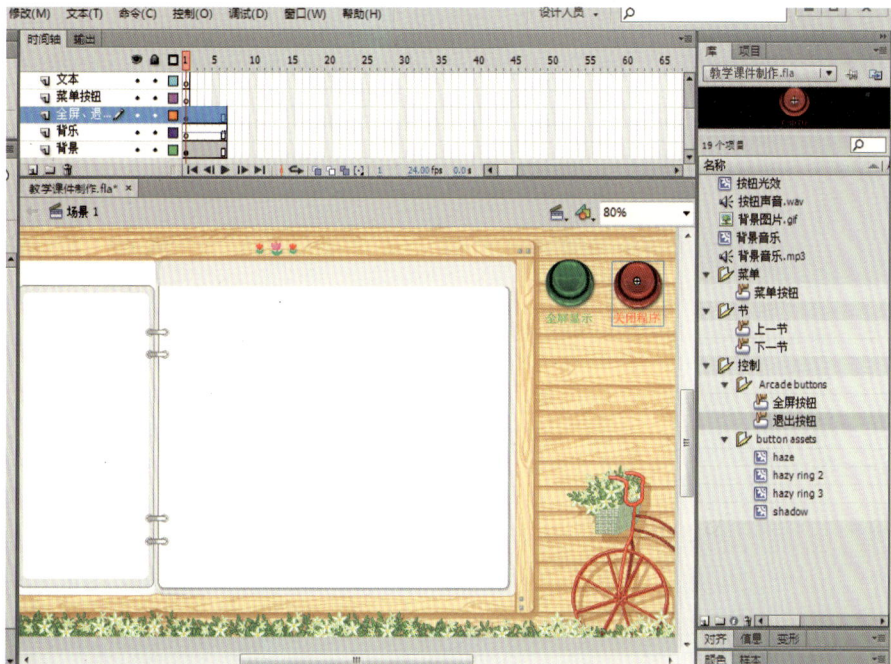
图13-80 效果图

（3）把"菜单按钮"元件放在"菜单按钮"图层上，调整位置并复制5个，利用【对齐】面板和【任意变形工具】对6个按钮进行大小和位置的调整。使用【文本工具】在其"文本"图层上相对位置相应文字，如图13-81所示。在第6帧处按【F5】键插入普通帧。

（4）把"上一节"和"下一节"元件放在"上下节按钮"图层上，调整位置，在第2帧~第6帧分别按【F6】键插入关键帧，如图13-82所示。

（5）在"调用文本"层的第1帧，利用【文本工具】输入相应的内容简介，如图13-83所示。

图13-81 "菜单按钮"的布局及内容

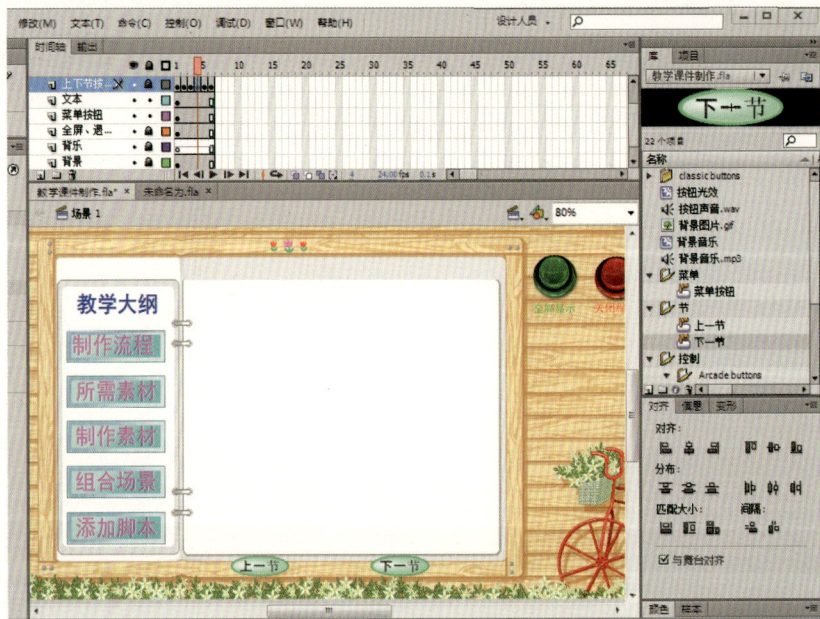

图13-82 "上一节"和"下一节"按钮的布局

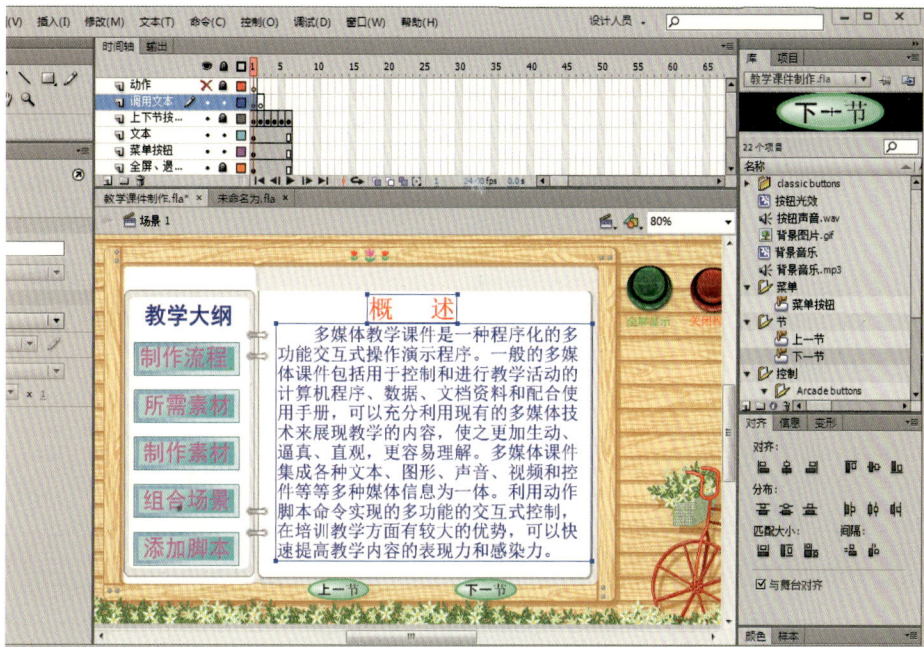

图13-83　"文本"图层的内容及布局

（6）在"调用文本"图层的第2帧处，按【F7】键插入空白关键帧，使用【文本工具】在场景中插入一个实例名为text1的文本框，如图13-84所示。

（7）再次使用【文本工具】在上个文本框下插入一个实例名为text的文本框，如图13-85所示。

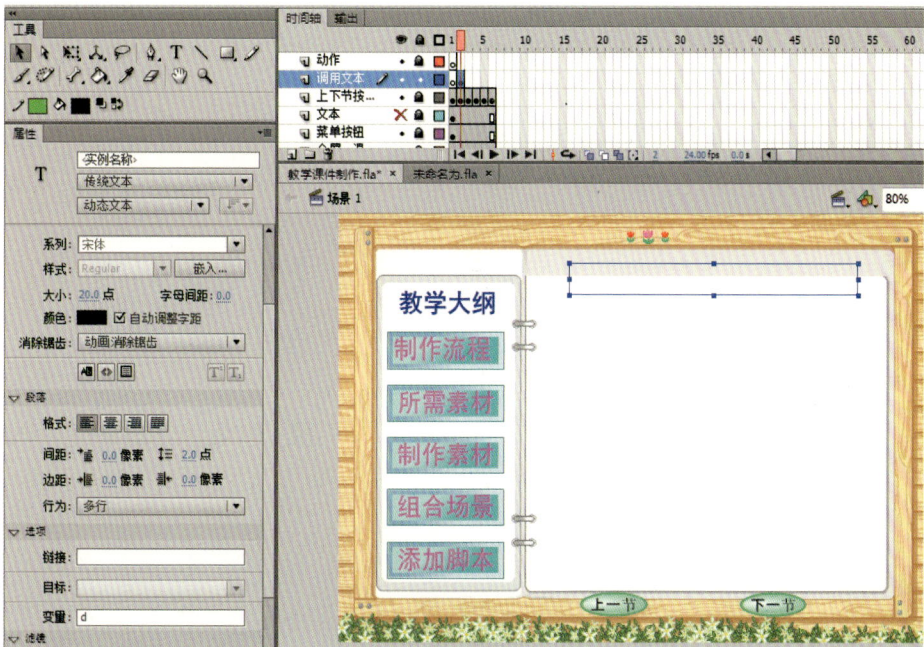

图13-84　"单行动态文本框"

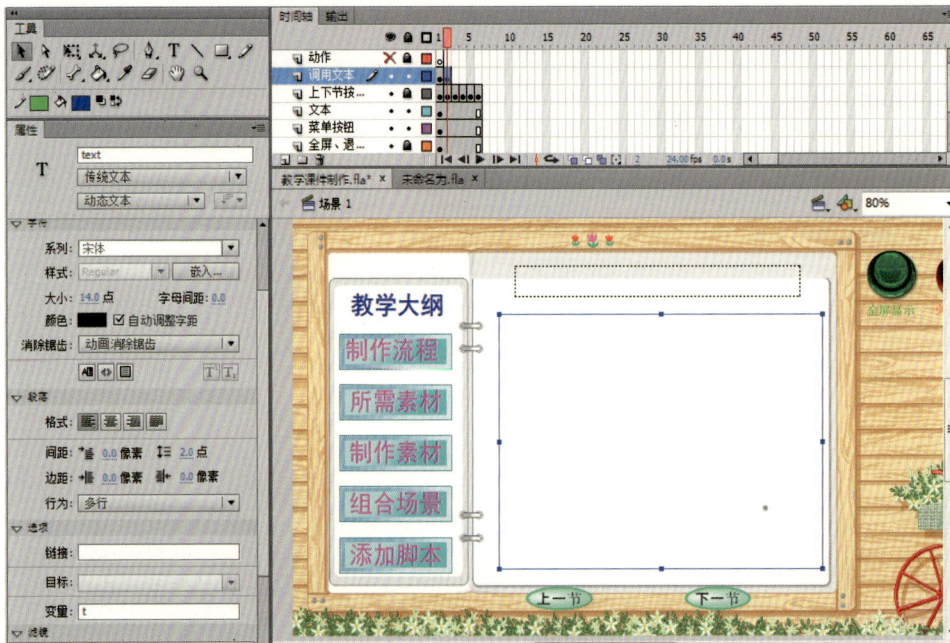

图13-85 "多行动态文本框"

（8）在"调用文本"图层的第2帧处，调用"公用库"中名为"menu"的按钮，并将其名改为"向上"。使用【直接复制】命令，复制一个"向上"的按钮，并改名为"向下"，使用【水平翻转】命令将其方向调整，放在适当位置，并在第3、4帧处按【F6】键插入关键帧，如图13-86所示。

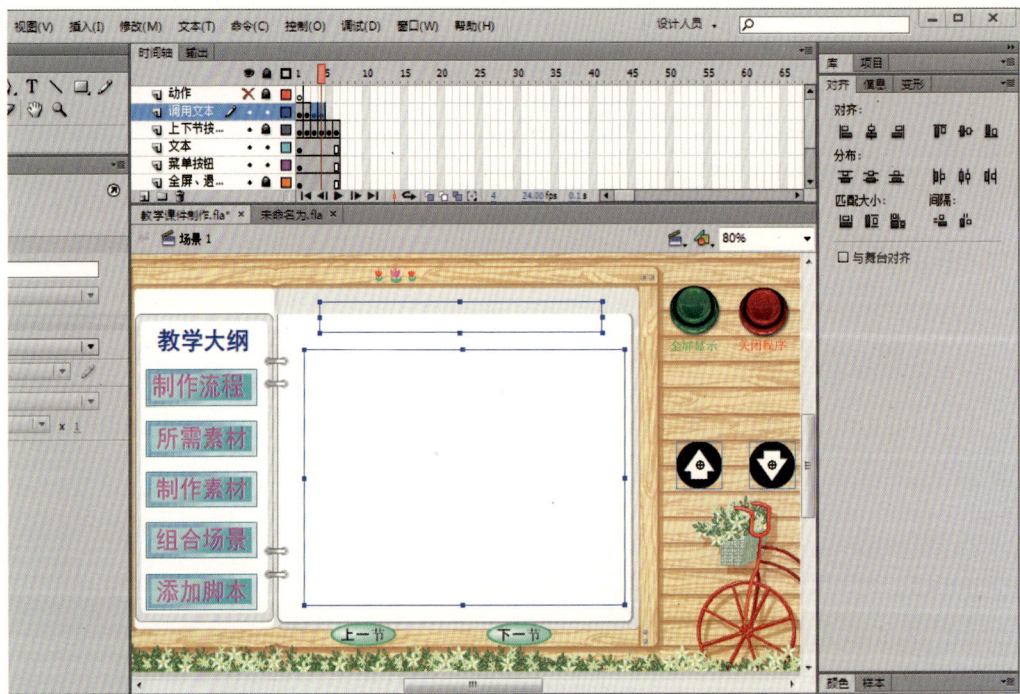

图13-86 调用文本图层

（9）选择"调用文本"图层第3帧，将"单行动态文本框"实例名改为"text2"，将"多行动态文本框"实例名改为"text3"。

（10）选择"调用文本"图层第4帧，将"单行动态文本框"实例名改为"text4"，将"多行动态文本框"实例名改为"text5"。

（11）选择"调用文本"图层第5帧，将"单行动态文本框"实例名改为"text6"。

（12）选择"调用文本"图层第5帧，执行【窗口】→【组件】命令，在【组件】面板中选择【textarea】组件，如图13-87所示。

（13）选择"调用文本"图层第5帧，将"多行动态文本框"删除，把"textarea"组件添加到相应位置，并修改实例名称为"text7"，如图13-88所示。

（14）选择"调用文本"图层第6帧，将"单行动态文本框"的 实例名称为"text8"，把"textarea"组件修改实例名称为"text9"。

（15）在场景的左侧添加一个"返回按钮"，如图13-89所示。

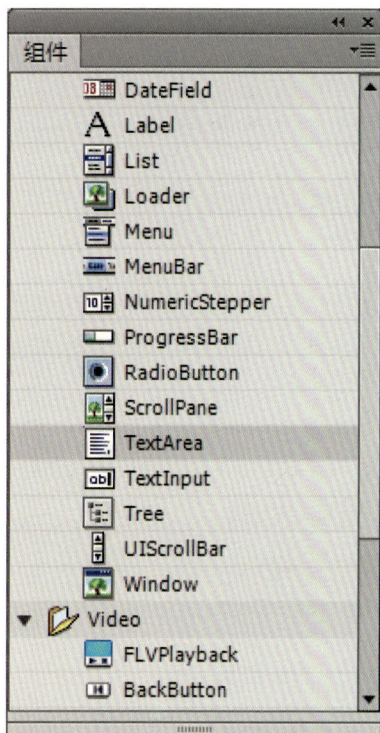

图13-87 【组件】面板

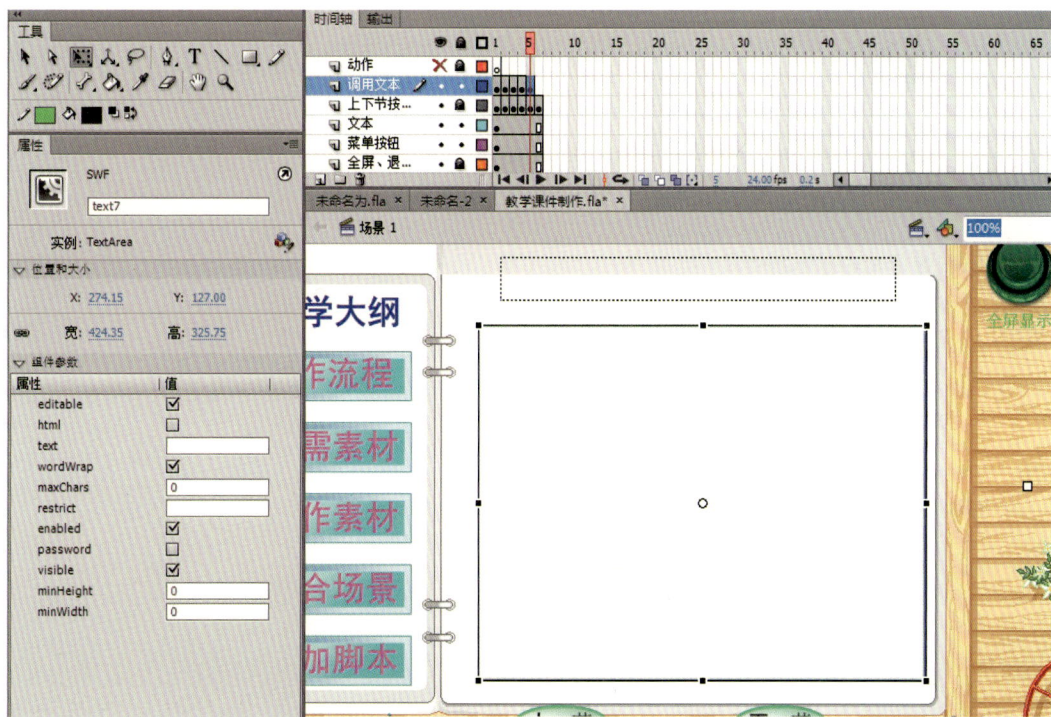

图13-88 组件的运用

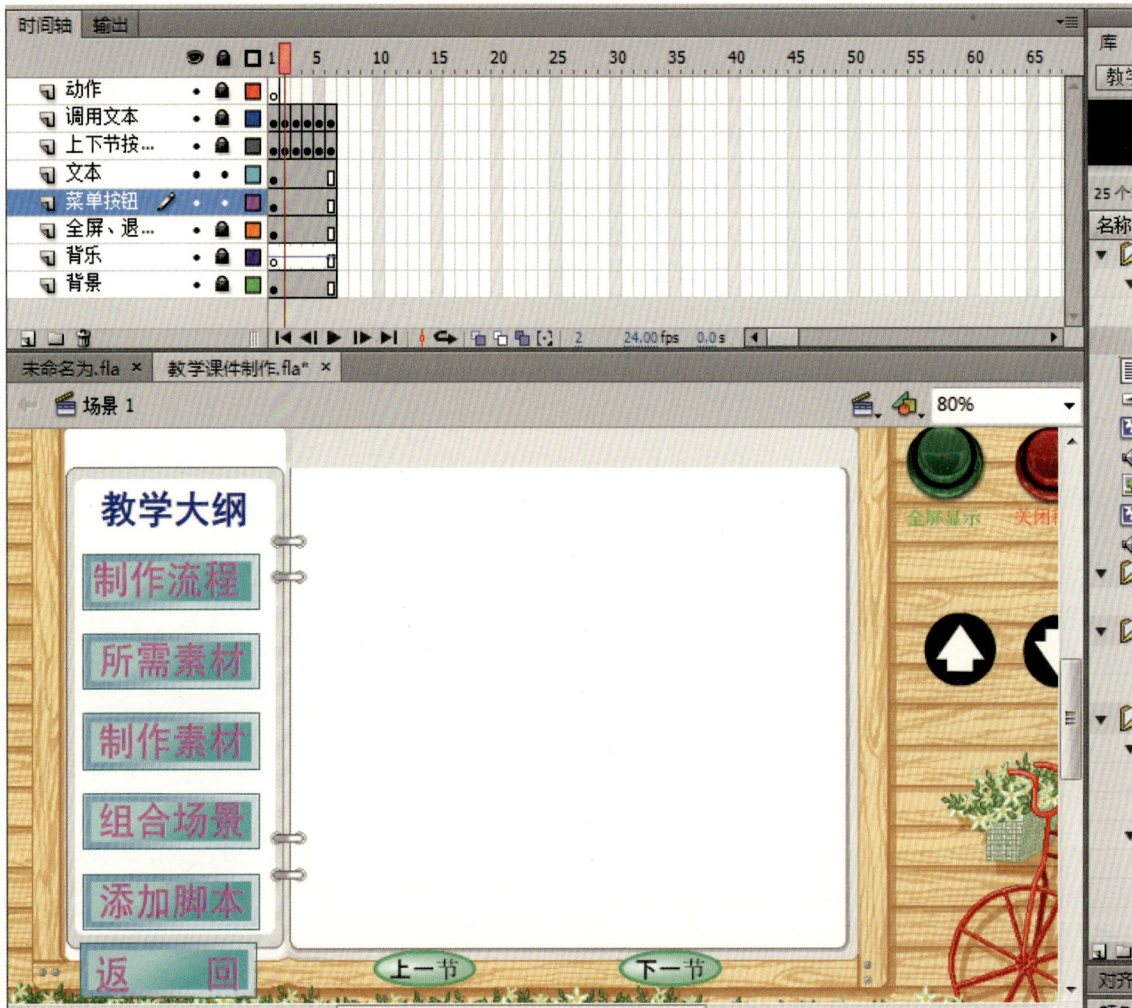

图13-89　场景

（二）为场景中按钮添加动作

（1）添加"菜单按钮"动作脚本。

"制作流程"按钮上的动作代码如下：

```
on (release) {
    gotoAndStop(2);
}
```

"所需素材"按钮上的动作代码如下：

```
on (release) {
    gotoAndStop(3);
}
```

"制作素材"按钮上的动作代码如下：

```
on (release) {
```

```
    gotoAndStop(4);
}
```

"组合场景"按钮上的动作代码如下：

```
on (release) {
    gotoAndStop(5);
}
```

"添加脚本"按钮上的动作代码如下：

```
on (release) {
    gotoAndStop(6);
}
```

"返回"按钮上的动作代码如下：

```
on (release) {
```

```
    gotoAndStop(1);
}
```

（2）为"全屏显示"按钮添加脚本动作。

```
on (release) {
    if ($$fullscreen == false) {
        fscommand("fullscreen", false);
        $$fullscreen = true;
    }
    else {
        fscommand("fullscreen", true);
        $$fullscreen = false;
    }
}
```

（3）为"关闭程序"按钮添加脚本动作。

```
on (release)
{
    fscommand("quit", "true");
}
```

（4）为"上一节"按钮添加脚本动作。"上一节"按钮元件在不同帧上的功能不同，所以加脚本动作时的指令参数也不同。

第1帧"上一节"按钮元件上的脚本动作如下：

```
on (release) {
    gotoAndStop(6);
}
```

第2帧"上一节"按钮元件上的脚本动作如下：

```
on (release) {
    gotoAndStop(1);
}
```

第3帧"上一节"按钮元件上的脚本动作如下：

```
on (release) {
    gotoAndStop(2);
}
```

第4帧"上一节"按钮元件上的脚本动作：

```
on (release) {
    gotoAndStop(3);
}
```

第5帧"上一节"按钮元件上的脚本动作如下：

```
on (release) {
```

```
    gotoAndStop(4);
}
```

第6帧"上一节"按钮元件上的脚本动作如下：

```
on (release) {
    gotoAndStop(5);
}
```

（5）为"下一节"按钮添加脚本动作。"下一节"按钮元件在不同帧上的功能不同，所以加脚本动作时的指令参数也不同。

第1帧"下一节"按钮元件上的脚本动作如下：

```
on (release) {
    gotoAndStop(2);
}
```

第2帧"下一节"按钮元件上的脚本动作如下：

```
on (release) {
    gotoAndStop(3);
}
```

第3帧"下一节"按钮元件上的脚本动作如下：

```
on (release) {
    gotoAndStop(4);
}
```

第4帧"下一节"按钮元件上的脚本动作如下：

```
on (release) {
    gotoAndStop(5);
}
```

第5帧"下一节"按钮元件上的脚本动作如下：

```
on (release) {
    gotoAndStop(6);
}
```

第6帧"下一节"按钮元件上的脚本动作如下：

```
on (release) {
    gotoAndStop(1);
}
```

（6）为"动作"图层添加动作脚本。在"动作"图层的第1帧~第6帧分别插入空白关键帧。

第1帧的脚本动作如下：

```
stop();
```

第2帧的脚本动作如下：

```
loadVariablesNum("001.txt",0);
```

```
loadVariablesNum("002.txt",0);
stop();
```
第3帧的脚本动作如下：
```
loadVariablesNum("003.txt",0);
loadVariablesNum("004.txt",0);
stop();
```
第4帧的脚本动作如下：
```
loadVariablesNum("005.txt",0);
loadVariablesNum("006.txt",0);
stop();
```
第5帧的脚本动作如下：
```
loadVariablesNum("007.txt",0);
loadVariables("008.txt",text07);
stop();
```
第6帧的脚本动作如下：
```
loadVariablesNum("009.txt",0);
loadVariables("010.txt",text09);
stop();
```
（7）为"向上"和"向下"按钮添加脚本动作"向上"和"向下"按钮只在第2、3、4帧上设置了，分别看一下它们的脚本。

第2帧"向上"按钮脚本动作如下：
```
on (press) {
    text.scroll-=1
}
```
第2帧"向下"按钮脚本动作如下：
```
on (press) {
    text.scroll+=1
}
```
第3帧"向上"按钮脚本动作如下：
```
on (press) {
    text3.scroll-=1
}
```

第3帧"向下"按钮脚本动作如下：
```
on (press) {
    text3.scroll+=1
}
```
第4帧"向上"按钮脚本动作如下：
```
on (press) {
    text5.scroll-=1
}
```
第4帧"向下"按钮脚本动作如下：
```
on (press) {
    text5.scroll+=1
}
```

十、测试动画效果

（1）选择"调用文本"图层上的第2、3、4帧上的【单行动态文本框】和【多行动态文本框】，分别把它们的【消除锯齿】设置为【使用设备字体】，如图13-90所示。

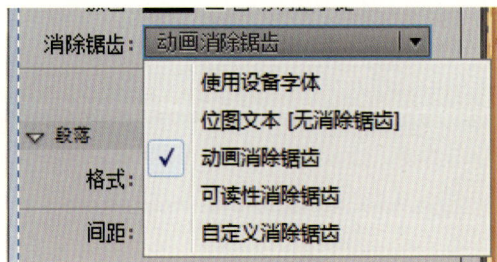

图13-90 设置文本框的字体

（2）输入相关文字内容，并将文件保存在"教学课件制作.fla"相同目录下，如图13-91所示。

（3）按【Ctrl】+【Enter】键测试动画，效果如图13-92所示。

名称	修改日期	类型	大小
001.txt	2014/7/29 18:19	文本文档	1 KB
002.txt	2014/7/29 18:22	文本文档	1 KB
003.txt	2014/7/29 18:22	文本文档	1 KB
004.txt	2014/7/29 18:24	文本文档	1 KB
005.txt	2014/7/29 18:24	文本文档	1 KB
006.txt	2014/7/29 18:26	文本文档	1 KB
007.txt	2014/7/29 18:25	文本文档	1 KB
008.txt	2014/7/29 18:28	文本文档	1 KB
009.txt	2014/7/29 18:25	文本文档	1 KB
010.txt	2014/7/29 18:39	文本文档	1 KB
按钮声音.wav	2007/11/10 18:53	WAV 文件	15 KB
背景图片.gif	2014/7/28 16:44	GIF 图像	37 KB
背景音乐.mp3	2007/8/23 12:13	MP3 文件	2,236 KB
教学课件制作.fla	2014/7/29 18:34	Flash 文档	6,232 KB
教学课件制作.swf	2014/7/29 18:57	SWF 文件	2,333 KB

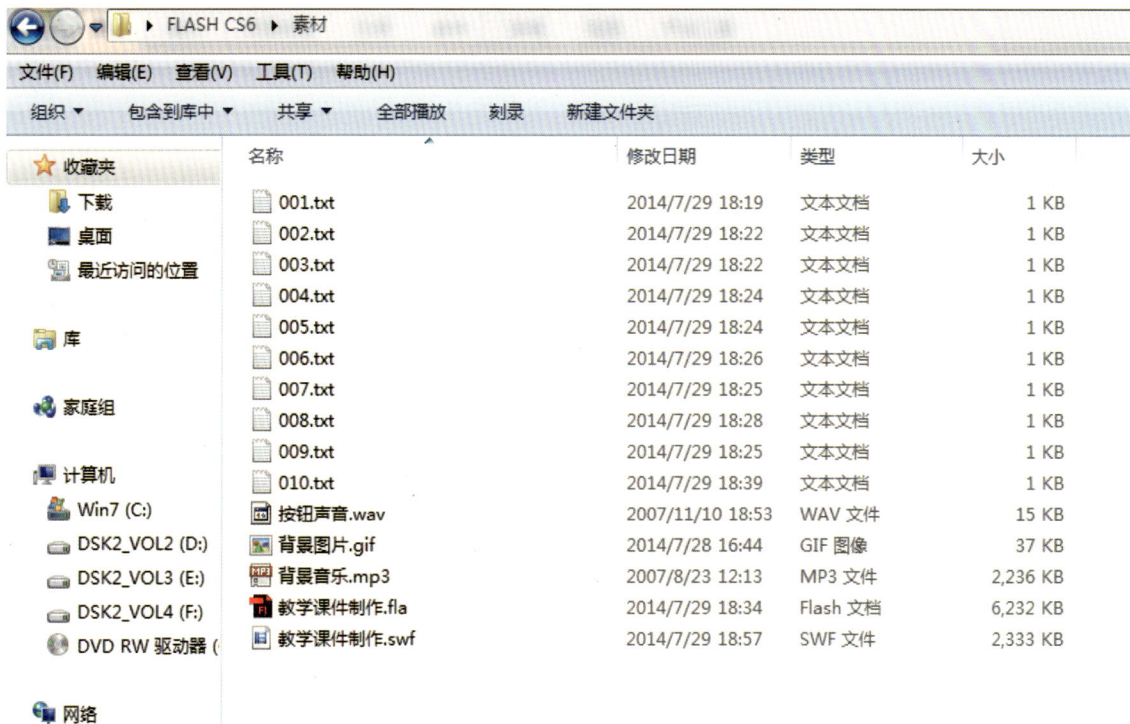

图13-91　文本和源文件放在同一目录中

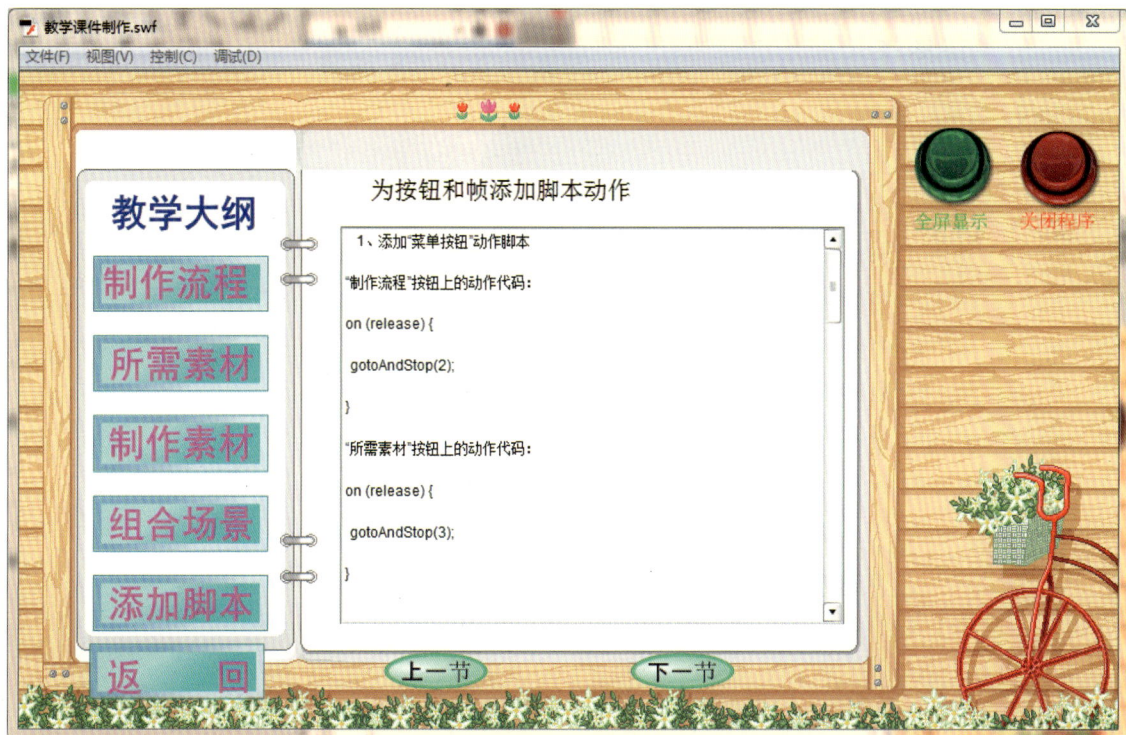

为按钮和帧添加脚本动作

1、添加"菜单按钮"动作脚本

"制作流程"按钮上的动作代码：

on (release) {

　gotoAndStop(2);

}

"所需素材"按钮上的动作代码：

on (release) {

　gotoAndStop(3);

}

图13-92　动画效果图

参考文献

1.孟昭勇，张晓蕾.中文Flash8动画设计案列教程[M].北京：人民邮电出版社，2008.

2.朱磊.Flash中文动画制作教程[M].北京：清华大学出版社，2005.

3.贾勇，孟权国.完全掌握：Flash CS6白金手册[M].北京：清华大学出版社，2013.